中国林业有害生物防控系列

徐州林业
昆虫图鉴

郭同斌 刘云鹏 等 编著

中国林业出版社
China Forestry Publishing House

内容提要

本书根据2014—2017年完成的徐州市林业有害生物普查成果编写而成，详细介绍了徐州市主要林业昆虫（包含蜱螨目，下同）585种，其中害虫488种，天敌昆虫97种，每种均提供了生态照片或标本反拍照片、形态特征、寄主及其在徐州市的分布情况等。本书收录的1329幅昆虫图片均为高像素彩色照片，力求清晰、直观展示主要识别特征。全书图文并茂，便于读者在野外调查、测报和检疫工作中能够方便快速地对所采集的昆虫标本进行识别。本书是徐州市第一部记述林业昆虫种类最多、应用价值较高的有关林业有害生物防治方面的图书，可供农林专业技术人员和科研人员及昆虫业余爱好者应用和参考。

图书在版编目（CIP）数据

徐州林业昆虫图鉴 / 郭同斌等编著. –– 北京：中国
林业出版社，2019.12
　　ISBN 978-7-5219-0409-3

　　Ⅰ.①徐… Ⅱ.①郭… Ⅲ.①林业—昆虫—徐州—图
集 Ⅳ.①Q968.225.33-64

中国版本图书馆CIP数据核字（2019）第276781号

责任编辑：刘家玲　宋博洋

出版	中国林业出版社（100009　北京市西城区德胜门内大街刘海胡同 7 号） http://lycb.forestry.gov.cn　电话：（010）83143625
发行	中国林业出版社
印刷	固安县京平诚乾印刷有限公司
版次	2020 年 5 月第 1 版
印次	2020 年 5 月第 1 次
开本	1/16
印张	22.25
字数	620 千字
定价	360.00 元

谨以此书纪念在马庄基地辛勤耕耘的岁月

《徐州林业昆虫图鉴》编委会

主　编：郭同斌

副主编：刘云鹏

编　委：郭同斌　刘云鹏　刘艳侠　姚　遥　朱兴沛　周晓宇

　　　　钱桂芝　于艳华　周培生　张　燕　李　刚　王　新

　　　　张瑞芳　赵　亮　王　菲　张秋生

序

  随着林业的高质量发展,林业有害生物防控工作在生态建设中发挥着越来越重要的作用。林业有害生物普查是开展监测、检疫、防控的基础,2014—2016年江苏省按照国家林业局的统一部署,在全省范围内系统开展了林业有害生物普查,取得了显著成效,其中徐州市普查成果丰硕,居全省领先水平。郭同斌研究员长期从事林业有害生物防治技术研究与示范推广,为江苏省昆虫学会理事和江苏省森防系统的知名专家,在他带领下,徐州市历时4年先后完成了外业调查、内业整理和分类鉴定及成果汇总等工作。为充分发挥普查成果的作用,他又会同工作团队以严谨的科学态度和辛勤的劳动,在全省率先编著出版《徐州林业昆虫图鉴》,为江苏省森防事业奉献了一份珍贵的成果。

  此书是江苏省第一部以市为单位编著出版的林业昆虫图集,按照昆虫分类系统收录了林业害虫与天敌昆虫585种,系统介绍了每种昆虫的形态特征、寄主、在徐州市的分布范围及翔实的采集信息等,所附图片自然生动、清晰直观,所撰文字专业规范、可读性强,可谓图文并茂。徐州地处我国南北生物过渡地带,此书所收录的林业昆虫种类,对苏、鲁、豫、皖四省毗连的淮海经济区及江苏省,特别是苏北、苏中地区均有重要的参考价值,为今后开展林业有害生物调查、监测、检疫、防治及科研等工作提供了一本难得的工具书。

  值此书稿即将付梓之际,命笔为序,除祝贺其早日出版问世之外,更盼同斌先生与其团队能精益求精、攻坚克难,为江苏的森防事业做出新的更大贡献!

江苏省林学会常务副理事长

2019年5月22日

前言

　　徐州市位于江苏省西北部，苏、鲁、豫、皖四省交界，为黄淮海平原的南缘，介于东经116°22′～118°40′、北纬33°43′～34°58′之间，属南暖温带，地处我国南北气候和生物的过渡地带，森林资源总量位居江苏省前列，因此昆虫种类众多，对林业生产的影响很大。中华人民共和国成立以来，徐州市森防工作者对全市林业昆虫的种类、分布、危害情况、生物学特性及防治方法等，进行过多次调查，对危害严重而又极易成灾的种类还进行了较为系统的专题研究，积累了大量的资料和防治经验。2014—2017年，在国家和省林业部门的统一部署下，又在全市范围内系统开展了林业有害生物普查。此次普查按照《江苏省林业有害生物普查工作实施方案》，以市和各县（市、区）森防站为单位，组建了20多个普查队伍，对全市林业有害生物特别是林业害虫及其天敌昆虫等，进行了认真细致的野外调查，采集制作了大量的昆虫标本，拍摄了数百种昆虫的生态照片，并于2018年完成了分类鉴定与成果汇总工作。此次普查不仅系统查清了徐州市林业有害生物的种类和重要林业害虫的发生、危害情况，新记载了一批林业有害生物，而且还查明了天敌昆虫的种类及其变化，并对种群数量处于上升状态的重要害虫进行了风险评估，取得了丰硕的普查成果。为使普查成果更好地为防治生产与科研服务，特编著了《徐州林业昆虫图鉴》一书。

　　本书共分为两大部分，介绍了徐州市有分布的林业昆虫585种，收录昆虫图片1329幅，一部分为林业害虫，共488种，涉及9目105科；另一部分为已鉴定的天敌昆虫，共97种，其中寄生性天敌3目9科13种，捕食性天敌7目25科84种。每种昆虫附有高质量的生态图片（部分种类如灯诱昆虫等，则为标本反拍图片，均附有标尺，放大后可测定虫体量度）、形态识别特征、徐州地区有分布的植物寄主或天敌昆虫寄主、在徐州市的详细分布情况及翔实的采集信息等。本书所收录的昆虫图片为成虫的高像素彩色照片（极个别种类缺少成虫图片），对重要种类还尽可能提供了除成虫外的其他虫态［卵、幼（若）虫、蛹及危害状等］照片。收录的1329幅图片中，成虫生态图片450幅，标本反拍图片601幅，其他虫态生态图片278幅。所附图片尽可能放大，力求清晰、直观展示其主要识别特征，鉴定特征表述力求专业规范，可谓图文并茂。目前，以地级市昆虫种类编著的林业昆虫图书较为少见，本书是徐州市第一部记述林业昆虫种类最多、应用价值较高的有关林业有害生物防治方面的图书，可供农林专业技术人员和科研人员及昆虫业余爱好者应用与参考，特别是基层林业工作者在野外从事虫情调查、监测预报和现场检疫及科研工作时，在对照图片和查阅识别特征的基础上，能够快速地对所采集的昆虫标本进行识别。

本书所有昆虫种类，均按分类系统排列，鉴定工作得到了"昆虫分类研究群""江苏普查群"里的专家学者们的大力支持，书稿承蒙南京林业大学郝德君教授审阅，在此谨致谢忱。在普查工作期间，除本书编者外，徐州市林业技术推广中心徐辉筠、王淑芹、杜伟、王虎诚、葛秉珏、吴静，丰县森防站张业苏、杨晶、赵文娟，沛县森防站张丛红，铜山区森防站梁野，铜山区赵疃林场周永、凌超，睢宁县森防站张新亮，邳州市森防站宋国涛、孙超、花春艳，新沂市森防站王光标、汪洪卫，贾汪区森防站张威等同志参加了普查工作，对昆虫种类调查、标本采集与制作等付出了辛勤劳动，为本书的编著出版奠定了可靠基础，在此表示诚挚的感谢！

在本书的成稿过程中，虽数易其稿，但限于查阅的资料和作者水平，错、漏及不当之处在所难免，敬请广大专家、读者不吝赐教。

郭同斌

2019年7月15日于徐州

目录

第一部分　林业害虫

第二部分　天敌昆虫

第一部分

林业害虫

一、半翅目Hemiptera

01　土蝽科 | **Cydnidae**

（1）青革土蝽*Macroscytus subaeneus* Scott

本种异名为*Macroscytus subaeneus* (Dallas)。成虫体长7.5～10mm，宽3.8～5.5mm。扁长卵圆形，深褐至黑褐色。头背具4根刺毛。触角长于前胸背板，各节均长于前1节。前胸背板前半部及后缘光，余部具稀疏刻点，侧缘具6～9根刚毛。小盾片较长，密生刻点，侧缘近端处向内弯曲。前翅前缘基部具2或3根刚毛。各足胫节密生长刺，后足腿节腹面有小突起。

【寄主】土栖，取食豆类、花生、麦类根系汁液。

【分布】开发区、铜山区、贾汪区。

成虫（右图示头背和前胸背板侧缘的刚毛），开发区大庙，
宋明辉　2015.V.14

02　蝽科 | **Pentatomidae**

（2）尖头麦蝽*Aelia acuminata* (Linnaeus)

别名麦蝽。成虫体长7.9～9.5mm，宽3.8～4.4mm。体菱形密布刻点，背面中央具1纵贯全长的黑色宽纵纹，中央最宽，向两端渐窄，其正中央具1光滑纵中线。头长稍短于宽，斜下倾，背面黑色纵纹的中央具1浅色的光滑纵线，前端伸达中叶端部；侧叶侧缘较平直，近端部明显内凹。触角淡黄褐色，由第1节至第5节颜色渐深。颊腹缘与后缘几成1直角，小颊腹缘平直。前胸背板前缘稍内凹，中央平直，前侧缘具光滑窄脊状边，沿其内缘具黑色纵纹，前后同宽；中央具1黑色宽纵纹，其正中央具1黄白色光滑纵中线，中部近前端最宽，向两端渐窄，其两侧各具2～3条不等的光滑弧形纵线。小盾片长三角形，正中央的光滑纵中线基部最宽，向端部渐窄，基角处具1短小纵黑斑。前翅革片中部具1明显的分叉翅脉，端角稍长于小盾片末端，膜片伸达腹部末端。胸部腹面同体色，前胸侧板外缘及中部具稀疏黑色刻点，各胸节侧板内侧具1小黑斑。足腿节内侧近端部具2个小黑斑。腹部腹面具4～6条黑色刻点所形成的不完整的黑色纵纹。

【寄主】桧柏、小麦、水稻、苜蓿。

【分布】云龙区、丰县、新沂市。

成虫，新沂马陵山林场，
张瑞芳　2017.Ⅶ.11

成虫（背、腹面），云龙潘塘，
宋明辉　2017.Ⅶ.16

（3）角盾蝽Cantao ocellatus (Thunberg)

成虫体长19～26mm，宽10.5～13.5mm。红褐、黄褐或棕褐色。头基部、中叶基半部及触角为蓝黑或绿黑色。前胸背板有黑斑点2～8个，小盾片有3～8个，黑斑周围浅色，这些黑斑数量变异大，黑斑减少的个体仅剩下浅色斑。前胸背板侧角成细而尖的刺状，弯向前方（有时刺消失），后角在小盾片基侧处成角刺状后伸。前翅革片在背面不可见，膜片棕色，长于腹末。

【寄主】梨、杜鹃、番石榴等。

【分布】丰县。

成虫，丰县赵庄，刘艳侠
2016.Ⅶ.31

（4）大皱蝽Cyclopelta obscura (Lepeletier et Serville)

成虫体长11.5～15mm，宽6.5～7.5mm。椭圆形，黑褐至红褐色，无光泽。头顶方圆，侧叶宽阔，为中叶的4倍，长于中叶且在中叶前相交，触角多毛，2、3节扁平。前胸背板基半部多平行皱纹。小盾片有较明显横皱，基部中央有1黄白色小斑，末端有时隐约可见1黄白色小点。前翅膜片棕褐色，侧接缘黑色，每节中央有黄色小点。5龄若虫体长8～10mm，黄色，小盾片达第1腹节，除尖端外为黑纹包围，芽翅达第3腹节，腹部中带绿。

【寄主】刺槐、紫荆及豇豆等豆类植物，成、若虫常重叠群集于枝条上刺吸汁液。

【分布】鼓楼区、泉山区、开发区、丰县、铜山区、睢宁县、新沂市、贾汪区。

成虫，新沂马陵山林场，周晓宇
2017.Ⅴ.13

5龄若虫（刺槐），开发区大庙，
周晓宇 2016.Ⅷ.19

（5）小斑岱蝽Dalpada nodifera Walker

别名岱蝽、云南橘蝽，本种异名为Dalpada oculata (Fabricius)。成虫体长14.5～18mm，宽7～8.5mm。淡赭色，具暗绿斑。头暗绿，杂生若干淡赭色斑纹，侧叶与中叶等长，侧缘近端处呈角状突出。触角黑，第1节上下线纹及4、5节基淡黄。前胸背板具4～5条隐约的暗绿色纵带，胝区周缘光滑，后缘有2个黄褐色小斑；前侧缘锯齿状，侧角黑，结节状上翘，末端平钝，黄褐色，光滑。小盾片两基角圆斑及其端斑淡黄褐色，前者光滑，后者具刻点。前翅膜片淡烟色，基半脉纹及亚缘处若干小斑暗褐色。侧接缘黄黑相间。足黄褐色，腿节端、胫节端半及跗节端色暗。前足胫节扩大呈叶状。腹部腹面黄褐，每节侧缘黄褐色，其内向具暗色宽带。第6可见腹节正中有大黑斑。

【寄主】木瓜、番石榴、茄子及禾本科植物等。

【分布】泉山区。

成虫（背、腹面），矿大南湖校区，钱桂芝　2016.Ⅺ.13

（6）斑须蝽*Dolycoris baccarum* (Linnaeus)

别名细毛蝽。成虫体长8～13.5mm，宽5.5～6.5mm。椭圆形，黄褐或紫色，密被白色绒毛和黑色小刻点。头中叶稍短于侧叶，复眼红褐色，单眼位于复眼后侧。触角5节，第1节粗短，第2节最长，第1节、第2～4节两端和第5节基部黄白色，其余黑色，形成黑白相间，故称"斑须蝽"。前胸背板前侧缘稍上卷，

成虫，沛县沛城，赵亮
2016.Ⅵ.28

成虫头部及足，新沂马陵山林场，周晓宇
2017.Ⅵ.27

浅黄色，后部常带暗红色。小盾片三角形，末端钝而光滑，黄白色。前翅革片淡红褐或暗红色，膜片黄褐色，透明，超过腹部末端。侧接缘外露，黄黑相间。足黄褐至褐色，仅跗节及胫节末端黑褐色，腿节、胫节密布黑色刻点。

【寄主】寄主杂，危害多种农作物，也危害梨、桃、梅、苹果、山楂、石榴等果树。

【分布】开发区、沛县、铜山区、新沂市。

（7）麻皮蝽*Erthesina fullo* (Thunberg)

别名黄斑蝽、黄斑椿象、麻纹蝽。成虫体长21～24.5mm，宽10～11.5mm。体黑褐色，密布黑色刻点和细碎不规则黄斑。头部较狭长，侧叶与中叶末端约等长。触角黑色，第1节短而粗，第5节基部1/3为黄白或黄色。头部前端至小盾片基部有1明显黄色细中纵线。前胸背板前缘和前侧缘为黄色窄边，侧角三角形。各腿节基部2/3浅黄色，两侧及端部黑褐色；各胫节黑色，中段具淡绿白色环斑；前足胫节端半部加宽，侧扁成叶状。腹部各节侧接缘中间具小黄斑。5龄若虫体长约17mm，头部至小盾片端部有1浅黄色中纵线，后翅芽内缘基部具1红色或黄色斑点。

【寄主】寄主杂，危害杨、柳、榆、槐、桑、樟、梅、桃、李、梨、杏、枣、柿、苹果、泡桐、樱桃、樱花、石榴、山楂、海棠、板栗、构树、女贞、合欢、枫杨、臭椿、毛白杨、悬铃木等多种树木。

【分布】全市各地。

成虫，鼓楼九里，宋明辉　2015.Ⅸ.10

5龄若虫（悬铃木），新沂棋盘，周晓宇
2017.Ⅷ.15

（8）菜蝽*Eurydema dominulus* (Scopoli)

别名河北菜蝽。成虫体长6~9mm，宽3~5mm。椭圆形，橙黄或橙红色。头黑色，复眼棕黄色，单眼红色，触角全黑色。前胸背板有6块黑斑，前2块为横斑，后4块斜长。小盾片基部中央有1大三角形黑斑，近端部两侧各有1小黑斑。翅革片橙黄或橙红色，爪片及革片内侧黑色，中部有宽横黑带，近端角处有1小黑斑。足黄、黑相间。腹部侧接缘黄色或橙色与黑色相间。

成虫（橙红色），沛县沛城，赵亮　2016.IV.22　　　成虫（橙黄色）及4龄若虫，沛县沛城，赵亮　2016.V.10

4龄若虫体长3.5~4.5mm，小盾片两侧各呈现卵形橙黄色区域，小盾片和翅芽伸长，腹部第4~6节背面黑斑上的臭腺孔显著。

【寄主】甘蓝、白菜、萝卜、油菜、芥菜、花椰菜及菊科植物。

【分布】云龙区、泉山区、开发区、丰县、沛县、铜山区、新沂市、贾汪区。

（9）二星蝽*Eysarcoris guttiger* (Thunberg)

成虫，开发区大庙，宋明辉　2015.X.12

本种异名为*Stollia guttiger* (Thunberg)。成虫体长4.5~5.6mm，宽3.3~3.8mm。卵圆形，黄褐或黑褐色，全身密被黑色刻点。头部黑色，侧叶和中叶等长。触角黄褐色，第5节黑褐色。复眼黑褐色而凸出。前胸背板侧角稍凸出，末端圆钝，黑色，侧缘有略卷起的黄白色狭边。小盾片舌状，长达腹末前端，两基角处各有1个黄白或玉白色的星点。翅达于或稍长于腹末，几乎全盖腹侧。足黄褐色，具黑点，跗节褐色。侧接缘外侧黑白相间。

【寄主】桑、竹、泡桐、葡萄、无花果、美丽胡枝子及多种农作物。

【分布】鼓楼区、泉山区、开发区、丰县、沛县、铜山区、新沂市、贾汪区。

（10）赤条蝽*Graphosoma rubrolineata* (Westwood)

成虫体长10~12mm，宽约7mm。橙红色，有黑色条纹纵贯全长：头部2条，前胸背板6条，小盾片4条，其中小盾片上的黑纹向后方逐渐变细，两侧的2条着生在其侧缘处。体表粗糙，具细密刻点。触角棕黑色，喙黑色，足棕黑色。侧接缘每节具黑橙相间的点状纹。5龄若虫体长8~10mm，橙红色，具黑纵纹，数目及排列同成虫。翅芽周缘黑色，伸达腹部第3节。侧接缘黑色，各节杂生红黄斑点。

【寄主】榆、栎、杨、竹、枣、花椒、葱、白菜、萝卜、洋葱、茴香、胡萝卜等。

【分布】云龙区、鼓楼区、开发区、沛县、铜山区、贾汪区。

成虫，铜山汉王，宋明辉　2015.IX.16　　　5龄若虫（胡萝卜），铜山汉王，周晓宇　2016.VII.6

成虫，开发区大庙，郭同斌　2018.X.6

（11）茶翅蝽*Halyomorpha picus* Fabricius

　　本种异名为*Halyomorpha halys* (Stål)。成虫体长12～16mm，宽6.5～9mm。椭圆形略扁平，茶褐色，具黑刻点和紫绿光泽，体色变异大。触角黄褐色，第3节端部、第4节中部、第5节大部为棕褐色。前胸背板前缘有4个黄褐色横列斑。小盾片基缘具5个隐约可辨的黄褐色横列小点。翅褐色，基部色较深，端部脉色也较深。侧接缘黄黑相间。3龄若虫体长约8mm，棕褐色，前胸背板两侧具刺突4对，腹部各节背板侧缘各具1对黑斑，腹部背面具臭腺孔3对，翅芽出现。5龄若虫长约12mm，翅芽伸达腹部第3节后缘，腹部茶色。

　　【寄主】梨、桃、枣、柿、李、杏、苹果、海棠、山楂、石榴、樱桃、枸杞、葡萄等果树，桑、榆、梅、樟、梧桐、泡桐、杜仲、马褂木、无花果、贴梗海棠等林木及大豆、菜豆等农作物。

　　【分布】全市各地。

3龄若虫（黄檀），铜山汉王，
宋明辉　2015.IX.16

5龄若虫（枣），鼓楼九里，宋明辉　2015.VIII.24

（12）珀蝽*Plautia fimbriata* (Fabricius)

　　别名朱绿蝽、克罗蝽。成虫体长8～11.5mm，宽5～7.5mm。长卵圆形，具光泽，密被黑色或与体同色的细点刻。头鲜绿色，触角第2节绿色，3、4、5节绿黄色，末端黑色。复眼棕黑色，单眼棕红色。前胸背板鲜绿色，两侧角圆而稍凸起，侧角及后侧缘红褐色。小盾片鲜绿色，末端色淡。前翅革片暗红色，刻点粗黑，并常组成不规则的斑。足鲜绿色。

　　【寄主】梨、桃、柿、李、杉、泡桐、枫杨、银杏、盐肤木等林木及水稻、大豆等农作物。

　　【分布】云龙区、鼓楼区、泉山区、丰县、铜山区、新沂市、贾汪区。

成虫，新沂踢球山林场，周晓宇　2016.VII.21

（13）金绿宽盾蝽*Poecilocoris lewisi* (Distant)

别名异色花龟蝽、松蝽。成虫体长13.5~16mm，宽9~11mm。宽椭圆形，金绿色，斑纹赭红色。头部金绿色，中叶尖端金黄色，侧叶稍短于中叶。复眼黑色，单眼红色。触角5节，基节黄褐色，其余4节蓝黑色。前胸背板有1横置的"日"字形纹，小盾片背面隆起，形似龟背，前缘有"一"形纹，端部周缘和中部有2条横波状纹，在2条横纹中央又有1纵短纹。足黄褐色并带金绿色光泽。5龄若虫体长10~13.5mm，腹部背面第4~6节色斑

成虫，新沂踢球山林场，周晓宇　　　　5龄若虫，铜山三堡，钱桂芝
2017.Ⅵ.14　　　　　　　　　　　　　2016.Ⅷ.11

上具3对明显的臭孔腺，第8节有2块黑褐斑，末节黑褐色，侧接缘有黑褐斑，前翅芽伸达腹部第4节中部。

【寄主】松、侧柏、葡萄、荆条等。

【分布】鼓楼区、沛县、铜山区、新沂市。

03 异蝽科 | **Urostylidae**

（14）亮壮异蝽*Urochela distincta* Distant

成虫体长9~11.0mm，宽4~4.8mm。长椭圆形，暗褐色，前胸背板及革片略带红色，具光泽。触角5节，第4节最长，黑色，第4、5节基半橙黄。前胸背板、小盾片及前翅革片具黑色刻点。前胸背板前侧缘及革片前缘基半部略向上翘，光滑，色浅，侧角前方、前翅前缘基角后方及其近中部处各有1个黑褐色斑纹。前胸背板基半具4块方形褐斑，有时消失。小盾片基角处各有1内陷的小黑斑，前翅革片中部及端缘的中央又各有1个黑褐色圆斑。膜片透明，淡色。体腹面及足深褐色，各腹节侧缘中部有1长方形黑斑。前翅长略超过腹部末端。

【寄主】乌桕、苎麻。

【分布】泉山区、丰县。

成虫，矿大南湖校区，　　　成虫，丰县赵庄，
周晓宇　2016.Ⅵ.17　　　刘艳侠　2019.Ⅴ.28

04 缘蝽科 | **Coreidae**

（15）瘤缘蝽*Acanthocoris scaber* (Linnaeus)

别名辣椒缘蝽。成虫体长11~13.5mm，宽4~5.1mm。深褐色，密被短刚毛及粗细不一的颗粒。头较小，触角第2节最长，第4节最短，各节刚毛较粗硬，复眼黑色。前胸背板前侧缘具大小不一的齿，后半段

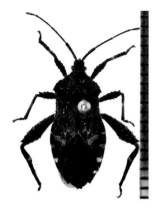

齿粗大，尖端略向后指，后侧缘齿稀小；背板散生显著的瘤突，侧角向后斜伸，尖而不锐。前翅外缘基半段毛瘤显著，排成纵行，膜质部黑褐色，基部内角黑色，中区隐约可见数枚黑点。各足胫节近基部有1黄白色半环圈，后足腿节膨大，内侧端半段具3刺，外侧顶端具1刺。侧接缘各节基部黄色。

【寄主】辣椒、马铃薯等农作物及刺花、商陆、旋花等野生植物。

【分布】鼓楼区、泉山区、开发区、丰县、沛县、铜山区、新沂市。

成虫，鼓楼九里，张瑞芳
2016.V.5

成虫，新沂棋盘，周晓宇
2017.Ⅷ.15

（16）斑背安缘蝽*Anoplocnemis binotata* Distant

成虫体长20～24mm。黑褐至黑色，被白色短毛。触角基部3节黑色，第4节基半部赭红色，端半部红褐色，最末端赭色。复眼黑褐色，单眼红色。头小，头顶前端具1短纵凹。喙长达中足前缘。前胸背板中央具纵纹，侧缘平直，并具小细齿，侧角钝圆。小盾片有横皱纹，末端淡色。前翅革片棕褐色，膜片烟褐色。腹部背面黑色，中央生浅色斑点2个，腹板赭褐或黑褐色。雌虫第3腹板中部向后弯。雄虫第3腹板中部向后扩延近第4腹板的后缘形成横瘤突，后足腿节粗壮弯曲，内侧近端扩展成1三角形齿，但基部无突起，后足胫节内侧端部呈小齿状。

【寄主】紫穗槐、赤松、旱冬瓜。

【分布】沛县、铜山区。

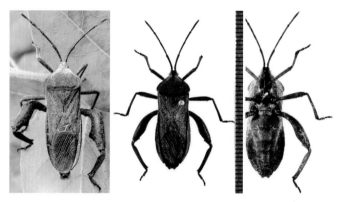

成虫（左：♂；中&右：♀，背、腹面，示第3腹板中部后弯），
铜山汉王，宋明辉　2015.Ⅷ.12

（17）稻棘缘蝽*Cletus punctiger* (Dallas)

成虫体长9.5～11mm，宽2.8～3.5mm。黄褐色，狭长，密布刻点。头顶中央有短纵沟，头顶及前胸背板前缘具黑色小颗粒。触角第1节较粗，向外弯曲，显著长于第3节，第4节纺锤形。复眼褐红色，单眼红色，其周围有黑圈。前胸背板多为一色，有时侧角间后区色较深；侧角细长，略向上翘，末端黑色，稍向前指；侧角后缘向内弯曲，有小颗粒突起，有时呈不规则齿状突。前翅革片侧缘浅色，近顶缘的翅室内有1浅色斑点。膜片淡褐色，透明。

【寄主】桑、苹果等树木及水稻、麦等农作物。

【分布】鼓楼区、开发区、沛县、铜山区、邳州市、新沂市、贾汪区。

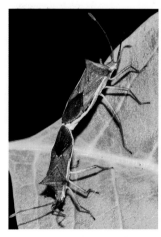

成虫，新沂马陵山林场，周晓宇
2017.Ⅵ.13

交配（♀♂），新沂马陵山林场，
周晓宇　2017.Ⅶ.11

（18）长角岗缘蝽 *Gonocerus longicornis* Hsiao

成虫体长13.5～14.6mm，宽4～4.3mm。体梭形，草黄色，触角基部3节、眼、前胸背板后部两侧及侧角、革片内侧和爪片及各足跗节均为红色。头小而长，前端平伸，突出于触角基的前方，头顶前方具纵走凹陷。喙长，伸达腹部第4节前缘。触角较粗，比体更长，基部3节呈三棱形，第4节短于第3节。各足胫节背面具纵沟。小盾片近顶端处及中、后胸侧板的中央各有1黑色圆点。

成虫，新沂踢球山林场，周晓宇　2017.V.13

【寄主】紫藤、糯米条。

【分布】新沂市。

（19）瓦同缘蝽 *Homoeocerus walkerianus* Lethierry *et* Severin

成虫体长16.2～17.8mm，宽4.6～5.1mm。体狭长，两侧缘几平行。鲜黄绿色，头、前胸背板和前翅绝大部分褐色。头小，复眼大而突出。触角4节，第1～3节紫褐色，第4节略膨大，最短，基半黄或黄绿色，端半褐或黑褐色。前胸背板梯形，极度倾斜，后缘隆起，侧角呈三角形稍向上翘，侧缘密被黑色小颗粒。小盾片三角形，鲜绿或黄绿色。中、后胸侧板中央各具1小黑点。前翅前缘有1黄绿色带纹，此纹在革质部近端1/3处向内扩展成近半圆形的斑。足淡黄绿色。5龄若虫体长约15.5mm，长椭圆形，头、前胸背板中央和触角第1～3节及4节端部淡黄褐色，其他体节及附肢黄绿色。翅芽达第3腹节。腹部侧缘各节后角具褐斑，臭腺孔为小黑点状突出。

【寄主】松、樟、桑、黄檀、合欢、糯米条等。

【分布】鼓楼区、铜山区。

成虫（背面），铜山汉王，宋明辉　2015.VIII.12　　成虫（侧面），铜山汉王，宋明辉　2015.IX.16　　5龄若虫（黄檀），铜山汉王，宋明辉　2015.IX.16

成虫（♂），沛县鹿楼，朱兴沛
2015.Ⅶ.2

（20）黑竹缘蝽*Notobitus meleagris* (Fabricius)

成虫体长18～25mm，宽6～7mm，深褐至黑色。头较短，长宽之比约为2：3。头、前胸背板、小盾片及革片刻点密，被短小黄白色毛。触角瘤黄褐色，第1节长于头宽，第4节褐色，两端黄褐色。前胸背板具"领"，黄褐色，后部色稍浅。翅红褐色，超过腹部末端。各足腿节黑褐色，前、中足胫节及各足跗节棕色，雄虫后足腿节端部下方1/3处具1大刺。腹部侧接缘棕色，两端黑色。雄虫生殖节末端中央成角状突出，两侧突起约与中央突起等长，成宽"山"字形。

【寄主】竹类。

【分布】沛县。

（21）钝肩普缘蝽*Plinachtus bicoloripes* Scott

成虫体长15.1～17.8mm，前胸背板宽5.2～6.1mm。黑褐色，具黑色刻点。触角、复眼、腿节端部、胫节及跗节红褐至暗褐色；单眼、各足基节及腿节基部鲜红或黄白色；前胸背板侧缘、小盾片顶端、喙（基节除外）、腹部侧接缘各节端半、腹部末端背面及各腹节腹板两侧斑点均黑色，但第4节两侧常无黑斑；前翅前缘基半部和体腹面橘黄色。触角第1～3节具细瘤突和平覆短硬毛，端节无瘤突，被细密短毛；第1节粗壮，端部略向外弯曲，第3节端部常微侧扁，第4节细长纺锤形，在其基部有一个稍膨大的环形托。前胸背板亚梯形，侧缘近斜直，边缘具细齿，侧角略突出，末端稍尖。小盾片三角形，有清楚横皱纹。前翅膜片烟褐色，半透明，后部接近腹端。

【寄主】卫矛、杨树。

【分布】铜山区、新沂市。

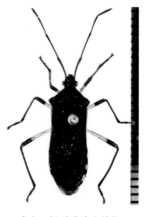

成虫，新沂马陵山林场，
张瑞芳　2017.Ⅴ.12

成虫及若虫（卫矛），铜山赵疃林场，
钱桂芝　2016.Ⅺ.19

成虫，铜山赵疃林场，
钱桂芝　2016.Ⅺ.19

上述两种成虫混合发生，铜山赵疃林场，
钱桂芝　2016.Ⅺ.19

（22）刺肩普缘蝽*Plinachtus dissimilis* Hsiao

本种与钝肩普缘蝽在形态上非常相似，唯前胸背板侧角呈刺状，并向上翘起而相互区别。有研究建议将两种合并为1种：二色普缘蝽*Plinachtus bicoloripes* Scott。

【寄主】卫矛。

【分布】铜山区。

（23）黄伊缘蝽*Rhopalus maculatus* (Fieber)

本种异名为*Aeschyntelus chinensis* Dallas。成虫体长6.8～8.1mm，宽2.5～2.8mm。长椭圆形，浅橙黄色。头三角形，中叶长于侧叶，表面粗糙。复眼大而突出，紫褐色，单眼紫红色。触角4节，以红色为主，被长毛，第1节粗短，第2、3节较细，第4节较粗，纺锤形。前胸背板胝区有1横隆线，前端细缩如短颈状，上有黑色小点，背板和小盾片上的刻点褐色。前翅革片散生黑褐色斑点，膜片浅橘黄色，透明。腹部侧接缘浅红色，有1列褐色小圆点。足橙黄色，被白绒毛，腿节和胫节上散生红色小点，胫节端部和跗节浅红色，爪黑色。

【寄主】松及水稻、小麦、高粱、菊花等植物。

【分布】丰县、沛县。

成虫，沛县沛城，赵亮 2016.Ⅵ.2　　　　成虫，丰县凤城，刘艳侠 2015.Ⅳ.17

成虫，丰县凤城，刘艳侠 2015.Ⅶ.21

（24）条蜂缘蝽*Riptortus linearis* (Fabricius)

成虫体长13.2～14.8mm，宽3.2～3.3mm。体形狭长，浅棕色。头在复眼前部成三角形，后部细缩如颈。复眼大而突出，黑色，单眼突出，赭红色。触角4节，第1节长于第2节，第4节长于第2、3节之和，第2节最短。前胸背板向前下倾，前缘具领，后缘呈2个弯曲，侧角刺状。头、胸两侧的黄色斑纹呈条状。后足腿节腹面具1列黑刺，基部内侧有1显著突起，胫节稍弯曲。雄虫后足腿节粗大。前翅革片前缘近端处稍向内弯。

【寄主】蚕豆、豌豆、绿豆等豆科植物，也危害水稻、麦类等。

【分布】丰县。

（25）点蜂缘蝽*Riptortus pedestris* (Fabricius)

成虫体长15～17mm，宽3.6～4.5mm。狭长，黄褐至黑褐色，被白色细绒毛。头在复眼前部成三角形，后部细缩如颈。触角第1、2、3节端部稍膨大，第4节基部1/4处色淡。头、胸部两侧黄色光滑斑纹成点斑状或消失。前胸背板前叶向前倾斜，前缘具领片，后缘有2个弯曲，侧角成刺状。小盾片三角形。前翅膜片淡棕褐色，长于腹末。腹部侧接缘稍外露，黄黑相间。足与体同

 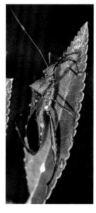 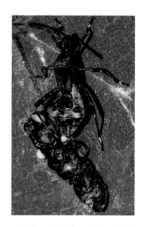

成虫（背面），丰县凤城，　　成虫（侧面），新沂　　5龄若虫（蜕皮，榆），新沂
刘艳侠 2015.Ⅶ.23　　　　马陵山林场，周晓宇　　马陵山林场，周晓宇
　　　　　　　　　　　　　2017.Ⅵ.27　　　　　　2017.Ⅵ.13

色，胫节中段色淡，后足腿节粗大，有黄斑，腹面具4个较长刺和几个小齿，基部内侧无突起，后足胫节向背面弯曲。5龄若虫体长12.7～14mm，除翅较短外其他同成虫。

【寄主】梨、苹果、葡萄等果树及大豆、菜豆、绿豆、水稻、麦类等农作物。

【分布】鼓楼区、泉山区、丰县、沛县、铜山区、睢宁县、邳州市、新沂市。

05 长蝽科 ︳ **Lygaeidae**

（26）红脊长蝽*Tropidothorax elegans* (Distant)

成虫体长8.2～11mm，宽3.1～4.3mm。长椭圆形。头、触角和足黑色，体赤黄至红色，具黑斑纹，密被白色刚毛。头部背面凸圆，前端刚毛浓密。前胸背板有刻点，赤黄至红色；中部纵脊由前缘直达后缘，后部纵脊两侧各有1近方形大黑斑；侧缘直而隆起，后缘中部稍向前凹。小盾片黑色三角形。前翅爪片基、端部赤黄色，余为黑色，革片和缘片中域有1黑斑，膜质部黑色，基部近小盾片末端处有1白斑。各节腹板具红黑相间的横带。

【寄主】萝藦、牛皮消、黄檀、垂柳、刺槐、花椒等。

【分布】全市各地。

成虫（背、侧面），贾汪青年林场，周晓宇 2016.Ⅳ.21

06 红蝽科 ︳ **Pyrrhocoridae**

（27）小背斑红蝽*Physopelta cincticollis* Stål

别名二点红蝽、小斑红蝽。成虫体长11.4～15.8mm，宽4.2～5.2mm。长椭圆形，红褐色。头小，黑色，中叶长于侧叶，无单眼。触角4节，密被绒毛，第1、2、3节端部稍膨大，除第4节基半部为淡黄色外，余均黑色。前胸背板梯形，中部有1横沟，中线隆出，将背板略分为4块，暗褐色，周缘赤黄，密布刻点和绒毛。小盾片小，暗褐色，除基部中央光滑外，密被绒毛。前翅革质部浅色，散生许多黑色微点，中部有1大而近圆形黑斑，端部亦有1黑斑。膜质部基端淡黄，余为灰色，基角处有1浅黑色斑纹。足暗褐色，密被绒毛。前足腿节和胫节内侧有2排齿状刺，胫节端部有1距和环刺。中、后足胫节上有散生刺，端部有环刺。

【寄主】野葡萄。

【分布】铜山区。

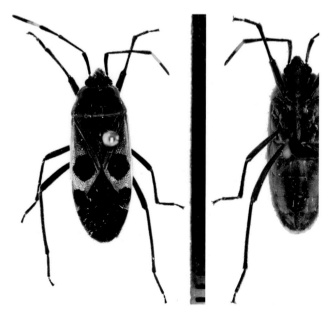

成虫（背、腹面），铜山新区，宋明辉 2015.Ⅶ.28

07 网蝽科 | Tingidae

（28）悬铃木方翅网蝽 *Corythucha ciliata* (Say)

成虫体长3.2～3.7mm，连翅长约4mm，宽约2.2mm。乳白色，体腹面黑褐色，触角和足浅黄褐色。头兜发达，盔状，前伸达触角第2节中部或末端。头兜、前胸侧背板和前翅呈网格状。前胸侧背板边缘和前翅前缘及侧缘基半部具小刺列。前翅显著超过腹部末端，静止时近长方形，翅基1/3近中部具1黑斑。足细长，腿节不加粗。

【寄主】悬铃木、苹果。

【分布】全市各地。

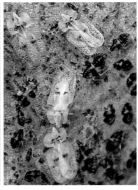

成虫（背、侧面）及若虫（悬铃木），铜山利国，钱桂芝 2015.IX.2

（29）膜肩网蝽 *Hegesidemus habrus* Drake

成虫（杨），丰县王沟，刘艳侠 2015.VI.23　成虫及4龄若虫（杨），铜山郑集，钱桂芝 2017.VIII.16

别名娇膜肩网蝽、杨柳网蝽，*Metasalis populi* (Takeya)为本种异名。成虫体长约3mm，暗褐色。头光滑，短而圆鼓，褐色。复眼红色。触角浅黄色，被短毛，第4节端半部黑褐色。胸部及小盾片上具3条灰黄色纵脊。前翅浅黄白色，长椭圆形，长过腹末，有许多透明小室，两翅具深褐色"X"形斑。足淡黄色。4龄若虫体长约2.2mm，翅芽椭圆形，达腹背中部，基部和端部黑色。

【寄主】杨、柳等，常群集危害，排泄物污染植物。

【分布】全市各地。

（30）梨冠网蝽 *Stephanitis nashi* Esaki *et* Takeya

别名梨网蝽、梨军配虫。成虫体长（至翅端）3～3.5mm。体黑褐色，扁平，触角、口器和足浅黄褐色。无单眼。触角丝状，4节，第3节最长。头部有5个锥状突起。前胸背板两侧向外突出呈翼片状，两侧和背面叶状突起及前翅布有网状花纹。前胸两侧外延部分和宽阔外延的前翅合成木枷形状，故称"军配虫"。静止时，两前翅叠起，翅面黑色斑纹呈"X"形。后翅膜质，白色，透明，翅脉暗褐色。5龄若虫体长约1.9mm，灰白色，头、胸、腹两侧具淡色刺状突，翅芽伸达腹长的一半许，腹部第3～6节背板黑色，其余部分淡色。

成虫（樱花），铜山利国，宋明辉 2015.IX.2　若虫（海棠），云龙潘塘，宋明辉 2015.VII.1

【寄主】梨、桃、李、梅、苹果、樱花、樱桃、山楂、海棠、蜡梅、紫藤、紫薇、棠梨、木瓜、月季、火棘等。

【分布】全市各地。

08 盲蝽科 | Miridae

（31）三点苜蓿盲蝽*Adelphocoris fasciaticollis* Reuter

成虫，新沂马陵山林场，
周晓宇　2017.Ⅶ.11

成虫，鼓楼九里，
宋明辉　2015.Ⅸ.10

别名三点盲蝽。成虫体长5～7mm，宽2.4～2.7mm。褐或浅褐色，被白色细毛。头三角形，紫褐色，头顶光滑。复眼大而突出，暗紫色。触角4节，紫褐色，略短于或等于体长，各节端部色较深。前胸背板梯形，近前缘具2个黑斑，近后缘具1条黑带，或在中间分开成2个黑斑，或呈4个小黑斑。小盾片（大部）及前翅三角形楔片组成3个黄白色斑点，故名"三点"。小盾片基角处浅褐色。前翅革片黄褐色，革片端部和爪片、楔片端部褐色。膜片褐色，超过腹部末端。足黄褐色，腿节布有黑斑，胫节具稀疏黑粗毛，跗节3节，爪黑色。

【寄主】杨、柳、榆及棉、苜蓿、芦苇等。

【分布】鼓楼区、开发区、铜山区、新沂市。

（32）苜蓿盲蝽*Adelphocoris lineolatus* (Goeze)

成虫体长7.5～9mm，宽约2.6mm。黄褐色，被金黄色细毛。头三角形，褐色，头顶光滑。复眼扁圆，黑色。触角4节，棕黄色，等于或略短于体长。前胸背板梯形，暗黄色，胝区常有2个短黑纹（有时不清晰），后部有2个圆形黑斑。小盾片暗褐色，有似"π"形黑纹。前翅革片黄褐色，爪片褐色，膜片半透明，黑褐色。足黄褐色，腿节有黑褐色小斑点（后足腿节黑斑排成数纵行），胫节具稀疏黑色粗毛，跗节3节，第3节端部色较深，爪黑色。

【寄主】寄主杂，主要危害棉花、苜蓿等农作物，也危害杨、柳、桑等。

【分布】丰县。

成虫，丰县梁寨，刘艳侠　2015.Ⅸ.20

成虫，丰县宋楼，刘艳侠　2015.Ⅶ.6

（33）绿盲蝽*Lygus lucorum* Meyer-Dür

别名绿后丽盲蝽，本种异名为*Apolygus lucorum* (Meyer-Dür)。成虫体长约5mm，宽约2.5mm。黄绿、绿或浅绿色。头部略呈三角形，黄绿色，复眼黑褐色。触角4节，第2节最长，约等于第3、4节长度之和。前胸背板上具极浅的小刻点，前缘与头相连部分有1领状脊棱。前翅革片、爪片和楔片绿色，具稀疏黄色短毛及微细刻点，膜片透明，略呈暗色。足绿色，胫节具黑褐色小刺。

【寄主】棉、苜蓿等农作物和枣、桃、木槿等树木。

【分布】丰县。

09 蝉科 | **Cicadidae**

（34）蚱蝉 *Cryptotympana atrata* (Fabricius)

别名黑蚱、黑蚱蝉、红脉熊蝉、金蝉。成虫体长40～48mm，翅展116～125mm。体黑色，有光泽，密生淡黄色绒毛。头部横宽，中央向下凹陷。复眼大而横宽，淡黄褐色。单眼3个，排列呈三角形。中胸背板宽大，中央有"X"形隆起。前、后翅透明，前翅基部1/3部分烟黑色，生有短的黄灰色绒毛，基室暗黑色，脉纹红褐色，外缘脉、端半部脉纹均黑褐色。后翅基部1/3处烟黑色。足黑色，有不规则黄褐色斑，前足腿节膨大，下方有齿。腹部背面黑色，具光泽，着生黄褐色或黄灰色绒毛。腹部侧缘及各腹节后缘均为黄褐色（8、9节除外）。雄虫腹部第1、2节有鸣器，腹瓣后端圆形，端部不达腹部一半；雌虫无鸣器，腹部第9、10节黄褐色，中间开裂，产卵器长矛形。卵长3.3～3.7mm，乳白色，梭形，微弯曲，一端较圆钝，一端较尖削。

【寄主】杨、柳、榆、桃、梨、桑、椿、苹果、白蜡、苦楝、山楂、樱花、枫杨、悬铃木等140多种树木。

【分布】全市各地。

成虫（背面），铜山
汉王，宋明辉
2015.Ⅶ.22

成虫（♂，示腹面腹瓣后端圆形），铜山汉王，
张瑞芳　2015.Ⅷ.15

成虫（♀，示腹末产
卵器），开发区大庙，
宋明辉　2015.Ⅷ.2

卵（樱花），铜
山新区，钱桂芝
2016.Ⅶ.31

（35）黑翅红蝉 *Huechys sanguinea* (De Geer.)

别名黑翅蝉、红蝉、红娘子等。成虫体长17～25mm，翅展43～65mm。体狭长，黑色被长毛。头和前胸背板等宽，黑色有光泽，额及单眼鲜红色，触角暗红色。前胸背板有明显的后角叶，其基部凹陷。中胸背板黑色，两侧各有1个椭圆形鲜红色斑纹。前翅暗黑色，脉纹黑色，后翅透明，基部色暗，端室6个。腹部除第1节暗黑色外全部红色，无明显斑纹。雄虫在后胸腹板两侧有鸣器，雌虫有黑褐色产卵管。足黑褐色。

【寄主】桑、石榴、板栗等。

【分布】沛县。

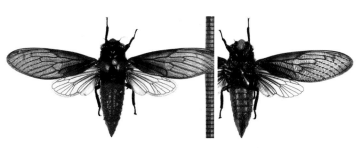

成虫（♀，背、腹面），沛县沛城，朱兴沛　2015.Ⅶ.7

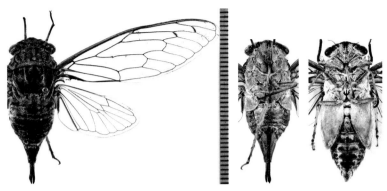

成虫，♀（左：背面，中：腹面，示产卵器），开发区大庙，张瑞芳   2015.Ⅷ.6
成虫，♂（右：腹面，示盘状纹），矿大南湖校区，周晓宇   2016.Ⅷ.10

（36）蒙古寒蝉*Meimuna mongolica* (Distant)

成虫体长28~35mm，翅展73~85mm。全身灰绿色，体背灰褐色，有斑纹。头部有黑边。前胸背板中央2条纵带、中胸背板中央矛状斑及两侧带状斑、"X"形隆起前的1对小圆点均为黑色。翅透明，前翅第2、3端室横脉具烟褐色斑点。体腹面淡褐色，被有白色蜡粉，腹部各节着生1列横向不规则的栗色带，雄虫呈暗赤褐色盘状纹，腹瓣长达第5腹节，左右分离；雌虫腹瓣短，具有明显突出于腹末的产卵器。

【寄主】杨、柳、榆、槐、桑、合欢、泡桐、板栗等。

【分布】开发区、泉山区、丰县、铜山区、睢宁县、邳州市、新沂市。

（37）螗蜩*Platypleura kaempferi* (Fabricius)

别名苹梢螗蜩、褐斑蝉。成虫体长20~25mm，翅展62~75mm。头、胸部暗绿至暗黄褐色，具黑色斑纹。腹部黑色，每节后缘暗绿或暗褐色。复眼大，头部3个单眼红色，呈三角形排列。触角刚毛状。前胸宽于头部，近前缘两侧突出。翅透明，暗褐色，前翅有不同浓淡暗褐色云状斑纹，斑纹不透明，纵脉有锚状纹。后翅黑色，外缘无色透明，黑色部分翅脉呈黄褐色。雄虫腹部有发音器，雌虫腹末产卵器明显。

【寄主】梨、桃、杏、杨、柳、苹果、山楂、紫薇、紫叶李、悬铃木、大叶黄杨等树木。

【分布】全市各地。

成虫（背面），铜山新区，
钱桂芝   2015.Ⅶ.17

上：成虫（♂，腹面），矿大南湖校区，周晓宇   2016.Ⅵ.24
下：成虫（♀，腹面），开发区大庙，张瑞芳   2015.Ⅷ.6

10 蜡蝉科 | Fulgoridae

（38）斑衣蜡蝉 *Lycorma delicatula* (White)

别名樗鸡、红娘子。成虫体长14～22mm，翅展39～52mm。体翅表面附有白色蜡粉。前翅革质，长卵形；基部约2/3为淡褐色，翅面具有10～20个黑斑；端部约1/3为黑色，脉纹色淡。后翅膜质，扇状；基部一半为鲜红色，具有7或8个黑点；中部有倒三角形白色区，半透明，端部黑色。低龄若虫体黑色，具许多小白斑；4龄若虫体背红白相间，足黑色布有白色斑点；翅芽明显，由中胸和后胸两侧向后延伸。

【寄主】杨、柳、桃、李、杏、榆、梅、葡萄、苹果、海棠、山楂、樱花、银杏、刺槐、苦楝、女贞、青桐、合欢、臭椿、香椿、石榴、花椒、悬铃木、五角枫、三角枫等多种树木。

【分布】全市各地。

卵块（樱花），沛县沛城，赵亮 2016.Ⅳ.8

低龄若虫（臭椿），沛县沛城，赵亮 2016.Ⅴ.4

4龄若虫（樱花），沛县沛城，赵亮 2016.Ⅵ.15

成虫，沛县沛城，赵亮 2015.Ⅶ.15

11 蛾蜡蝉科 | Flatidae

（39）碧蛾蜡蝉 *Geisha distinctissima* (Walker)

别名青蛾蜡蝉、茶蛾蜡蝉、青翅羽衣。成虫体长6～8mm，翅展18～21mm。全体淡绿色，头顶短，略向前突出。触角基部两节粗，端部呈芒状。复眼紫褐色。腹部淡黄褐色，被白粉。前翅宽阔近长方形，绿色，翅脉网状、黄色；前缘有赤褐色狭边，自前缘中后部开始有1条

成虫，睢宁睢城，周晓宇 2016.Ⅶ.13

红色的虚线状细纹直达后缘基部；翅脉、前缘、外缘及后缘等处有褐斑。后翅乳白至淡绿色，半透明，翅脉淡黄褐色。足淡黄绿色，跗节与爪赤褐色。

【寄主】柿、桑、桃、梨、李、杏、苹果、葡萄、白蜡、海桐、无花果、大叶黄杨等。

【分布】沛县、睢宁县、贾汪区。

（40）褐缘蛾蜡蝉 *Salurnis marginellus* (Guérin)

别名青蛾蜡蝉、青蜡蝉、绿蛾蜡蝉、褐边蛾蜡蝉。成虫体长约7mm，翅展约18mm。头部黄赭色，顶极短，中央具1褐色纵带。前胸背板长为头顶的2倍，前缘褐色，向前突出于复眼之前，后缘略凹入呈弧形，中央有2条红褐色纵带，侧带黄色，其余部分为绿色。中胸背板发达，左右各有2条弯曲的侧脊，有红褐色纵带4条，其余部分绿色。前翅绿色或黄绿色，边缘褐色，在后缘特别显著；在爪片端部有1显著的马蹄形褐斑，斑的中央灰褐色；在后缘爪片之外还有颗粒分布，网状脉纹明显隆起，在绿色个体上为深绿色，在黄色个体上呈红褐色。后翅绿白色，边缘完整。前、中足褐色，后足绿色。

成虫，丰县凤城，刘艳侠 2015.Ⅷ.6　　　　成虫，丰县凤城，刘艳侠 2015.Ⅷ.11

【寄主】板栗、迎春花等。

【分布】丰县、沛县。

12 广翅蜡蝉科 ∣ **Ricaniidae**

（41）带纹疏广翅蜡蝉 *Euricania fascialis* Walker

成虫体长6~6.5mm，翅展20~22mm。头、前胸、中胸栗褐色，中胸盾片黑褐色，腹部褐色。前翅透明无色，略带黄褐色，翅脉褐色，前缘、外缘和内缘均为褐色宽带；中横带栗褐色，仅两端明显，中段仅见褐色痕迹；外横线细而直，由较粗的褐色横脉组成；前缘褐色宽带上，在中部和外方1/4处各有1黄褐色四边形斑纹将宽带割成3段；翅近基部中央有1褐色小斑。后翅无色透明，翅脉褐色，外缘和后缘有褐色宽带。后足胫节外侧有2个刺。

成虫，铜山邓楼果园，周晓宇 2016.Ⅶ.4

【寄主】桑、刺槐等。

【分布】云龙区、开发区、丰县、铜山区、睢宁县、邳州市、新沂市、贾汪区。

（42）暗带广翅蜡蝉 *Ricania fumosa* Walker

成虫体长约3.2mm，翅展约12mm。体栗褐色，中胸背板色最深，足和腹部色淡。额有3条纵脊，前段完整，后段近1/3消失。中胸背板有3条纵脊，中脊直，两侧脊于先端会合。前翅宽阔，褐色，长度仅稍大于宽度，其前缘略呈弧形，在翅的端半部隐约可见4条深色宽横带，翅脉色略深并稍凸。后翅颜色略淡于前翅。后足胫节外侧有4个较大的齿状刺。

【寄主】禾本科作物及杂草。

【分布】开发区、铜山区、新沂市。

成虫，新沂踢球山林场，周晓宇 2017.Ⅵ.28　　成虫，开发区大庙，宋明辉 2015.Ⅸ.7

（43）八点广翅蜡蝉*Ricania speculum* (Walker)

成虫体长6~7.5mm，翅展16~18mm。头、胸部黑褐至烟褐色，足和腹部褐色。前胸背板具中脊，二边点刻明显。中胸背板具纵脊3条，中脊长而直，侧脊近中部向前分叉，二内叉内斜至端部几乎会合，外叉较短。前翅褐色至烟褐色，前缘近端部2/5处有1近半圆形透明斑，斑的外下方有1较大的不规则形透明斑，内下方有1较小的长圆形透明斑，近前缘顶角处还有1很小的狭长透明斑；翅外缘有2个较大的透明斑，其中前斑形状不规则（多数在上内方有1突起，有的个体在下内方也有1突起），后斑长圆形，内有1小褐斑；翅面上散布有白色蜡粉。后翅黑褐色，半透明，基部色略深，中室端部有1小透明斑。后足胫节外侧有刺2个。

【寄主】桃、李、梅、杏、桑、枣、柿、杨、柳、苹果、樱桃、板栗、苦楝、玫瑰、刺槐、蜡梅、桂花、迎春花等树木及棉、大豆等农作物。

【分布】全市各地。

成虫，铜山邓楼果园，宋明辉 2015.Ⅹ.12　　成虫，沛县安国，赵亮 2015.Ⅷ.14

（44）柿广翅蜡蝉*Ricania sublimbata* Jacobi

成虫体长8.5~10mm，翅展24~36mm。虫体褐色至黑褐色。复眼灰褐色，头、胸背面褐至黑褐色，腹面深褐色。腹基部黄褐色，其余各节深褐色，尾器黑色，头、胸及前翅表面多被绿色蜡粉。额中脊长而明显，无侧脊。前胸背板具中脊，两边具刻点。中胸背板具纵脊3条，中脊直而长，侧脊斜内向，端部互相靠

成虫（体褐色），铜山郑集，
郭同斌　2015.Ⅸ.21

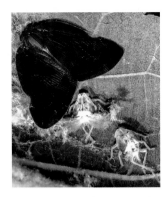

成虫（黑褐色）及若虫，新沂邵店，
周晓宇　2017.Ⅵ.14

近，在中部向前外方伸出1短小外叉。前翅前缘、外缘深褐色，被1层暗绿色蜡粉，向中域和后缘色泽变淡；前缘外方1/3处稍凹入，此处有1三角形至半圆形淡黄色斑。后翅黑褐色，半透明，脉纹黑色。前足胫节外侧有刺2个。若虫体长3～6mm，体呈钝菱形，被白色蜡粉，腹部末端有10条白色绵毛状蜡丝，呈扇状伸长。

【寄主】柿、榆、桃、杨、柳、桑、苹果、苦楝、构树、臭椿、栾树、石楠、女贞、红枫、刺槐、蔷薇、火棘、国槐、山楂、枇杷、紫薇、五角枫、大叶黄杨等。

【分布】全市各地。

13 瓢蜡蝉科 | Issidae

（45）恶性席瓢蜡蝉 *Dentatissus damnosus* (Chou *et* Lu)

本种异名为*Sivaloka damnosus* (Chou *et* Lu)。成虫体长（连前翅）约4.5mm。黄褐至褐色，胸部腹面色更浅，体背及前翅覆有褐色蜡粉。前、中足及前翅暗褐色，前翅平坦，斜盖在体两侧。前胸背板有1"八"字形黑褐纹，中脊两侧各具1黑色凹陷点。各足腿节和胫节上有褐色纵条，但前足腿节全部黑色，后足胫节具2个黑色侧刺。

【寄主】梨、榆、杨、桑、枣、苹果、杜梨、合欢、国槐、刺槐、香椿、悬铃木、贴梗海棠、小叶女贞等。

【分布】丰县、铜山区、新沂市。

成虫，丰县凤城，
刘艳侠　2015.Ⅴ.19

若虫（香椿），铜山邓楼果园，
周晓宇　2016.Ⅵ.1

14 象蜡蝉科 | Dictyopharidae

（46）丽象蜡蝉 *Orthopagus splendens* (Germar)

成虫体长约10mm，翅展约26mm。体黄褐色，有黑褐色斑点。头略向前突出，顶长等于基部眼间宽度的1.5倍，突出在眼前部分占全长1/3；具中脊，侧缘呈脊状，前缘近圆形，后缘凹入呈角度；黑褐色，近基部两侧各有1黄褐色弧形条斑。前胸背板前缘尖，后缘刻入呈角度，中脊锐利。中胸背板中脊不甚清晰，侧脊明显。腹部散布黑褐色斑点，其末端黑褐色。前翅狭长透明，略

成虫，铜山刘集，周晓宇　2016.Ⅷ.12

带褐色；翅痣褐色，其下缘具1牛角形褐斑；外缘有1新月形大褐斑，其下角指向翅基，伸达翅外方1/3处，其中有2个透明的斑点。后翅较前翅短，但宽大，透明，外缘近顶角处有1褐色条纹，仅达外缘1/3处后向内折伸。前、后翅翅脉均褐色。足细长，黄褐色，带深色斑纹，后足胫节外侧具黑褐色刺7个，刺基部有黑褐色短斜纹。

【寄主】桑、水稻和其他禾本科植物。

【分布】鼓楼区、丰县、铜山区。

（47）伯瑞象蜡蝉*Raivuna patruelis* (Stål)

本种异名为*Dictyophara patruelis* (Stål)。成虫体长8～11mm，翅展18～22mm。体绿色。头明显向前突出，略呈长圆柱形；头顶长约等于前胸与中胸背板之和，脊线与基部的中脊绿色，中央有2条橙色纵带，至端部消失。前胸和中胸背板各具5条绿色脊线和4条橙色条纹。腹部背面具很多间断的暗色带纹及白色小点，侧区绿色。翅透明，端半部的脉纹暗褐色。足黄绿色，有暗黄色和黑褐色纵条纹，后足胫节有5个侧刺。

【寄主】桑、苹果、水稻、甘薯等。

【分布】鼓楼区、丰县、沛县、铜山区、新沂市、贾汪区。

成虫，新沂马陵山林场，周晓宇 2017.Ⅶ.20

成虫，铜山赵疃林场，钱桂芝 2016.Ⅸ.20

15 叶蝉科 | Cicadellidae

（48）大青叶蝉*Cicadella viridis* (Linnaeus)

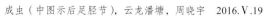
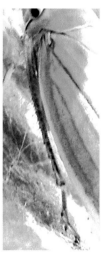

成虫（中图示后足胫节），云龙潘塘，周晓宇 2016.Ⅴ.19

成虫，开发区大庙，周晓宇 2016.Ⅷ.2

本种异名为*Tettigoniella viridis* (Linné)。成虫体长6.5～10.1mm，翅展12～17mm。头部颜面淡褐色，后唇基的侧缘、中间的纵条及每侧1组弯曲的横纹黄色。在颊区近唇基缝处有1小黑斑，触角窝上方有1块黑斑，头冠部淡黄绿色，近后缘处有1对不规则的多边形黑斑。前胸背板淡黄绿色，后半部深青绿色，小盾片淡黄绿色，中间横刻痕短，不达边缘。前翅黄绿色，前缘淡白，端部透明，翅脉青黄色具狭窄的淡黑色边缘。后翅烟黑色，半透明。腹部背面蓝黑色，两侧及末节色淡，橙黄带有烟黑色。胸、腹部腹面及足橙黄色，跗爪及后足胫节内侧细条纹黑色，其刺列的每1刺基部黑色。

【寄主】桑、梨、桃、李、杏、杨、柳、榆、枣、苹果、樱桃、葡萄、国槐、刺槐、臭椿、梧桐等160余种。

【分布】云龙区、开发区、丰县、沛县、铜山区、睢宁县、贾汪区。

（49）小绿叶蝉*Empoasca flavescens* (Fabricius)

别名桃叶蝉、桃小叶蝉、桃小绿叶蝉。成虫体长3.3～3.7mm，翅展5.5～7.5mm。淡黄绿至绿色。头部近三角形，背面略短，向前突。复眼灰褐至深褐色，无单眼。触角刚毛状，末端黑色。前胸背板、小盾片淡鲜绿色，二者及头部常具白色斑点。前翅半透明，略呈革质，淡黄白色，周缘具淡绿色细边。后翅透明膜质，有珍珠光泽。腹部背板较腹板色深，末端淡青绿色。各足胫节端部以下淡青色，爪褐色，跗节3节，后足跳跃式。

【寄主】桑、茶、梨、桃、李、杏、杨、柳、苹果、葡萄、樱桃、樱花、山楂、紫叶李等林木及稻、麦、大豆等农作物。

【分布】丰县、沛县、铜山区。

成虫（桃），铜山黄集，钱桂芝　2015.Ⅳ.16　　　成虫（紫叶李），丰县宋楼，刘艳侠　2015.Ⅳ.14

（50）柿斑叶蝉*Erythroneura multipunctata* (Matsumura)

别名多点斑叶蝉、血斑小叶蝉。成虫体长约3mm。全体淡黄白色。头部呈钝圆锥形，向前突出，有2条淡黄绿色纵条斑（或4个淡黄绿色斑纹，其中后部2个斜斑纹呈倒"八"字形排列）。前胸背板亦有淡黄绿色斜斑纹4个，小盾片基部有2个。前翅为黄白色，位于基部、中部和端部各有1个不规则斜斑纹，翅面散生若干红褐色小点。5龄若虫体扁平，淡黄色至黄色，体上有白色刺毛和红褐色血斑，后翅芽达腹部第3节。

【寄主】柿、枣、桃、李、桑、葡萄等。

【分布】丰县、铜山区。

成虫，丰县赵庄，
刘艳侠　2015.Ⅶ.7
若虫（5龄，柿），丰县赵庄，
刘艳侠　2015.Ⅶ.7
若虫（5龄，柿），丰县赵庄，
刘艳侠　2016.Ⅵ.26

（51）窗耳叶蝉*Ledra auditura* Walker

别名耳叶蝉、窗耳胸叶蝉。成虫体长14~18mm，翅展26~29mm。体暗褐色，常带赤色色泽。头部向前钝圆突出，在头冠中央及两侧区具"山"字形隆起，致两侧各有一大一小2个低凹区，凹区薄而色淡，半透明似"天窗"。头冠具刻点，前部散生颗粒状突起。复眼黑褐色，单眼暗红色。前胸背板具刻点，后部两侧突起物末端深暗，呈片状，相当大，在雄虫中向上直立，雌虫则更大且向上前方略倾斜。小盾片中前部平伏，后端突起。前翅半透明，带有黄褐色，散布褐点。虫体腹面及足色较淡，黄褐色，各足胫节疏生深暗色小颗粒突起。

【寄主】梨、栎、杨、臭椿、刺槐、苹果、葡萄等。

【分布】丰县、沛县、铜山区。

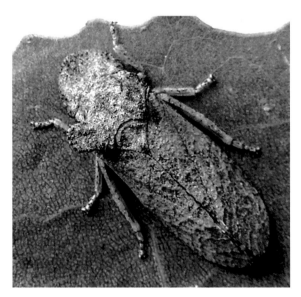 

成虫（♀），铜山伊庄，钱桂芝　2015.Ⅸ.17

（52）白边大叶蝉*Tettigoniella albomarginata* (Signoret)

成虫体长4.5~7mm，翅展9~12mm。体黄色，部分黑色。头部浓黄色，头冠有4个大黑斑，1个位于头顶中央，1个位于后部中央，另2个分列前缘两侧，其中以后部中央的黑斑最大，两侧达及单眼。复眼黑色。

前胸背板前半部浓黄色，后半黑色，黑色部分中央向前突出。小盾片浓黄色，在基部有2黑斑分列两侧。前翅黑色，翅端色淡，前缘为淡黄白色，故名白边大叶蝉。后翅淡黑色。腹部背面黑色，侧缘淡黄。胸部及腹部腹面均为淡黄色而带有青色，足淡黄色，但向端部青色成分渐浓，爪黑色。

【寄主】桑、栎、葡萄、蔷薇、紫藤、水稻、棉花等。

【分布】铜山区。

成虫，铜山汉王，宋明辉 2015.Ⅷ.12

16 角蝉科 ｜ **Membracidae**

（53）隆背三刺角蝉*Tricentrus elevotidorsalis* Yuan *et* Fan

成虫体长约5.6mm。体黑色，头部及前胸背板具刻点及金色粗毛，头的下面、胸两侧和腹基部两侧被白色毛斑，极为明显。复眼橙黄色，半球形，单眼黄色，透亮，位于复眼中心连线稍上方。前胸背板呈三刺状，1对刺（上肩角）伸向侧上方，顶端尖，向下弯；后刺（后突起）基部扁平，中央弧形隆起很高，顶端尖直，伸过前翅臀角，具3条强脊，两侧脊直。前翅基部褐色，革质，有点刻和毛，不透明；端部1/4黄褐色，半透明；中央白色，透明；翅脉粗，黄褐色。足腿节黑色，胫、跗节褐色，后足转节内侧有齿。

【寄主】枣，多在构树上采集到成虫。

【分布】云龙区、鼓楼区、开发区、丰县、铜山区、新沂市、贾汪区。

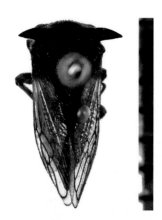

成虫（背面），铜山利国，
钱桂芝 2016.Ⅵ.28

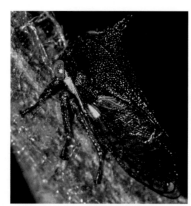

成虫（侧面），新沂马陵山林场，
周晓宇 2016.Ⅵ.27

成虫（头、胸部），鼓楼九里，
周晓宇 2016.Ⅴ.24

17 木虱科 ｜ **Psyllidae**

（54）桑木虱*Anomoneura mori* Schwarz

别名桑异脉木虱。成虫体长约3.5mm，翅展约9mm。初羽化时淡绿色，后渐变为灰褐色。头短阔，复眼红褐色，半球形，单眼淡红色。触角丝状，10节，黄色，末节黑褐色。胸背隆起，中胸最大，中胸前盾片有赭黄色纹1对，盾片上有2对。前翅长圆形，半透明，有棕褐色斑纹。后翅透明。越冬成虫整个翅面散有暗褐色点纹。足黄褐或黑褐色，跗节2节，末节黄褐色，爪黑色。腹部各节背板有黑纹，产卵阶段雌虫腹面呈红黄色。

【寄主】桑树、柏树。

【分布】泉山区、睢宁县。

成虫（初羽化体色淡绿及羽化约1周后变为灰褐色），泉山森林公园，周晓宇　2016.Ⅴ.20

（55）浙江朴盾木虱*Celtisaspis zhejiangana* Yang *et* Li

成虫体长（达翅端）4.25～5.25mm。体黑褐色，被黄色短毛。头部垂直，头顶横宽，具大黑斑。复眼红褐色，单眼橙黄色。触角褐色，末2节暗褐色。前胸与头等宽或略宽，前半黄色，后半暗褐色，后缘有很细的黄边；中胸宽大，黑褐色，前盾片的后部及小盾片黄色；后胸小盾片及后小盾片亦为黄色，但后缘均带黑色。足黑褐色，爪黑色。前翅暗褐色，翅中部至翅端在各脉间多具淡斑。腹部黑褐色，腹面较淡，生殖节黄褐色。5龄若虫体长2.40～2.92mm，黄白色。复眼红棕，单眼橙黄色。触角10节，末2节褐色，第9节略浅。头与前胸相接处各有1对褐斑，边缘不整齐，有透斑。中、后胸分界明显。翅芽卵圆形。各足跗节2节，端部大部分呈褐色。腹部圆形，第4节最宽，前5节分节明显，第6节以后多愈合成臀板，近背中有2条褐色纵带，并有3块透斑。腹部腹面有气门6对，肛节管状突伸，基部宽阔。

【寄主】主要危害朴树，若虫在叶下危害，造成漏斗形凹陷，在叶面形成长角状虫瘿，并分泌蜡丝，形成白色不规则的圆形蜡壳覆在虫瘿底口，若虫潜伏瘿内危害。蜡壳可分5～6层，第2层最宽。

【分布】泉山区、铜山区、睢宁县、新沂市。

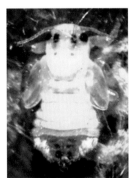

5龄若虫（朴树）及其蜡壳（右图），铜山赵疃林场，
郭同斌&宋明辉　2015.Ⅴ.13　　　　虫瘿（朴树），铜山新区，
钱桂芝　2015.Ⅳ.24　　　　被害状（朴树），新沂新店，
周晓宇　2017.Ⅶ.21

（56）槐木虱*Cyamophila willieti* (Wu)

别名槐豆木虱。夏型成虫体长3～3.5mm，浅绿色，略带黄色。复眼棕红色，近圆形，中间隆起。触角第1～2节淡绿色，较粗，第3节褐色，第4～8节端及末2节褐色。前胸背板窄，绿色，前缘突出，后缘内弧

形；中胸前盾片近菱形，上有3条黄色条纹，中间的1条较细，两端的较粗；盾片和小盾片褐色。前翅长椭圆形，具黑色缘纹4个，中间有主脉1条，分3支，又各分2支。足褐色。腹部褐色，节间有黄色环纹。冬型成虫（越冬代成虫）暗褐色，特征同夏型。若虫共7龄，6龄若虫触角9节，前翅芽伸达后翅芽中部，后翅芽伸达腹部第2节，但不超过后足腿节，腹背为绿色；7龄若虫触角10节，前翅芽几达后翅芽端部，后翅芽伸达腹部第3节，长度超过后足腿节，腹背绿色，有黑色斑纹。

【寄主】国槐、龙爪槐。

【分布】丰县。

　　　成虫（夏型），丰县常店，刘艳侠　2015.Ⅵ.4　　　　　　若虫（左：6龄，右：7龄，国槐），丰县常店，刘艳侠　2015.Ⅵ.4

（57）梨木虱 *Psylla chinensis* Yang *et* Li

冬型成虫体长2.8～3.2mm。体褐色，有黑褐色斑纹。头顶和足色淡。前翅后缘在臀区有明显褐斑。夏型成虫体长2.3～2.9mm。绿色至黄色，变化较大。绿色个体中胸背板大部黄色，小盾片上有黄褐色纵条，腹末黄色；黄色个体胸背斑纹黄褐色，腹部多为绿色，翅上无斑纹。复眼红色，触角丝状10节，长约为头宽的2倍，末端有1对刚毛。前翅长椭圆形，翅痣狭长，半透明，不明显；翅脉黄褐至褐色。足粗短，跗节2节，爪1对。卵长卵形，一端稍尖，延伸成1根长丝；一端稍钝圆，下方有1刺状突起；初产淡黄白色，渐变黄色。若虫初孵化椭圆形，淡黄色；3龄后呈扁圆形，绿褐色，间有红绿斑纹，复眼红色，翅芽长圆形，突出在身体两侧。

【寄主】梨。

【分布】云龙区、开发区、丰县、沛县、铜山区、睢宁县。

 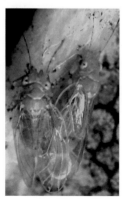 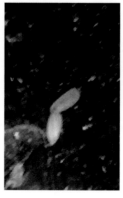 

　成虫（冬型），丰县　　成虫（夏型黄色个体），　　卵，丰县大沙河，刘艳侠　　若虫（梨），开发区徐庄，周晓宇
　大沙河，刘艳侠　　　丰县大沙河，刘艳侠　　　　2015.Ⅶ.6　　　　　　　2016.Ⅵ.2
　　2015.Ⅳ.2　　　　　2015.Ⅶ.6

（58）梧桐木虱Thysanogyna limbata Enderlein

　　别名青桐木虱、梧桐裂头木虱，本种异名为Carsidara limbata (Enddeyein)。成虫体长5.6～6.9mm，翅展约13mm。体黄色，具褐斑，疏生细毛。头端部明显下陷，复眼半球状突起，红褐色。单眼橙黄色。触角丝状，黄色，10节，4～8节上半部深褐色，9～10节黑色，顶部有两根鬃毛。前胸背板弓形，前、后缘黑褐色。中胸背板有两条褐色纵线，中央有1条浅沟，前盾片后缘黑色，盾片上有6条深褐色纵线。足黄

成虫，丰县赵庄，
刘艳侠　2015.Ⅶ.10

成虫，开发区大庙，
周晓宇　2016.Ⅶ.5

色，爪黑色，后足基节上有一对锥状突起。翅透明，翅脉浅褐色，内缘室端部有1褐色斑，径脉自翅的半部分叉。腹部背板浅黄色，腹部各节前端有褐色横带。末龄若虫体长3.4～4.9mm，略呈长圆筒形，被较厚的白色蜡质。全体灰白而微带绿色。触角10节。翅芽发达，透明，淡褐色。

【寄主】梧桐、楸树。

【分布】开发区、丰县、沛县、铜山区、睢宁县。

低龄若虫（梧桐），丰县赵庄，刘艳侠
2015.Ⅴ.7

末龄若虫（梧桐），丰县赵庄，刘艳侠
2015.Ⅴ.22

末龄若虫（梧桐），开发区大庙，周晓宇
2016.Ⅵ.13

成虫（♂），丰县王沟，刘艳侠　2015.Ⅵ.3

18 飞虱科 | Delphacidae

（59）白背飞虱Sogatella furcifera (Horváth)

　　成虫体长（包括翅长）长翅型3.5～4.8mm，短翅型2.5～3.6mm。雌虫体灰白色，雄虫黑色。头顶较狭长突出，黄白色，略呈梯形。头顶、前胸背板中域黄白色，但头顶端部中脊与侧脊间黑褐色，前胸背板侧脊外侧区于复眼后方有1暗褐色新月形斑，中胸背板侧区黑褐色。复眼黑色，单眼深褐色。触角淡褐色，基节下面深暗略带黄褐色。前翅透明，

翅脉浅黄褐色，端部稍深暗，有的个体端部后半具烟褐晕，翅脉明显黑褐色。足基节黑褐色，其余各节污黄白色。本种主要特征是雄虫前胸背板侧区有1新月形暗褐斑，整个面部黑色。

【寄主】竹、芦苇、水稻、玉米、小麦等。

【分布】丰县。

19 粉虱科 ┃ Aleyrodidae

（60）石楠盘粉虱*Aleurodicus photioniana* Young

成虫体长约1.7mm，翅展约4.1mm。体乳黄色。触角7节。翅膜质透明，第1、2代成虫翅面具黑色斑纹，越冬代成虫翅面不具黑色斑纹。成虫有分泌蜡粉的蜡板，产卵时在叶片上覆盖蜡粉。卵形似香蕉，由浅绿色逐渐变为乳黄色，卵基部后缘有1个卵柄深埋在叶片背面组织内。若虫分3龄，1龄若虫触角、足均发达，2、3龄若虫则触角和足均退化，营固定生活。

【寄主】石楠、海棠。

【分布】泉山区、丰县、沛县、铜山区。

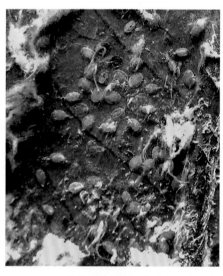

成虫，铜山新区，
钱桂芝　2015.Ⅳ.15　　　卵（石楠），铜山新区，
钱桂芝　2015.Ⅴ.17　　　2、3龄若虫（石楠），铜山新区，
钱桂芝　2015.Ⅶ.1

20 瘿绵蚜科 ┃ Pemphigidae

（61）梳齿毛根蚜*Chaetogeoica folidentata* (Tao)

无翅孤雌蚜体长约2.3mm。卵圆形，淡黄色，被薄蜡粉，触角、喙、复眼、足各节、尾片及尾板黑褐色。额呈平顶状。触角5节，占体长1/4。腹管退化。有翅孤雌蚜长2.5～3mm。长卵形。头、胸、腹黑色，额瘤不显，触角6节，短粗。无腹管。前翅4脉，两肘脉基部相合，中脉不分岔，有翅痣。后翅有两脉，非平行。虫瘿鸡冠状，位于小叶正面主脉上，侧扁，有4或5条侧隆起，两隆起间先端靠近，合成小角，宛如梳状，故名梳齿毛根蚜。虫瘿黄绿色，光滑，成熟后红黄色。

【寄主】黄连木。

【分布】鼓楼区、泉山区、开发区、铜山区、贾汪区。

无翅孤雌蚜（背、侧面，黄连木），贾汪青年林场，郭同斌 2015.Ⅴ.21　　　　有翅孤雌蚜，贾汪青年林场，郭同斌 2015.Ⅶ.3

梳齿状虫瘿（黄连木），开发区大庙，　　梳齿状虫瘿（黄连木），矿大南湖校区，　　瘿内虫体，铜山新区，
宋明辉 2015.Ⅴ.20　　　　　　　钱桂芝 2015.Ⅶ.17　　　　　　钱桂芝 2015.Ⅶ.17

（62）苹果绵蚜*Eriosoma lanigerum* (Hausmann)

无翅孤雌蚜体长1.7~2.1mm。卵圆形，黄褐至红褐色，背面有大量白色长蜡毛。触角、足、尾片及生殖板灰黑色，腹管黑色。体表光滑，头顶部显圆突纹，腹部第8节有微瓦纹。触角粗短。喙粗，长达后足基节。足短粗，光滑毛少。腹管半环形。尾片小于尾板，馒头状，有微刺突瓦纹。尾板末端圆形。生殖板骨化。

无翅孤雌蚜及被害状（苹果，右图示分泌的白色棉絮状物），丰县凤城，
刘艳侠 2016.Ⅴ.8

【寄主】苹果、山荆子、海棠等。

【分布】丰县。

（63）杨枝瘿绵蚜*Pemphigus immunis* Buckton

有翅孤雌蚜体长约2.3mm，宽约0.9mm。长卵形，被白粉。头、胸、触角、喙第3、4+5节及足黑色，腹部淡色，无斑纹。尾片、尾板、生殖板灰黑色，腹管及气门片骨化灰黑色，腹部节间斑不显。表皮光滑。触角短粗。喙短粗，超过前足基节。足粗短。前翅4斜脉，中脉不分岔，后翅脉正常。腹管环状，尾片盔

形，尾板末端圆形，生殖板明显骨化肾形。春季在幼枝基部和叶柄上营梨形虫瘿，有原生开口。

【寄主】杨树（青杨、小叶杨、黑杨I-69等）。

【分布】开发区、铜山区。

虫瘿及瘿内有翅孤雌蚜（杨），开发区徐庄，
周晓宇　2016.Ⅶ.28

无翅孤雌蚜（杨），铜山利国，
钱桂芝　2015.Ⅶ.21

（64）秋四脉绵蚜 *Tetraneura akinire* Sasaki

本种异名为 *Tetraneura nigriabdominalis* (Sasaki)。无翅孤雌蚜体长约2.3mm，宽约1.0mm。卵圆形，体杏黄、灰绿或紫色，体被呈放射状的蜡质绵毛，触角5节，短粗，光滑。喙短粗，超过中足基节。足粗短，股节与胫节等长，跗节1节。腹管截断状，退化。尾片及尾板半圆形。生殖突末端中央向内凹陷呈锐角。有翅孤雌蚜体长约2.0mm，宽约0.9mm。头、胸部黑色，腹部灰绿至灰褐色。触角短粗，第4节约与第6节等长。前翅中脉不分叉，基部1/3不显，翅脉镶粗黑边，后翅1斜脉。无腹管。在榆叶正面中脉两侧形成有柄枣核状至梨形虫瘿，表面有毛，黄绿至叶绿色，成熟时渐黄至红色。

【寄主】榆及高粱、玉米等农作物。

【分布】云龙区、开发区、铜山区、新沂市。

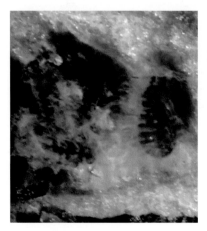

无翅孤雌蚜（榆），新沂马陵山林场，
周晓宇　2017.Ⅴ.12

有翅孤雌蚜（榆），开发区大庙，
郭同斌　2015.Ⅴ.20

虫瘿（榆），新沂马陵山林场，
周晓宇　2017.Ⅴ.24

21 大蚜科 | Lachnidae

（65）雪松长足大蚜*Cinara cedri* Mimeur

无翅孤雌蚜体长2.9～3.7mm。梨形，深铜褐色，体表背淡褐色纤毛和白色蜡粉，腹背具漆黑色小斑点。触角6节，第1、5节端半部和6节黑色。前胸背板两侧各有1斜置凹陷，呈"八"字形。足淡黄褐色，腿节端部、胫节基部和端半部及跗节黑色。腹管短，着生在黑褐色的瘤突上。尾片后缘宽三角形。有翅孤雌蚜与无翅孤雌蚜相近，但具2对翅。前翅中脉弱，分为2支。触角第1、2、6节黑褐色，3～5节淡褐色，端部黑褐色。

【寄主】雪松。

【分布】泉山区、铜山区。

有翅孤雌蚜，铜山新区，
钱桂芝　2016.Ⅴ.11

无翅孤雌蚜及其蚜群（雪松），铜山大彭，
钱桂芝　2015.Ⅸ.24

（66）柏大蚜*Cinara tujafilina* (del Guercio)

别名柏长足大蚜。无翅孤雌蚜体长2.3～2.8mm。卵圆形，淡红褐色，有时被有薄蜡粉，密生细毛，身体前部具1个"八"字形褐纹；或绿色，被白粉，无明显斑纹。触角灰黑色，仅第3节基部4/5淡色。喙第3～5节、足基节、转节、股节端部1/4、胫节端部1/10及跗节灰褐至灰黑色。腹管、尾片、尾板及生殖板灰黑色。

无翅孤雌蚜（体红褐色，侧柏），铜山新区，钱桂芝　2015.Ⅳ.15

【寄主】侧柏、铅笔柏。

【分布】铜山区。

（67）柳瘤大蚜*Tuberolachnus salignus* (Gmelin)

别名柳大蚜。无翅孤雌蚜体长约4.8mm，宽约2.9mm。卵圆形，深褐色，被有细毛，与柳枝或干皮色相仿。触角第1、2节黑色，其他节深褐色。足股节端部（前足2/3中，后足1/4）、胫节基部及端部1/2和跗节黑色，其余深褐色，后足特长。腹部肥大，第5腹节背中央有锥形突起瘤，腹管扁平圆锥形，尾片半月形。

【寄主】柳（旱柳、垂柳、杞柳）。

【分布】丰县。

无翅孤雌蚜（柳），丰县王沟，
刘艳侠　2015.Ⅴ.21

22　斑蚜科 | **Drepanosiphidae**

（68）朴绵叶蚜*Shivaphis celti* Das

无翅孤雌蚜体长约2.3mm，宽约1.1mm。长卵形，灰绿色，腹部有黑色斑纹，体表密被白色蜡粉和蜡丝。触角灰至灰黑色，喙及足灰褐至淡灰黑色，腹管灰色，尾片、尾板及生殖板与体同色。有翅孤雌蚜体长约2.2mm，宽约0.9mm。体黄至淡绿色，腹部具黑色斑纹，体表具少量白色蜡粉和蜡丝。主要在朴叶反面危害，有时也危害正面和幼枝。

【寄主】朴树。

【分布】泉山区、铜山区。

 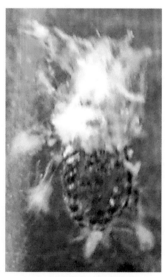 

无翅孤雌蚜（朴树），泉山泰山街道，
郭同斌　2015.Ⅴ.12

蚜表被白色蜡粉，铜山新区，
钱桂芝　2015.Ⅳ.24

被害状（朴树），铜山新区，
钱桂芝　2015.Ⅳ.25

（69）竹纵斑蚜*Takecallis arundinariae* (Essig)

别名矢竹斑蚜，*Takecallis takahashii* Hsu为本种异名。有翅孤雌蚜体长1.7～2.4mm。长卵形，淡黄或灰黄色，被白粉，触角上最为明显。触角6节，长于体长。头、胸部具黑色纵斑，第1～7腹节各具1对纵斑。足光滑，胫节多毛，股节少毛。腹管短筒形。尾片瘤状，中央明显凹入。雌性蚜无翅，体背无斑。

【寄主】竹（刚竹、苦竹）。

【分布】铜山区。

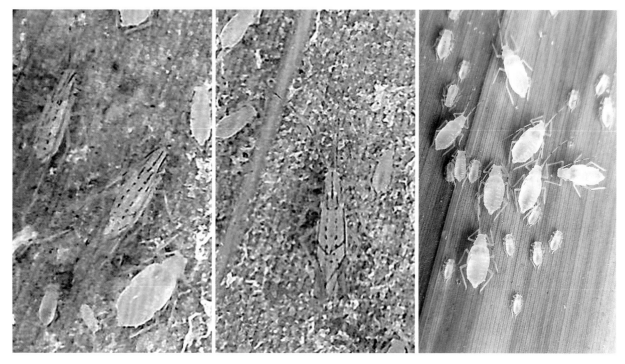

有翅孤雌蚜及有翅若蚜（竹），铜山新区，钱桂芝　2015.Ⅳ.15

（70）紫薇长斑蚜 *Tinocallis kahawaluokalani* (Kirkaldy)

有翅孤雌蚜体长1.4～1.6mm。淡黄至淡黄绿色，具黑色斑纹。头正中具1长纵带，带两侧各有1不规则形斑。前胸有中、侧、缘纵带；中胸前盾片黑色，呈三角形斑，两盾片各有1肾形纵带；小盾片、后盾片及后胸黑色。腹节背面具黑斑，其中第1腹节背中1对，各长有独立的角形瘤突，第2腹节大部黑色，长有基部相连的大角形瘤突。前翅翅脉镶黑边，前缘黑色，翅前缘中部及翅端具黑斑。

【寄主】紫薇。

【分布】丰县。

23　毛蚜科 ┃ Chaitophoridae

有翅孤雌蚜及有翅若蚜（紫薇），丰县凤城，刘艳侠　2015.Ⅵ.4

（71）白杨毛蚜 *Chaitophorus populeti* (Panzer)

无翅孤雌蚜体长1.5～2.9mm。卵圆形，体色多变，多水绿色，具黑绿色斑，头及前胸带桃红色。头、胸部各节间分节明显，中、后胸中部具暗色纵带。触角第4节端部至第6节全黑色，稍长于体长之半，触角末节鞭部短于基部的2倍。腹管、尾片端部瘤及尾板末端灰黑至黑色。有翅孤雌蚜体长约2.3 mm。长卵形。头、胸黑色，腹部有黑或深绿色斑。触角第1、2及3节端部和第6节黑色。翅脉正常，翅痣深色有晕。

【寄主】黑杨（I–69等）、毛白杨、小叶杨及柳。

【分布】鼓楼区、丰县、沛县、铜山区、睢宁县。

无翅孤雌蚜（杨），丰县孙楼，刘艳侠　2015.Ⅵ.4

有翅孤雌蚜（杨），丰县孙楼，刘艳侠　2015.Ⅴ.6

（72）柳黑毛蚜*Chaitophorus saliniger* Shinji

无翅孤雌蚜体长约1.4mm。卵圆形，黑色，附肢淡色。触角第1、2节两缘、第5节端部1/3及第6节，足基节、转节、股节、跗节及胫节外缘，腹管、腹部节间斑均为黑色，尾片灰黑色，尾板淡色。体表粗糙，多毛。腹管截断形，很短。尾片瘤状。尾板半圆形。注：一些文献中种名写作*salinigra*或*salinigri*，为误拼。

【寄主】柳、垂柳、杞柳。

【分布】鼓楼区、泉山区、铜山区。

无翅孤雌蚜（柳），铜山张集，郭同斌　2015.Ⅴ.11

无翅孤雌蚜（柳），鼓楼九里，郭同斌　2015.Ⅶ.6

（73）栾多态毛蚜*Periphyllus koelreuteriae* (Takahashi)

无翅孤雌蚜体长2.7～3.3mm。长卵圆形，体色多变，黄褐色、黄绿色或墨绿色。腹部分节明显且边缘稍上卷，第1～6腹节背面有深褐色"品"字形大斑纹，前3节为"品"字的上"口"，后3节为下两"口"。触角、足、腹管和尾片多黑色，腹管短截形，从基部向端部渐细，尾片短，不及腹管的1/2。

【寄主】栾树、黄山栾，危害幼芽、叶柄和嫩枝叶，以叶柄及叶背面受害重，使幼叶向反面卷缩。

【分布】开发区、丰县、铜山区、睢宁县。

无翅孤雌蚜（栾树），铜山利国，钱桂芝 2015.Ⅳ.23　　无翅孤雌蚜蚜群（栾树），铜山单集，钱桂芝 2015.Ⅴ.6

24 蚜科 | Aphididae

（74）槐蚜 *Aphis cytisorum* Hartig

别名金雀花蚜、中国槐蚜，*Aphis sophoricola* Zhang为本种异名。无翅孤雌蚜体长2.0～2.1mm。卵圆形，黑青色，被或厚或薄的白粉，看似灰色。触角中段、足大部黄白色，腹部及尾片黑色。腹部每节具黑斑覆盖，腹管长圆筒形，基部稍有收缩，为尾片长的1.2～2.2倍。尾片舌状，中部收缩。

【寄主】国槐、刺槐、龙爪槐及菊科植物。

【分布】丰县、铜山区、贾汪区。

无翅孤雌蚜（国槐），贾汪青年林场，周晓宇 2016.Ⅴ.17　　蚜群（国槐），丰县范楼，刘艳侠 2015.Ⅴ.27　　无翅孤雌蚜（刺槐），铜山汉王，宋明辉 2015.Ⅷ.25

（75）棉蚜*Aphis gossypii* Glover

　　别名瓜蚜。无翅孤雌蚜体长1.3～1.9m。体色多变，深绿、草绿至黄色。头部中额隆起，两侧额瘤可见，但不显著。触角超过体长之半，第1、2、6节及5节端部2/5黑色，足胫节端部1/5及跗节黑褐色，腹管、尾片及尾板灰黑至黑色。腹管长圆筒形，明显长于尾片，为尾片长的2.4倍，为体长的1/5。

　　【寄主】石榴、木槿、垂柳、花椒、月季、大叶黄杨、棉、瓜类等。

　　【分布】开发区、丰县、沛县、铜山区、睢宁县、贾汪区。

无翅孤雌蚜蚜群（木槿），铜山大许，　　　　　　有翅若蚜（木槿），丰县赵庄，刘艳侠
钱桂芝　2015.Ⅴ.7　　　　　　　　　　　　　　　　　2015.Ⅴ.22

（76）夹竹桃蚜*Aphis nerii* Boyer de Fonscolombe

　　无翅孤雌蚜体长约2.3mm，宽约1.2mm。卵圆形，蛋黄色。触角第1、2、3节端部及第4～6节黑色，足股节端部2/3～3/4、胫节、跗节黑褐至黑色，腹管、尾片、尾板及生殖板黑色。胸部及腹部有明显网纹，腹部第8节有明显斑纹。腹管长筒形。尾片舌状，中部收缩，端部2/3骨化，黑色。尾板半球形。

　　【寄主】夹竹桃。

　　【分布】丰县、睢宁县。

无翅孤雌蚜及其蚜群（夹竹桃），丰县孙楼，刘艳侠　2015.Ⅶ.14

（77）洋槐蚜*Aphis robiniae* Macchiati

别名刺槐蚜。无翅孤雌蚜体长约2.3mm，宽约1.4mm。卵圆形，漆黑色有光泽，附肢淡色间黑。腹部第1～6节各斑愈合为1块大黑斑。触角第1、2、6及第5节端部、足基节、跗节及后股节1/3、前中股节端部、腹管、尾片、尾板均为漆黑色，生殖板骨化，黑色。腹管长圆管形，基部稍粗大。尾片长锥形，基部与中部收缩。尾板半圆形。本种与槐蚜*A. cytisorum* Hartig近似，但腹部几为黑斑全覆盖（后者仅1/10覆

无翅孤雌蚜（刺槐），丰县范楼，
刘艳侠　2015.Ⅴ.27

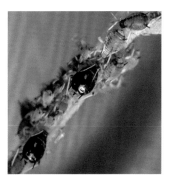

与槐蚜*A. cytisorum* Hartig混合发生，
铜山汉王，宋明辉　2015.Ⅷ.25

盖），活体不被粉（后者被粉）。第1腹节毛与触角第3节基宽等长或稍长（后者为触角第3节基宽的1.3倍）。

【寄主】刺槐。

【分布】丰县、铜山区、睢宁县、贾汪区。

无翅孤雌蚜蚜群（苹果），丰县
师寨，刘艳侠　2015.Ⅴ.21

有翅孤雌蚜若蚜（苹果），丰县
师寨，刘艳侠　2015.Ⅵ.2

（78）绣线菊蚜*Aphis spiraecola* Patch

别名苹果黄蚜，文献中用学名*Aphis citricola* van der Goot为误用，它是甜菜蚜*A. fabae* Scopoli的异名。无翅孤雌蚜体长1.6～1.7mm。金黄、黄至黄绿色。腹管、尾片及尾板黑褐色，足与触角淡黄与灰黑相间。触角端部、腿节端、胫节端及跗节黑褐色。腹管圆筒形，较长，约为尾片长的1.6倍。尾片长圆锥形，近中部收缩。尾板末端圆。

【寄主】苹果、沙果、海棠、梨、木瓜、杜梨、山楂、石楠、樱花、绣线菊、麻叶绣球、榆叶梅等。

【分布】丰县、睢宁县。

（79）桃粉大尾蚜*Hyalopterus amygdali* (Blanchard)

别名桃粉蚜、桃大尾蚜。无翅孤雌蚜体长1.5～2.6mm。草绿色，具深绿色斑纹，被白色蜡粉。触角较光滑，为体长的1/2～3/4。足长大，光滑。腹管圆筒形，浅色，向端部变深色，短小，长约为宽的4倍，长远不及尾片。尾片长圆锥形。尾板末端圆形。生殖板淡色。有翅孤雌蚜体长约2.2mm。长卵形。头、胸黑色，腹部淡色。

【寄主】桃、杏、李、梅、榆叶梅、芦苇、芦竹等。

【分布】鼓楼区、丰县、沛县、铜山区、睢宁县。

无翅孤雌蚜（桃），鼓楼九里，
郭同斌　2015.Ⅴ.15

无翅孤雌蚜群（杏），丰县大沙河，
刘艳侠　2015.Ⅴ.6

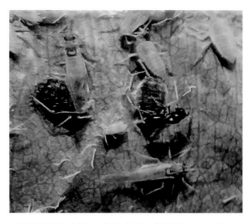

有翅孤雌蚜（桃），鼓楼九里，郭同斌　2015.V.15

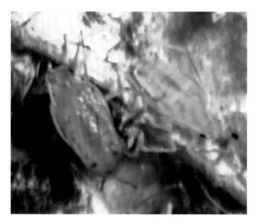

有翅若蚜（桃），鼓楼九里，郭同斌　2015.V.15

（80）月季长管蚜*Macrosiphum rosivorum* Zhang

　　无翅孤雌蚜长约4.2mm，宽约1.4mm。长卵形，头部土黄至浅绿色，胸、腹部草绿色，有时橙红色。体表光滑。缘瘤圆形，位于前胸及第2～5腹节。头部额瘤隆起，并明显地向外突出呈"W"形。触角6节，丝状，淡色，各节间处灰黑色，全长3.9mm，为体长的0.92倍。足淡色，股节与胫节端部及跗节黑色，细长，光滑。腹管黑色，长圆筒形，长约为尾片的2.5倍。尾片长圆锥形，淡色。尾板末端圆形，淡色。

　　【寄主】月季、蔷薇等蔷薇属植物。

　　【分布】丰县、睢宁县。

无翅孤雌蚜（月季），丰县凤城，刘艳侠　2015.IV.8

（81）杏瘤蚜*Myzus mumecola* (Matsumura)

　　别名梅瘤蚜。无翅孤雌蚜体长约2.4mm，宽约1.3mm。卵圆形，淡绿色。触角第6节及足跗节灰黑色，喙、尾片、尾板灰色。触角有瓦纹，为体长的0.63倍。腹管长圆筒形，约为体长的1/4。尾片短圆锥状，末端钝。尾板半圆形。生殖板淡色，半圆形，末端平。

　　【寄主】杏，危害幼叶反面，向反面纵卷。

　　【分布】鼓楼区、丰县、沛县、睢宁县。

无翅孤雌蚜、若蚜及被害状（杏，叶反卷），鼓楼九里，周晓宇　2016.IV.12

（82）梨二叉蚜*Schizaphis piricola* (Matsumura)

本种异名为*Toxoptera piricola* Matsumura。无翅孤雌蚜长约2mm，宽约1mm。宽卵圆形，绿或黄褐色，有深绿色背中线，薄覆白粉。复眼红褐色。触角短于体长，第3节端部到第6节全黑。足胫节端部及跗节黑色。腹管长圆筒状，端部灰黑色。尾片短圆锥形，淡色。尾板末端圆形，淡色。有翅孤雌蚜体长约1.8mm。长卵形。头、胸黑色，腹部黄褐或绿色，背中线翠绿色。触角、腹管、尾片、尾板、足股节端部1/2及跗节黑色，其他灰色。前翅中脉分两叉。

【寄主】梨、白梨、棠梨、杜梨等，在叶正面危害，受害叶沿中脉向上卷，呈饺子状或筒状。

【分布】云龙区、开发区、丰县、沛县。

无翅孤雌蚜及若蚜（梨），丰县大沙河，　　　有翅孤雌蚜（梨），开发区大庙，　　　被害状（梨），云龙翠屏山，
刘艳侠　2015.Ⅳ.17　　　　　　　　周晓宇　2016.Ⅳ.7　　　　　　　周晓宇　2016.Ⅳ.20

（83）石楠修尾蚜*Sinomegoura photiniae* (Takahashi)

无翅孤雌蚜体长2.6～3.2mm，宽1.1～1.5mm。纺锤形，绿色，触角第3～6节、足胫节、跗节及腹管黑色，足股节端节1/2稍骨化，褐色。腹管长筒形，向端部渐细，为体长的0.22倍。尾片长圆锥形。尾板末端圆形。有翅孤雌蚜体长约2.4mm，宽约1mm。椭圆形。头、胸棕色，腹部绿色。触角稍长于身体，第3～6节黑色。翅脉正常。其他特征与无翅型相似。

【寄主】石楠。

【分布】丰县、睢宁县、贾汪区。

无翅孤雌蚜（石楠），丰县凤城，刘艳侠　2015.Ⅳ.2　　　有翅孤雌蚜（石楠），贾汪青年林场，宋明辉　2015.Ⅸ.9

（84）乌桕蚜*Toxoptera odinae* (van der Goot)

别名杧果蚜。无翅孤雌蚜体长约2.5mm，宽约1.5mm。宽卵圆形，褐、红褐至黑褐色，或灰绿至黑绿色，有薄粉。头部黑色，前胸背中斑宽大相合成断续横带。触角、喙和足大体黑色，但触角第3节基部约

1/2和足股节基部淡色。腹管、尾片、尾板、生殖板黑色。腹管短，圆筒形。尾片长圆锥形，中部收缩。尾板末端圆。有翅孤雌蚜体长约2.1mm，宽约1mm。长卵形。头、胸黑色，腹部褐至黑绿色，有黑斑。翅脉正常。其他特征同无翅型。

【寄主】乌桕、漆树、梧桐、海桐、栾树、樱花、重阳木、五角枫、盐肤木等。

【分布】云龙区、泉山区、丰县、铜山区、睢宁县、新沂市、贾汪区。

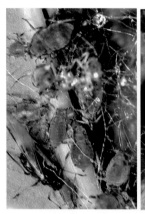

无翅孤雌蚜及有翅若蚜（乌桕），新沂踢球山林场，
周晓宇　2017.Ⅴ.13

有翅孤雌蚜及有翅若蚜（乌桕），新沂踢球山林场，
周晓宇　2017.Ⅴ.13

（85）樱桃瘿瘤头蚜*Tuberocephalus higansakurae* (Monzen)

无翅孤雌蚜体长1.3～1.5mm，宽约1mm。卵圆形，土黄至绿色。胸背及腹部斑纹灰黑色，节间淡色。第3～8腹节横带与缘斑融合为1大斑。触角、喙及足除腿节基部1/2淡色外，其余皆黑褐色，腹管、尾片及尾板及生殖板灰黑至黑色。额瘤显著，内缘圆，外倾，中额瘤隆起。腹管圆筒形，向端部渐细。尾片圆锥形，长与基部宽相等。尾板末端平或半圆形。有翅孤雌蚜体长约1.7mm，宽约0.7mm。土黄至草绿色，头、胸部黑色，腹部淡色。触角、足腿节端部2/3、胫节基部与端部、跗节、腹管、尾片均为灰黑至黑色。其他特征同无翅孤雌蚜。

【寄主】樱桃。春季在幼叶尖部侧缘反面危害，叶缘向正面肿胀凸起，形成花生壳状伪虫瘿，绿色稍红。

【分布】沛县、铜山区。

无翅孤雌蚜（樱桃），铜山三堡，
钱桂芝　2015.Ⅳ.24

有翅孤雌蚜，铜山大彭，
郭同斌　2015.Ⅴ.9

虫瘿（樱桃），铜山大彭，
宋明辉　2015.Ⅴ.9

（86）桃瘤头蚜*Tuberocephalus momonis* (Matsumura)

无翅孤雌蚜长约1.7mm，宽约0.7mm。卵圆形，灰绿至绿褐色。触角第1、2、5、6节，胫节端部，跗节，腹管，腹片，尾板及体表斑纹灰黑至黑色。腹管圆筒形，为体长的0.15倍。尾片三角形，顶端尖。尾板末端圆形。

【寄主】桃、山桃等。

【分布】鼓楼区、沛县、铜山区、睢宁县。

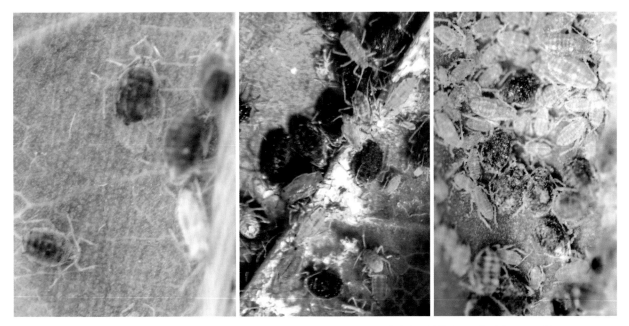

无翅孤雌蚜（桃）及其与桃粉大尾蚜*Hyalopterus amygdali* (Blanchard)混合发生，鼓楼九里，郭同斌　2015.Ⅴ.15

25 绵蚧科 ｜ **Monophlebidae**

（87）草履蚧*Drosicha corpulenta* (Kuwana)

别名草鞋蚧、桑虱、桑树履绵蚧、日本履绵蚧。雌成虫体长10～12mm，宽约6mm。扁平椭圆形。体背面淡灰紫色，腹面及周缘橘黄色，背面稍隆起，肥大，腹部有横皱褶和纵沟，形似草鞋。触角、口器和足均黑色，体被薄层白粉状蜡质分泌物。触角8节，节上多粗刚毛，基节短而宽，末节最长。复眼小，半球形，在触角之后。足黑色，粗大。腹部8节，后端宽圆，除最后2节缘毛较多外，其余体节缘毛只有2根。体面毛刺多，长度不同，背腹两面均有，密布。雄成虫体长5～6mm，翅展约10mm。体紫色，头、胸淡黑至深红褐色，复眼和单眼均黑色。前翅淡紫黑色，半透明，翅脉2条，后翅特化为平衡棒。触角黑色，丝状，10节，第3～9节各有2处缢缩形成3处膨大，其上各有1圈刚毛。腹部末端有4根树根状突起。卵椭圆形，初产时黄白色渐呈赤黄色，产于白色绵状的卵囊内。若虫体型似雌成虫，但略小，各龄触角节数不同，1龄5节，2龄6节，3龄7节。预蛹褐色，圆筒形，长约5mm，雄蛹体长约4mm，触角可见10节，翅芽明显，茧长椭圆形，白色，蜡质絮状。

【寄主】杨、柳、枣、柿、梨、桃、栎、桑、泡桐、紫薇、紫荆、枫杨、朴树、臭椿、白蜡、板栗、水杉、刺槐、核桃、苹果、樱桃、月季、女贞、桂花、无患子、无花果、悬铃木、鸡爪槭、鹅掌楸、紫叶李、珊瑚树、法国冬青、红叶石楠、金边黄杨、八角金盘等。

【分布】全市各地。

成虫（♀，杨枝干），铜山大彭，
钱桂芝　2015.Ⅴ.9

交配（♀♂），铜山张集，
周晓宇　2016.Ⅴ.4

上：成虫（♂），铜山张集，郭同斌　2016.Ⅴ.4
下：交配（♀♂），沛县沛城，赵亮　2016.Ⅳ.28

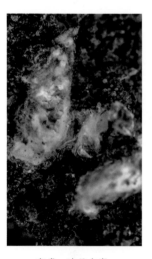

卵囊，沛县朱寨，
赵亮　2016.Ⅴ.23

若虫（杨干），铜山单集，
钱桂芝　2015.Ⅳ.20

雄蛹及茧，铜山沿湖农场，
钱桂芝　2015.Ⅳ.29

雄成虫羽化，铜山张集，
钱桂芝　2015.Ⅳ.25

26 蚧科 | Coccidae

（88）日本龟蜡蚧 *Ceroplastes japonicus* Green

雌成蚧蜡壳长3～4.5mm，宽2～4mm，高1～2mm。体背被有较厚的白色龟甲状蜡壳，由1个中心板块和8个边缘板块组成，边缘蜡层厚且弯曲。初孵若虫椭圆形，扁平，淡红褐色，7～10天形成蜡壳，周边有12～15个三角形蜡芒。后期蜡壳加厚且雌雄形态分化，雄虫蜡壳长椭圆形，星芒状，中间具1长椭圆形突起的蜡板，周缘有13个大蜡片。雌虫蜡壳圆形或椭圆形，背面向上隆起，最后可呈半球形，虫体周边有7个圆突。

【寄主】梨、枣、柿、李、桃、杏、梅、杨、柳、苹果、菊花、月季、木瓜、枸骨、女贞、栾树、枇杷、冬青、海桐、樱花、雪松、石榴、广玉兰、无花果、白玉兰、悬铃木、栀子花、重阳木、五角枫、大叶黄杨等。

【分布】鼓楼区、泉山区、开发区、丰县、沛县、铜山区、新沂市。

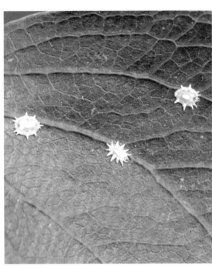

雌成蚧（杨枝），铜山大彭，　　　　　　若虫（♀♂，梨叶），丰县凤城，　　　　　被害状（大叶黄杨叶），铜山利国，
钱桂芝　2015.Ⅴ.9　　　　　　　　　　刘艳侠　2015.Ⅷ.6　　　　　　　　　　钱桂芝　2015.Ⅶ.21

（89）红蜡蚧*Ceroplastes rubens* Maskell

雌成蚧蜡壳长1.5～5mm，宽1.5～4mm，高1.5～3.5mm。椭圆形，似红豆，初为深玫瑰红色，成熟后渐变为暗红、紫红至红褐色。体背面中部向上高度隆起呈扁球形或半球形，头端略窄，腹部钝圆。4个胸气门的4条白蜡带由腹面向上卷起，前2条白蜡带向前伸至头部。蚧壳中央有1白色脐状点。初孵若虫扁平，前端稍宽，淡赤褐色；2龄若虫体稍突起，暗红色，体表被白色蜡质；3龄若虫蜡质增厚。

【寄主】梅、樟、枸骨、玫瑰、樱花、桂花、月季、蔷薇、石榴、海棠、雪松、苏铁、棕榈、冬青、重阳木、栀子花、常春藤、广玉兰、白玉兰、大叶黄杨、十大功劳、八角金盘等。

【分布】铜山区。

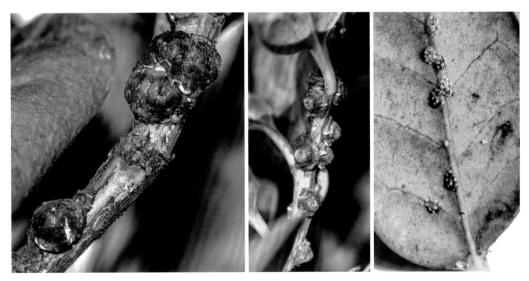

雌成蚧及若虫（枸骨枝叶），铜山伊庄，周晓宇　2017.Ⅲ.27

（90）朝鲜球坚蚧*Didesmococcus koreanus* Borchsenius

别名朝鲜球坚蜡蚧、朝鲜毛球蚧、杏球坚蚧、杏毛球蚧、桃球坚蚧。雌成虫没有真正的蚧壳，"蚧壳"是背部体壁膨大硬化而成，称为伪蚧壳。雌虫体球形，直径3～4.5mm，高3.5mm，后端近于垂直，前端及两侧的下缘向内弯曲。初期蚧壳质软，黄褐色，后期硬化呈红褐至黑褐色，略具光泽，表面皱纹明显且有2列粗大的凹点，排列不规则。腹面与树枝贴接处有白色蜡粉。产卵后的死虫体变为黑褐色。卵椭圆形，长约0.3mm，粉红色，半透明，表面有白蜡粉。初孵若虫长约0.5mm，扁平椭圆形，淡褐至粉红色。触角丝状6节。眼较远。足发达。

【寄主】桃、李、杏、梨、梅、苹果、山楂、樱桃、樱花、葡萄、木瓜、麻栎、紫叶李、贴梗海棠等。

【分布】云龙区、泉山区、开发区、沛县、铜山区、新沂市。

雌成蚧（木瓜枝），铜山柳新，钱桂芝　2015.Ⅳ.29 卵，泉山金山街道，宋明辉　2015.Ⅳ.24 初孵若虫（紫叶李枝），矿大南湖校区，郭同斌　2015.Ⅴ.26

（91）白蜡蚧*Ericerus pela* (Chavannes)

雌成蚧（女贞枝），铜山新区，钱桂芝　2015.Ⅳ.11 雌成蚧（产卵期，女贞枝），铜山茅村，钱桂芝　2015.Ⅴ.20 成虫分泌的白蜡（小叶女贞枝），丰县凤城，刘艳侠　2015.Ⅸ.3

别名白蜡虫。雌成蚧蜡壳长约10mm，高7～8mm。半球形。初期背面呈黄绿色，腹面膜质，浅黄绿色，随着生长发育，背部渐变为黄褐至淡红褐色，并带有不规则的黑斑。春季产卵时虫体逐渐膨大近球形，直径9～11mm，虫体变为红褐色。成虫分泌的蜡质为重要的工业原料，为我国重要的资源昆虫。

【寄主】女贞、小叶女贞、金丝女贞、白蜡。

【分布】全市各地。

（92）桃球蜡蚧*Eulecanium kuwanai* (Kanda)

别名皱大球坚蚧、槐花球蚧。雌成蚧蜡壳长、宽6.5～7.0mm，高5.6mm。半球形或馒头状。初成熟虫体底色多为黄色或黄白色，光亮，具虎皮状斑纹，常由1条黑色中央纵带联结黑色体缘而形成左右2块黄色斑，黄斑中各由6个或5个或更少（斑点数变异较多，大小也不等）黑斑组成纵带。产卵后虫体逐渐变成皱缩硬化的球体，体色呈灰黄色、红褐色或色更暗，腹下分泌白色蜡粉。

【寄主】桃、杨、柳、榆、李、苹果、国槐、刺槐等。

【分布】开发区、丰县、铜山区。

| 雌成蚧（杨枝），铜山郑集，钱桂芝 2015.Ⅳ.22 | 雌成蚧（杨枝），铜山大彭，钱桂芝 2015.Ⅳ.29 | 壳下卵及蜡粉，铜山郑集，郭同斌 2015.Ⅳ.22 | 产卵后的蚧壳，铜山大彭，钱桂芝 2015.Ⅴ.9 |

（93）扁平球坚蚧*Parthenolecanium corni* (Bouche)

别名褐盔蜡蚧、东方盔蚧、糖槭蜡蚧、水木坚蚧，本种异名*Parthenolecanium orientalis* Borchsenius。雌成蚧蜡壳长4～6mm，宽约4.5mm。长椭圆形，有时近圆形，黄褐至红褐色。虫体背面稍向上隆起，似龟甲状，背中央有4列纵排断续的凹陷，凹陷内外形成5条隆脊，体背边缘有排列较规则的横列皱褶。腹部末端具臀裂缝。

【寄主】桃、梨、杏、李、苹果、山楂、葡萄等果树及杨、柳、桑、榆、白蜡、刺槐、核桃、悬铃木等林木。

【分布】云龙区、开发区、沛县、铜山区、贾汪区。

| 雌成蚧（杨枝），开发区徐庄，宋明辉 2015.Ⅴ.13 | 雌成蚧（杨枝），铜山三堡，钱桂芝 2015.Ⅶ.3 |

（94）日本纽绵蚧*Takahashia japonica* (Cockerell)

雌成蚧体长约6mm。椭圆形，背面隆起，体色较深，红褐色，或深棕色，或浅灰褐色，甚至有深褐色近黑色的虫体。虫体背面具黑褐或桃红至紫红色的脊，被有少量白粉。成熟后虫体后端上翘，分泌白色蜡质长袋状卵囊，卵囊长可达17mm，质密并具纵行细线状沟纹，末端与寄主相接，悬挂在枝条上呈拱门状。

【寄主】桑、槐、三角枫。

【分布】云龙区、泉山区、沛县、铜山区。

| 雌成蚧及其卵囊（三角枫枝），云龙淮塔陵园，周晓宇　2016.IV.28 | 雌成蚧及其卵囊（三角枫枝），铜山新区，钱桂芝　2015.IV.29 | 雌成蚧及其卵囊（三角枫枝），云龙潘塘，周晓宇　2016.IV.18 |

27 盾蚧科 | Diaspididae

（95）红圆蚧*Aonidiella aurantii* (Maskell)

别名红肾圆盾蚧、橘红肾圆蚧、红圆蹄盾蚧、女贞橘红片圆蚧。雌蚧壳圆形，长1～1.3mm，扁平，质薄透明，淡褐色或土黄色，透过蚧壳隐约可见红褐色虫体，第1、2龄若虫的蜕皮（壳点，橘红色）位于蚧壳中央。雄蚧壳椭圆形，色略淡，第1、2龄的蜕皮偏向一端。

【寄主】桑、柳、李、柿、榆、女贞、苹果、葡萄、桂花、卫矛、棕榈、银杏、山核桃、悬铃木等多种树木。

【分布】铜山区。

蚧壳及被害状（♀♂，女贞叶），铜山吕梁林场，钱桂芝　2015.IV.17

（96）樟白轮盾蚧*Aulacaspis yabunikkei* Kuwana

别名雅樟白轮蚧。雌成虫蚧壳圆形或近圆形，直径1.5～2.2mm，平、薄，白色不透明。壳点2个偏向一边，位于边缘内或边缘上，其边缘灰黄色透明，中脊黑色。雌成虫孕卵前体色淡黄，孕卵后或产卵前呈紫红或酱红色。雄蚧壳长形，长约1mm，白色，两侧近平行，具2条纵沟，中脊及边缘明显隆起，前端与1个褐黄或淡黄色蜕皮壳相连。

【寄主】樟树。

【分布】铜山区。

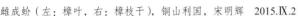

雌成蚧（左：樟叶，右：樟枝干），铜山利国，宋明辉　2015.Ⅸ.2　　　　雄成蚧（樟叶），铜山利国，宋明辉　2015.Ⅸ.2

（97）黄杨并盾蚧*Pinnaspis buxi* (Bouche)

雌成虫蚧壳褐色，长1.85mm，宽0.88mm。逗点形，由1、2龄若虫蜕皮及本身的褐色分泌物共同组成。1龄若虫椭圆形，橘黄色。2龄雌若虫末端分泌褐色物质，蚧壳淡黄或淡褐色，透明，逗点形或瓢形，中间有1条纵脊，壳长约0.79mm，宽约0.60mm。2龄雄若虫末端分泌白色物质，蚧壳白色，背面有3条纵脊，长条形，后端稍宽，至2龄末壳长1.01mm，宽0.39mm。

成蚧及被害状（♀♂，大叶黄杨枝叶），铜山汉王，钱桂芝　2015.Ⅵ.1

【寄主】大叶黄杨、小叶黄杨、冬青等。

【分布】铜山区。

（98）考氏白盾蚧*Pseudaulacaspis cockerelli* (Cooley)

别名贝形白盾蚧、椰子拟轮蚧，本种异名*Phenacaspis cockerelli* (Cooley)。雌蚧壳长2.2～3.2mm，宽1.2～1.8mm。长梨形或圆梨形，雪白色，有的具轮纹。壳点2个，黄褐色，突出于蚧壳前端。雄成虫蚧壳长1.1～1.5mm，壳丝蜡质，白色，长形，背面略见1条纵脊。只有1个壳点，黄褐色，位于蚧壳前端。

【寄主】山茶、泡桐、青桐、榆树、臭椿、白蜡、枫香、苹果、连翘、冬青、苏铁、桂花、重阳木、广玉兰、山茱萸、栀子花、夹竹桃、无花果等。

【分布】泉山区、铜山区。

雌成蚧（山茶叶），铜山伊庄，周晓宇　2017.Ⅲ.27

雄成蚧（青桐干），矿大南湖校区，周晓宇　2016.Ⅴ.18

（99）桑白盾蚧*Pseudaulacaspis pentagona* (Targioni-Tozzetti)

别名桑白蚧、桑盾蚧。雌蚧壳近圆形或卵形，直径2.0～2.5mm。白或灰白色，壳点黄褐色，偏生蚧壳1侧。壳下雌成虫体长1.3mm，淡黄色至橘红色。雄蚧壳长卵形，长约1mm，两侧平行，白色。

【寄主】桃、杨、柳、桑、泡桐、臭椿、核桃、紫叶李。

【分布】沛县、铜山区。

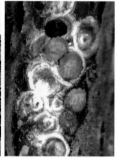

雌成蚧及其蚧壳（紫叶李枝干），铜山伊庄，周晓宇　2017.Ⅲ.27

（100）杨圆蚧*Quadraspidiotus gigas* (Thiem *et* Gerneck)

别名杨笠圆盾蚧、杨干蚧。雌蚧壳长1.6～1.9mm。近圆形，扁平，中心略高，壳点位于蚧壳中心或稍偏。蚧壳有3圈明显轮纹，中心淡褐色，内圈深褐色，外圈灰白色。雄蚧壳长0.9～1.1mm。椭圆形，扁平，壳点突出于一端，呈褐色，壳点周围淡褐色，外圈黑褐色，在蚧壳较低的一端为灰白色。

【寄主】杨、柳。

【分布】丰县。

雌成蚧及被害状（杨枝干），丰县大沙河，刘艳侠　2015.Ⅴ.13

28　毡蚧科 | **Eriococcidae**

（101）柿绒蚧 *Asiacornococcus kaki* (Kuwana)

别名柿树白毡蚧、柿绒粉蚧，本种异名为 *Eriococcus kaki* Kuwana。雌蜡壳由灰白色绒状蜡质物组成，表面有稀疏的、穿出蚧壳层的白色且较粗而长的蜡毛，正面隆起，前端椭圆形，尾端钳状陷入，雄蚧壳、成长若虫及蛹的外壳亦为白色绵状物构成。雌虫椭圆形，长1.9～2.3mm，紫红色，体节明显，背面具刺毛，腹缘有白色细蜡丝，具卵囊个体长2.8～3.5mm，白色绒毡状。雄蜡壳长约1mm，长椭圆形，前端略窄，后端稍宽，羽化后雄虫从后端脱出，残留端裂。雄虫体长（连翅）约1.5mm，紫红色，翅灰白色，腹末具1对白色蜡丝。卵近椭圆形，橙红或紫红色，表面有光泽。若虫紫红色，椭圆形，扁平，体周缘有细短缘毛。

【寄主】柿。

【分布】鼓楼区、丰县、沛县、铜山区、睢宁县、新沂市。

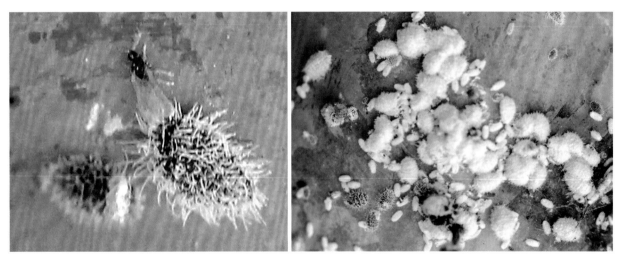

成虫及其蜡壳（♀♂，柿果），丰县赵庄，刘艳侠　2015.Ⅷ.10

具卵囊雌成蚧及卵（柿果），新沂唐店，周晓宇　2017.Ⅵ.29

被害状（柿果），沛县沛城，赵亮　2015.Ⅷ.16

（102）紫薇绒蚧 *Eriococcus lagerostroemiae* Kuwana

别名石榴毡蚧、石榴囊毡蚧、榴绒蚧、榴绒粉蚧、紫薇绒粉蚧。雌虫卵圆形，体长约3mm，最宽处约2mm，末端比头稍尖。体紫红色，遍生微细短刚毛，被少量白色蜡粉，外观略呈灰色，体背有少量白蜡丝。

近产卵时，分泌蜡质，形成白色毡绒状蜡囊，虫体与卵包在其中，大小如稻米粒（长2.7~3.0mm），灰白色，长椭圆形。

【寄主】紫薇、石榴、女贞、樱花、黄檀、月季、三角枫、无花果、算盘子、扁担杆子等。

【分布】云龙区、开发区、丰县、沛县、铜山区、睢宁县、新沂市。

雌成虫（紫薇枝干），开发区大庙，周晓宇　2016.IV.21

雌成虫，丰县赵庄，刘艳侠　2015.IV.24

包于蜡囊中的老熟雌成蚧（紫薇枝干），丰县赵庄，
刘艳侠　2015.V.22

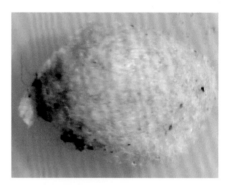

包于蜡囊中的老熟雌成蚧，丰县赵庄，
刘艳侠　2015.IV.24

29 链蚧科 ｜ Asterolecaniidae

（103）栗链蚧Asterolecanium castaneae Russell

别名栗新链蚧，本种异名为Neoasterodiaspis castaneae (Russell)。雌蜡壳近圆形，黄绿色或黄褐色，直径0.8~1.0mm。背面突起，有3条纵脊及数条浅的横沟，体缘有粉红色刷状蜡丝。虫体梨形，褐色，长0.5~0.7mm。雄蜡壳长椭圆形，淡黄色，长1.0~1.2mm，宽0.5~0.7mm。背面有1条纵脊和数条浅的横沟，体缘亦有刷状蜡丝。若虫椭圆形，初孵若虫乳白色，固定后呈红褐色。

【寄主】板栗。

【分布】邳州市、新沂市。

雌成蚧及被害状（板栗枝干），新沂马陵山，郭同斌　2017.VI.14

30 珠蚧科 | **Margarodidae**

（104）吹绵蚧 *Icerya purchasi* Maskell

别名海桐吹绵蚧、绵团蚧。雌虫体长5～7mm，宽4～6mm。椭圆形，橘红色或暗橙黄色，体背面隆起，腹面平坦。体表散生黑色短毛，披覆有较多的黄白色蜡粉，侧毛较长。成熟后，腹部后方形成白色卵囊，卵囊逐渐增大，囊表有脊状隆起线14～16条。初孵若虫触角和足发达，体裸露，呈椭圆形，橙黄色，随后体色变深，呈红褐色，上覆黄色蜡粉，散生黑毛。2龄时，雌雄易分，雄虫体长而狭，体被蜡粉及银色细长蜡丝，行动活泼。3龄均属雌性，体红褐色，被有蜡粉及蜡丝。

【寄主】桃、海桐、黄杨、桂花、石榴、蔷薇、女贞、樱花、雪松、合欢、枸杞、棕榈、樟树、扶桑、海棠、月季、玫瑰、南天竹、重阳木、三角枫、悬铃木、夹竹桃、麻叶绣球等250多种植物。

【分布】泉山区、丰县、铜山区。

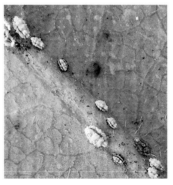

雌成蚧及卵囊（南天竹枝），
铜山新区，钱桂芝 2015.IX.19

若虫（海桐叶），铜山新区，
钱桂芝 2016.III.3

危害状（海桐枝叶），矿大南湖校区，
钱桂芝 2015.VI.23

31 粉蚧科 | **Pseudococcidae**

（105）柿长绵粉蚧 *Phenacoccus pergandei* Cockerell

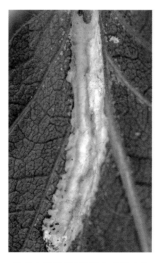

雌成虫卵囊（柿叶），沛县沛城，赵亮 2015.IV.27

雌成虫卵囊及1龄若虫（柿叶），
丰县凤城，刘艳侠 2015.VI.2

别名柿绵粉蚧、柿树绵粉蚧。雌成虫长3～4mm，宽约3mm，扁平椭圆形，身体腹面后半端略膨大，黄色至深褐色，体表覆盖白色蜡粉。雌成虫成熟后分泌白色绵状卵囊，形似长口袋，长6～22mm。卵淡黄色至橙色，椭圆形，位于卵囊内。初孵若虫长约0.6mm，宽约0.3mm，长椭圆形，体淡黄色，半透明，被蜡粉很少，足和触角发达，孵化后多沿叶脉分布。2、3龄若虫体长1～1.5mm，宽0.5～0.8mm，淡黄至淡褐色，被透明蜡质。

【寄主】柿、梨、桑、苹果、枇杷、玉兰、无花果等。

【分布】丰县、沛县、睢宁县。

（106）扶桑绵粉蚧*Phenacoccus solenopsis* Tinsley

雌成虫卵圆形，刚蜕皮时体淡黄绿或浅棕绿色，胸、腹背面的黑色条斑明显，长约2.8mm。随着取食体色逐渐加深，身体变大，体表白色蜡粉较厚实；体背黑条斑在蜡粉覆盖下呈成对黑色斑点状，在胸部可见0～2对，腹部可见3对；体缘蜡突明显，其中腹部末端2～3对较长。足发达，暗红色，可爬动危害。产卵期虫体长3.5～5mm。

【寄主】扶桑（桑牡丹）、棉、茄子、番茄、南瓜、土豆、秋葵等多种农作物及多种园林观赏植物，甚至还危害小乔木、灌木、杂草。

【分布】睢宁县。

成虫及危害状（♀，扶桑茎叶），睢宁睢城，姚遥　2017.Ⅷ.12

二、鞘翅目Coleoptera

01 天牛科 | **Cerambycidae**

（107）曲牙土天牛*Dorysthenes hydropicus* (Pascoe)

　　别名曲牙锯天牛。成虫体长32～43mm，宽12～16mm。棕栗色至栗黑色，略带金属光泽。触角和足呈棕红色。触角12节，雌虫较雄虫短，接近鞘翅中部，雄虫超过鞘翅中部。前胸背板两侧缘各具2齿，中齿大于前齿。小盾片舌形。本种与大牙土天牛为亲缘种，形态特征区别为：本种触角第3～10节的外端角较钝，而后者则尖锐；本种前胸背板侧缘前齿与中齿彼此分离，而后者靠近；本种雌虫腹基中央呈三角形，而后者呈圆形。

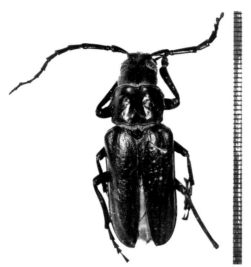 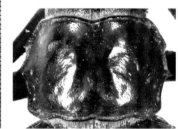

成虫（右图示前齿与中齿分离），沛县栖山，赵亮　2005.Ⅵ.7

　　【寄主】杨、柳、柏、柿、枫杨、刺槐、水杉、花生等植物的根部。

　　【分布】沛县。

（108）大牙土天牛*Dorysthenes paradoxus* (Faldermann)

　　别名大牙锯天牛。成虫体长33～41mm，宽12.5～15.5mm。触角与足红棕色。触角基瘤较宽，两眼间与头顶具紧密刻点，额前端有横凹陷。触角12节，一般仅接近鞘翅中部，雌虫更为细短，雄虫自第3节至第10节外端角较尖锐。前胸短阔呈方形，侧缘各有2齿，前齿较小，与中齿接近。

　　【寄主】栎、栗、榆、杨、柳、柏、李、泡桐、玉米、高粱等10余种植物的根部。

　　【分布】铜山区、新沂市。

成虫（右图示前齿与中齿接近），新沂马陵山林场，周晓宇　2017.Ⅶ.11

（109）中华薄翅天牛*Megopis sinica* (White)

别名薄翅锯天牛。成虫体长30～52mm，宽8.5～14.5mm。赤褐色或暗褐色，有时鞘翅色泽较淡，为深棕红色。雄虫触角几与体长相等或略超过，第1～5节极粗糙，下面有刺状粒，柄节粗壮，第3节最长，数倍于第4节。雌虫触角较细短，约伸展至鞘翅半部，基部5节粗糙程度较弱。小盾片三角形，后缘稍圆。足扁形。

【寄主】杨、柳、栎、栗、枣、桑、榆、苹果、白蜡、枫杨等。

【分布】云龙区、鼓楼区、开发区、丰县、沛县、铜山区、睢宁县、邳州市、新沂市。

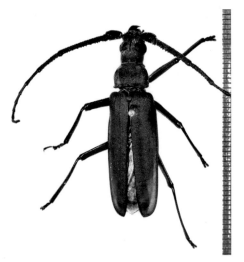

成虫（♂），开发区大黄山，宋明辉　2015.Ⅵ.14　　　成虫（♀），沛县沛城，赵亮　2016.Ⅵ.24

（110）桃红颈天牛*Aromia bungii* (Faldermann)

别名桃颈天牛。成虫体长28～37mm，宽8～10mm。黑褐色有光泽。成虫有2种色型，"红颈型"个体体黑色，前胸棕红色，"黑颈型"个体全体黑色（主要见于南方）。前胸背板前、后缘收缩下陷，密布横皱，背面有4个光滑瘤突，两侧各具1个角状侧刺突。鞘翅表面光滑，基部较前胸宽，端部渐狭。雄虫触角超过体长4～5节，雌虫触角超过体长1～2节。

【寄主】桃、杏、李、柿、梅、杨、柳、榆、栎、樱花、樱桃、核桃、苹果、石榴、苦楝、枫杨、毛白杨等。

【分布】全市各地。

成虫（♂），铜山汉王，钱桂芝　2015.Ⅵ.23　　　交配（♀♂），沛县沛城，赵亮

2016.Ⅵ.28

（111）中华蜡天牛*Ceresium sinicum* White

别名斑胸蜡天牛、中华桑天牛、中华姬天牛、铁色姬天牛。成虫体长9～15mm，宽2.5～4.5mm。宽扁，暗红棕色，头及前胸黑色。触角略长于体，第3～6节下沿具稀疏缨毛。第3节与柄节约等长，明显长于第4节、略短于第5节，第5～7节近等长。前胸背板长胜于宽，中央有1条不明显的平滑纵纹，前、后缘两侧各有1淡黄白色绒毛斑。小盾片半圆形，密被淡黄色短毛。鞘翅两侧近于平行，翅端圆，翅面具圆形深刻点，刻点从基部向端部渐弱，每刻点内着生1根短毛，翅面还夹杂少量竖毛。体腹面密被黄白色绒毛。腿节棒状。

成虫（背、腹面），沛县河口，张秋生&朱兴沛　2005.Ⅵ.28

【寄主】桑、杨、柳、桃、樟、梨、栎、樱桃、刺槐、苹果、苦楝、水杉、枫杨、核桃、石榴等。

【分布】丰县、沛县。

（112）橘蜡天牛*Ceresium zeylanicum loicorne* Pic

成虫体长约10mm。狭长，暗红褐色。头部向前伸，具粗大刻点。前胸长胜于宽，略呈圆筒形，两侧稍圆形。小盾片小，末端圆形。鞘翅狭长，基部较前胸宽，两侧近于平行，末端圆形。雄成虫触角长为体长的1.5倍，体细长，鞘翅在端部3/5处刻点突然甚细小。

【寄主】枣等。

【分布】睢宁县。

成虫（♂），睢宁睢城，姚遥　2015.Ⅶ.2

成虫，新沂邵店，周晓宇　2017.Ⅶ.21

成虫，新沂马陵山林场，
周晓宇　2016.Ⅶ.14

（113）槐绿虎天牛*Chlorophorus diadema* (Motschulsky)

别名樱桃虎天牛。成虫体长8~12mm，宽2.2~3.5mm。棕褐至黑褐色，头部及腹面被灰黄色绒毛。前胸背板前缘及基部有灰黄色绒毛，有时绒毛分布较广，使中区形成1黑褐色横斑。小盾片后端圆形，盖有黄绒毛。鞘翅在基部有少量黄绒毛，肩下前后有2个黄绒毛斑；小盾片后沿中缝有1外斜斑纹，其外端几与肩部第2斑点相接；中央略后又有1横条，末端黄绒毛亦呈横条形；后缘斜切，外缘角较明显。足细长，后足腿节达鞘翅末端。

【寄主】杨、柳、枣、国槐、刺槐、石榴、葡萄、山楂、泡桐、樱桃和珍稀濒危植物四合木等。

【分布】沛县、新沂市。

（114）黄带黑绒天牛*Embrikstrandia unifasciata* (Ritsema)

别名黄带薄翅天牛。成虫体长18~29mm。紫黑色，触角端部7节黄褐或橙黄色，足带紫色。前胸背板紫黑色，具浓密黑色绒毛和皱纹，侧刺突粗壮而短钝。每个鞘翅自基部1/5处至紧接中点之后处，具1宽阔的淡黄或橙黄色带纹，此横带较稳定，大小变化小。

【寄主】楝、杉、栎、花椒、枫杨等多种乔木和灌木及甘蔗等草本植物。

【分布】沛县、铜山区。

成虫，铜山利国，钱桂芝　2016.Ⅵ.28

成虫，铜山张集，宋明辉　2015.Ⅶ.7

（115）栗山天牛*Massicus raddei* (Blessig)

雌虫体长40~54mm，宽10.5~15mm；雄虫长38~52mm，宽10~14mm。黑褐色，被棕黄色短绒毛。头部在两复眼间有1深沟，一直延长至头顶。触角鞭状黑色，11节，每节具刻点；雄虫触角约为体长的1.5倍，第1节粗大筒状，2节最小，3节最长，约等于4、5节之和，7~10节呈棒状，每节端部粗大，外侧无扁平边缘；雌虫触角约为体长的2/3，7~10节外缘扁平，外端角突出。前胸背板宽胜于长，背、侧面具不规则横皱纹，两侧缘弧形无侧刺突。小盾片宽三角形。鞘翅两侧近平行，翅端圆形，缝角呈尖刺状。

【寄主】板栗、麻栎、桑、梅、苹果、泡桐等。

【分布】邳州市。

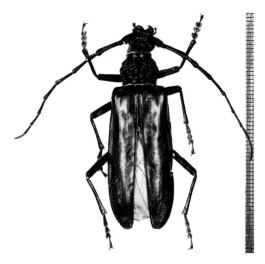

成虫（♀），邳州八路，周晓宇&孙超
2015.V.11

（116）双条杉天牛*Semanotus bifasciatus* (Motschulsky)

成虫体长约17mm，宽约5mm。体型阔扁，黑褐色，头部、前胸两侧、胸腹部腹板被黄褐色长绒毛。触角黑褐色，鞭状，11节，较短，节间有稀疏的黄褐色长绒毛；雌虫触角约为体长的1/2，雄虫触角长超过体长的3/4。前胸黑色，两侧呈圆弧形，背板中部有5个光滑小瘤突，前2个圆形，后3个尖叶形。鞘翅被有黄褐色短绒毛，具2条棕黄色带和2条黑色宽横带相间，表面较平滑细腻，油渍状，色较暗；前棕黄带基部色较深，常呈驼色，其宽约为鞘翅长的1/3，后棕黄带较窄；近中部黑色横带处常连成一片，其上刻点约比其后淡色带上密2~3倍；腹部末端微露于鞘翅外。足黑褐色，被黄色竖毛。初龄幼虫淡红色，老熟幼虫乳白色，体长约22mm，前胸宽约4mm。头部黄褐色，前胸背板上有1个"小"字形凹陷及4块黄褐色斑纹。

【寄主】侧柏、桧柏、扁柏、龙柏、罗汉柏等。

【分布】云龙区、沛县、铜山区。

成虫，沛县沛城，赵亮　2016.Ⅳ.12

幼虫（侧柏），铜山赵疃林场，钱桂芝　2012.V.12

（117）家茸天牛*Trichoferus campestris* (Faldermann)

成虫体长9～22mm，宽2.8～7mm。棕褐至黑褐色，被灰褐色绒毛。雄虫触角长达鞘翅端部，雌虫稍短于雄虫，第3节与柄节约等长。前胸背板宽稍胜于长，两侧缘弧形，无侧刺突。胸面刻点粗密，粗刻点间着生细小刻点，而雌虫则无细小刻点分布。小盾片短，舌形。鞘翅两侧近于平行，近后端稍窄；翅面分布中等刻点，端部刻点渐细弱。腿节稍扁平，后足第1跗节较长，约同第2、3跗节总长度相等。雄虫腹部末节较短阔，端缘较平直；雌虫腹部末节则稍狭长，端缘弧形。

【寄主】杨、柳、枣、桑、刺槐、白蜡、核桃、苹果、丁香等，还能蛀食房屋的木材。

【分布】开发区、丰县、沛县、铜山区、邳州市。

成虫（♂，背、腹面），开发区大庙，
周晓宇　2015.Ⅵ.17

成虫（♀，背、腹面），丰县梁寨，
刘艳侠　2015.Ⅵ.14

（118）刺角天牛*Trirachys orientalis* Hope

成虫体长28～52mm，宽7～14mm。全身棕褐色，被有棕黄色及银灰色闪光绒毛。头顶中部具纵沟，后头有粗、细刻点。复眼小，眼面粗粒。复眼下叶略成三角形，两复眼间具3条纵脊，中间的1条伸向头顶中缝。触角灰黑色，柄节呈筒状，具环形波状脊纹，第2节最短，第4节短于第3节，其余各节渐长；雌虫触角等于体长或稍长，除第3～10节具内端刺外，第6～10节还具较短的外端刺；雄虫触角约为体长的1.8～2.5倍，第3～7节具内端角刺。前胸背板宽胜于长，胸面具不规则横形波状隆脊，侧刺突短而尖。小盾片半圆形，先端略尖。鞘翅表面不平，末端平切，具明显的内、外角端刺。臀板微露于鞘翅之外。

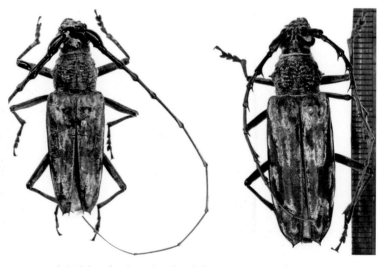

成虫（左：♂，右：♀），沛县沛城，周晓宇&赵亮　2015.Ⅴ.4

【寄主】杨、柳、栎、梨、国槐、刺槐、臭椿、榆树、泡桐、银杏、合欢等。

【分布】丰县、沛县。

（119）双斑锦天牛*Acalolepta sublusca* (Thomson)

成虫体长11～23mm，宽约6mm。栗褐色。头、前胸被棕色绒毛。触角长为体长的1.5～2.0倍，第3节最长，第3～11节基部2/3被灰色绒毛。前胸背板宽大于长，侧刺突短小。鞘翅被淡灰色毛，每鞘翅基部中央有1个黑色小斑，鞘翅末端2/3处有1条棕褐色宽斜带，翅端圆形，翅面布有稀疏细刻点。

【寄主】大叶黄杨、算盘子、榆、桑等。

【分布】沛县、铜山区、睢宁县。

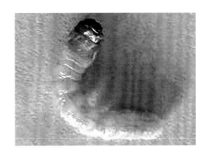

幼虫（大叶黄杨），铜山棠张，钱桂芝
2016.Ⅷ.19

被害状（大叶黄杨），铜山棠张，
吴雪梅　2016.Ⅸ.18

被害状（大叶黄杨），睢宁睢城，姚遥
2016.Ⅸ.18

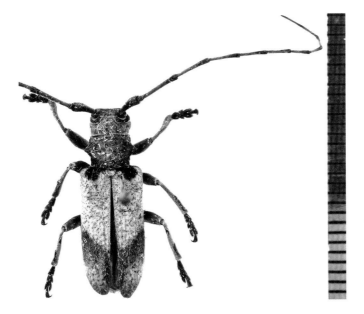

成虫，沛县沛城，赵亮　2015.Ⅵ.6

（120）星天牛*Anoplophora chinensis* (Förster)

成虫体长25～41mm，宽8～15mm。漆黑色，光亮，头和体腹面被银灰色细毛。触角第3～11节基部有淡蓝色毛环，其余部分黑色；雌虫触角超出翅端1～2节，雄虫超出4～5节。前胸背板中瘤明显，侧刺突粗壮。鞘翅漆黑，基部最宽，密布瘤状颗粒，向后渐狭，翅端圆形；翅面有2～3条纵隆纹，散布白色毛斑

成虫（♂），铜山新区，钱桂芝　2015.Ⅶ.16

交配（♀♂），铜山汉王，宋明辉　2015.Ⅶ.22

15～20个，大致排成5行。

【寄主】杨、柳、梨、桃、杏、桑、楝、樱桃、山楂、国槐、刺槐、核桃、香椿、泡桐、板栗、枇杷、乌桕、栾树、梧桐、樱花、枫杨、无花果、悬铃木等多种林木。

【分布】全市各地。

（121）光肩星天牛 *Anoplophora glabripennis* (Motschulsky)

成虫体长19～35mm，宽4～12mm。外形与星天牛十分近似，主要区别为肩部无瘤突，体形较狭，体色基本相同，常常黑中带紫铜色，有时微带绿色。鞘翅基部光滑，无瘤状颗粒；表面刻点较密，有微细纹，无竖毛，肩部刻点较粗大；翅面白色毛斑大小及排列似星天牛，但更不规则，且有时较不清晰。触角较星天牛略长。前胸背板毛斑、中瘤不显著，侧刺突较尖锐，弯曲。足及腹面黑色，常密生蓝白色绒毛。

【寄主】柳、杨、榆、梨、桃、李、桑、苦楝、泡桐、花椒、刺槐、山楂、苹果、银杏、樱桃、樱花、栾树、核桃、枫杨、水杉、悬铃木、五角枫、无花果等多种林木。

【分布】全市各地。

成虫（背面），沛县鹿楼，　　　　　　交配（♀♂），沛县沛城，
　　赵亮　2016.Ⅵ.28　　　　　　　　　赵亮　2016.Ⅵ.28

左：成虫产卵（侧面），沛县沛城，赵亮　2015.Ⅵ.30
中：卵（柳），云龙潘塘，宋明辉　2015.Ⅵ.16
右：被害状（柳），铜山汉王，钱桂芝　2015.Ⅶ.10

（122）楝星天牛 *Anoplophora horsfieldi* (Hope)

成虫体长31～41mm，宽8～18mm。黑色，光亮。触角及足黑色。触角自第3节起，各节基部被白色绒毛。前胸侧刺强烈向前凸出。后头两侧各有1黄色绒毛斑，前胸背板两侧亦各有1黄色绒毛纵斑。鞘翅黄色绒毛斑很大，排成4行，每翅前2行各2块，第3行有时合并为1块，第4行位于末端1块，在第3、4行间近中缝处，有时另有1～3个小狭直纹。翅端圆形。雄虫触角超过体长3/4，雌虫较体略长。

【寄主】楝科、榆、朴树。

【分布】泉山区、沛县、邳州市。

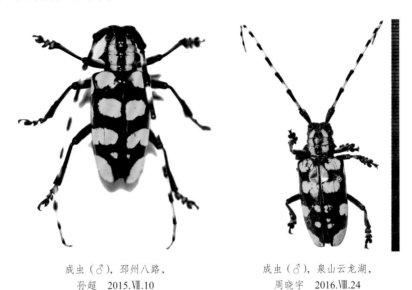

成虫（♂），邳州八路，
孙超　2015.Ⅶ.10

成虫（♂），泉山云龙湖，
周晓宇　2016.Ⅷ.24

（123）南瓜天牛 *Apomecyna saltator* (Fabricius)

别名香瓜锈天牛。成虫体长8～11mm，宽3～4mm。暗红褐色，被棕黄色绒毛。前胸宽胜于长，中区具1不明显的白色横形带纹。鞘翅上白斑较大，不相愈合，排成3组，第1组在前半部，侧面观呈弧形，翅端斜截。

【寄主】南瓜、丝瓜、黄瓜、水瓜、葫芦等。

【分布】丰县、沛县。

成虫，沛县沛城，朱兴沛　2016.Ⅵ.18　　　成虫，丰县凤城，刘艳侠　2015.Ⅵ.26

（124）桑天牛*Apriona germari* (Hope)

别名粒肩天牛、桑粒肩天牛。成虫体长26～51mm，宽8～16mm。体翅青棕色，腹面棕黄色，密被黄褐色短毛。头顶隆起，中央有1纵沟。雌虫触角较体略长，雄虫超出体长2～3节，柄节端疤开放式，从第3节起，每节基部约1/3为灰白色。头部沿眼后缘有2、3行隆起的刻点。前胸背板前、后横沟之间有不规则的横皱或横脊线，中央后方两侧和发达的侧刺突基部及前胸侧片均有黑色光亮的隆起刻点。鞘翅基部密布黑色光亮的瘤状颗粒，占全翅的1/4~1/3区域，鞘翅中缝及侧缘、端缘通常有1条青灰色狭边，翅端内、外端角均呈刺状突出。

【寄主】桑、杨、柳、榆、梨、杏、桃、枣、李、樱桃、枇杷、苹果、构树、柘树、白蜡、女贞、泡桐、刺槐、核桃、黄檀、乌桕、枫杨、苦楝、海棠、无花果等多种树木。

【分布】全市各地。

成虫（♂），沛县沛城，赵亮　2016.Ⅵ.27

成虫（♀，补充营养，构树），开发区大庙，
宋明辉　2015.Ⅶ.20

产卵刻槽（樱桃），铜山汉王，钱桂芝　2015.Ⅷ.25

产卵刻槽（杨），开发区徐庄，
郭同斌　2015.Ⅸ.7

卵（柳），开发区大庙，
宋明辉　2015.Ⅶ.20

幼虫（杨），沛县沛城，
赵亮　2015.Ⅷ.24

幼虫排粪孔（杨），沛县沛城，
朱兴沛　2004.Ⅷ.10

（125）锈色粒肩天牛*Apriona swainsoni* (Hope)

成虫体长28～40mm，宽9～13mm。黑褐色，密被锈色绒毛。触角第1～3节及4节基部密被锈色毛，1～5节下沿有稀疏短缨毛；柄节粗短，端疤开式；第3节长于柄节，4节略短于柄节，4节以后各节外端角稍突出。前胸背板横宽，侧刺突粗壮，先端尖；胸面具脊状皱纹，前、后缘有横凹沟。鞘翅肩角向前微突，不具肩刺；端缘平切，缝角与缘角刺状；翅面上密布白色细毛斑，基部1/5密布黑色光滑颗粒；刻点圆形，向端部渐细弱。

【寄主】国槐、柳、黄檀、紫薇、云实等。

【分布】泉山区、丰县、沛县、铜山区。

（126）橙斑白条天牛*Batocera davidis* Deyrolle

成虫，沛县沛城，赵亮　2015.Ⅶ.15

别名大白条天牛。成虫体长51～68mm。黑色，被稀疏的棕灰色绒毛。雄虫触角超出体长的1/3，第3～10节内端膨大具齿，第3节长几2倍于4节，背面毛暗灰色具淡黄色斑点；雌虫触角较体略长。前胸背板中央有1对橙黄色斑。鞘翅基部1/4或更长处具颗粒，翅面上有5～6个较大的橙黄或乳黄色斑及少数不规则的小斑点；翅端圆形，缝角具刺，每个肩上具1端刺。体腹面两侧由复眼之后至腹末，各有1条相当宽的白色或淡黄色纵条纹。

【寄主】板栗、苦楝、栎、柿、苹果、核桃、冬瓜等。

【分布】丰县、沛县、铜山区。

成虫（左：♂背面，右：♀侧面），沛县沛城，赵亮　2015.Ⅶ.20

（127）云斑白条天牛*Batocera horsfieldi* (Hope)

别名云斑天牛。成虫体长32～97mm，宽9～22mm。黑褐至黑色，密被灰白和灰褐色绒毛。触角第3～11节各节的下沿有许多细齿，雄虫尤为明显；雌虫触角较体略长，雄虫超出体长的1/3。前胸背板中央有1对肾形白色毛斑，横列，侧刺突较小，刺状，有的微向后弯。小盾片舌形，被白色绒毛。鞘翅基部1/4处有许多黑色颗粒状突起，翅面有不规则的白斑，一般排成2～3纵行，由2、3个斑点组成；白斑变异很大，有时翅中部前有许多小圆斑，有时斑点扩大，呈云片状。体腹面两侧从复眼后到腹末各有1条白色纵带。

【寄主】核桃、板栗、苹果、山楂、枇杷、梨、桑、栎、杨、柳、榆、泡桐、乌桕、枫杨、苦楝、白蜡、女贞、银杏、花椒、悬铃木、无花果等。

【分布】全市各地。

成虫（♂），沛县沛城，
赵亮　2015.Ⅵ.9

成虫（♀），矿大南湖校区，
周晓宇　2016.Ⅵ.17

交配（♀♂），丰县凤城，
刘艳侠　2015.Ⅵ.15

卵（白蜡），矿大南湖校区，
宋明辉　2015.Ⅵ.7

（128）四点象天牛*Mesosa myops* (Dalman)

成虫体长7～16mm，宽3～7mm。黑色，全身被灰色短绒毛，并夹有许多火黄色或金黄色毛斑。前胸背板中区具丝绒般的斑纹4个，前2斑长形，后2斑较短，近卵圆形，每个黑斑的左右两边都镶有相当阔的火黄色或金黄色毛斑。鞘翅饰有许多黄色和黑色斑点，每翅中段的灰色毛较淡，在此淡色区的上缘和下缘中央，各具1个较大的不规则黑斑，其他较小的黑斑大致圆形；黄斑形状各异，分布遍及全翅。小盾片中央火黄色或金黄色，两侧较深。鞘翅沿小盾片周围的毛大致淡色。复眼很小，分成上下两叶，其间仅有1线相连。触角部分赤褐色，各节下沿密生灰白及深棕色缨毛；雄虫触角超出体长1/3，雌虫与体等长。

【寄主】杨、柳、榆、槐、桃、苹果、核桃等。

【分布】丰县。

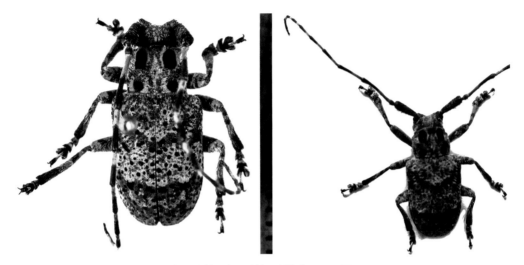

成虫（♂），丰县孙楼，刘艳侠　2018.Ⅳ.2

（129）二点小粉天牛*Microlenecamptus obsoletus* (Fairmaire)

成虫体长7～12mm。黑色，密被灰白色粉毛。头顶后缘中央及两侧各具1黑色斑纹。触角细长，明显长于体长；柄节粗短，背面被粗颗粒，两侧被较厚密的短毛；第3节明显长于其余各节，4～11节棕红色。前胸背板圆筒形，宽略胜于长，中央及两侧各具1长形黑斑。小盾片半圆形。鞘翅狭长，翅面近中央具1个亮黑色斑点。

【寄主】构树。

【分布】丰县、铜山区。

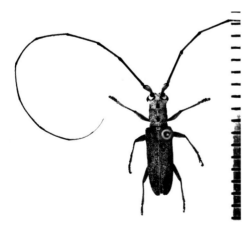

成虫，铜山汉王，钱桂芝　2015.Ⅵ.23　　　　　成虫，丰县大沙河林场，刘艳侠　2019.Ⅵ.3

（130）黄星天牛*Psacothea hilaris* (Pascoe)

别名黄星桑天牛。成虫体长14~30mm，宽3.5~7mm。体基色黑，密被深灰色或灰绿色绒毛，并饰有黄色绒毛状斑。头部中央直纹1条，从触角基瘤间起直达头顶后部；头顶两侧各1条，紧接前胸前缘，通常为小型斑点，有时伸展到复眼后缘形成侧纵纹。前胸背板长阔相当，两侧各有2个长形毛斑，前后排成一直行；背板多横皱纹，较光滑，侧刺突圆锥形，极小。小盾片近半圆形。鞘翅肩部具少数颗粒，基部刻点粗大，向后渐变小；翅面具相当多的小型圆斑点，每翅5个较大的排成微弯的直行，另有许多小斑点，不规则地散布在大斑点之间。触角除柄节外极细长，自第4节后的各节基部均有白色绒毛轮生，雄虫触角约为体长的3倍，雌虫约为2倍。

【寄主】桑、柳、杨、构树、枫杨、核桃、无花果。

【分布】云龙区、鼓楼区、开发区、丰县、铜山区、睢宁县、邳州市、新沂市、贾汪区。

成虫（♀），铜山张集，周晓宇　2016.VIII.9

成虫（♀，补充营养，构树），开发区大庙，
宋明辉　2015.VII.13

02　小蠹科 ｜ **Scolytidae**

（131）柏肤小蠹*Phloeosinus aubei* (Perris)

成虫体长2.1~3.0mm。长圆形略扁，赤褐或黑褐色，无光泽。头小，藏于前胸下。触角赤褐色，球棒部呈椭圆形。前胸背板宽大于长，密被刻点及灰色细毛。鞘翅前缘弯曲呈圆形，每个鞘翅上各有9条纵纹；雌虫鞘翅斜面上的栉状齿较小，雄虫的较大。初孵幼虫乳白色，老熟幼虫体长2.5~3.5mm，乳白色，头淡褐色，虫体有许多褶皱，并弯曲成"C"字形。

【寄主】侧柏、桧柏。

【分布】铜山区、邳州市。

被害状（侧柏），铜山利国，
钱桂芝　2015.IV.23

左：成虫，铜山赵疃林场，钱桂芝　2011.Ⅷ.13
中：幼虫（侧柏），铜山赵疃林场，钱桂芝　2011.Ⅷ.13
右：幼虫蛀道（侧柏），铜山赵疃林场，钱桂芝　2011.Ⅷ.13

03　长蠹科 | **Bostrychidae**

（132）二突异翅长蠹*Heterobostrychus hamatipennis* Lesne

成虫体长8～15mm，宽3.5～
4.7mm。圆筒形，黑褐至黑色。头部
边缘具细粒状突起。触角10节，锤状
部3节，其长度超过触角全长的1/2，
端节椭圆形。前胸背板发达，前缘呈
弧状凹入，覆盖住头部；背板前半部
密布颗粒状突起，两侧各有5～6个锯
齿状突起，左右对称。鞘翅上刻点清
晰，排列成行，有光泽，刻点行间有
短而细的软毛；鞘翅两侧缘几平行，
末端的斜面两侧有1对钩形突；雌虫
钩形突较短且仅稍内弯，雄虫则较长
而内弯。

成虫（♂），丰县凤城，刘艳侠　2016.Ⅵ.25

【寄主】杞柳、合欢、桑、榆、
刺槐等树木和木材、竹木及其制
品等。

【分布】丰县。

（133）日本双棘长蠹*Sinoxylon japonicum* Lesne

别名二齿茎长蠹。成虫体长4～6mm。暗褐色。头顶近额区被稀疏黄色长毛，额与头顶近额区密布颗粒
状突起。触角10节，末端3节明显横向延长，末节呈横椭圆形。前胸背板前大部具瘤突，瘤突由边缘至中央
逐渐变小，后部平滑无瘤突。小盾片近方形。前足和中足基节至胫节棕黑色，跗节和爪红棕色，后足基节
至腿节棕黑色，胫节深褐色，跗节和爪红棕色。鞘翅末端的斜面中部翅缝两侧具1对锥状突起，锥突离翅缝
较远，末端钝。

【寄主】槐、柿、栾树、核桃、白蜡、葡萄、榉树等。

【分布】丰县。

成虫（右图示翅末斜面上的锥状突），丰县华山，刘艳侠　2015.Ⅵ.16

（134）洁长棒长蠹*Xylothrips cathaicus* Reichardt

成虫体长6.2～7.6mm。头黑色，上唇基、额和头顶近额区被稠密金黄细毛。触角黄褐色，末端3节膨大，长大于宽，末节呈棒状。前胸背板红棕色，前窄后宽，近梯形，中部隆起；背板靠近头部具稀疏黄毛，其余部分无毛；前部瘤突区前缘两侧角的突起呈尖钩状，瘤突由边缘至中央逐渐变小，后部平滑区无显著瘤突。小盾片半圆形。前足基节、腿节大部为橙红色，腿节端部和胫节为深棕色，跗节和爪红棕色，中、后足为深棕色。鞘翅具不明显的刻点，光亮无毛，从肩角至端部颜色由红棕色逐渐加深至黑褐色；翅斜面上缘两侧各有4个齿突，末端齿突不与翅外缘相连，翅斜面光滑，刻点极不明显。腹部可见5节，密布金黄色毛。

【寄主】栾树、女贞、国槐、葡萄。

【分布】丰县、沛县、铜山区、睢宁县。

| 成虫（背面，栾树），丰县凤城，
刘艳侠　2016.Ⅴ.13 | 成虫（侧、腹面），沛县沛城，
朱兴沛&周晓宇　2015.Ⅳ.23 | 成虫（翅斜面放大），沛县沛城，
朱兴沛&周晓宇　2015.Ⅳ.23 | 被害状，沛县沛城，
赵亮　2015.Ⅳ.23 |

04 皮蠹科 ｜ **Dermestidae**

（135）赤毛皮蠹*Dermestes tesselatocollis* Motschulsky

成虫体长7～8mm。赤褐色至黑色。头小，隐于前胸下，密生黄褐色毛。触角赤褐色。前胸前缘弧形微凸，后缘中央突出，背板密生赤色毛。小盾片中间黑色，侧缘着生黄白色毛。鞘翅刻点密，有黑色毛，混生稀疏的灰色毛。体下饰密的白色毛，各腹节前缘角具1个大黑色毛斑，但第5腹节黑色毛斑着生在腹末。雄虫第3、4腹板正中具1深窝，着生刚毛1束。前足被黄褐色绒毛，中、后足基节、转节被白毛，腿节近中部具1白毛斑。

【寄主】幼虫取食生皮张、中药材、丝茧等动物干肉品等。

【分布】沛县。

成虫（♂，背、腹面），沛县沛城，
朱兴沛&周晓宇　2015.Ⅶ.30

05 花金龟科 ∣ Cetoniidae

（136）斑青花金龟Oxycetonia bealiae (Gory et Percheron)

　　成虫体长13～17mm。黑或暗绿色。与小青花金龟相似，但体型较宽大，前胸背板和鞘翅上各有2个较大的斑，有的前胸背板无斑。体背除大斑外还有较多小绒斑，但有些绒斑较少。前胸背板盘区刻点较稀，两侧密布粗大刻点和皱纹；中间2个大斑黑或暗绿色，近三角形（背板褐黄色），通常大斑中央有1浅黄色小绒斑，无斑类型的也有小绒斑。小盾片平，几无点刻。鞘翅有明显刻点行，无毛或几无绒毛；翅面褐黄色大斑几乎占整个鞘翅的1/3，大斑后外侧有1横向绒斑，有些还有不规则小绒斑。中胸后侧片、后胸前侧片、后足基节外侧和腹部第1～4节两侧都有不同形状的浅黄色绒斑。前足胫节外缘有3个尖齿，后足腿节和胫节内侧密布穗状长绒毛。

【寄主】白蜡、栎类、女贞等，成虫取食花及嫩芽。

【分布】铜山区、邳州市、新沂市。

成虫（前胸背板无斑型），铜山汉王，周晓宇　2016.Ⅴ.20

成虫（有斑型），邳州八路，
宋国涛　2015.Ⅳ.10

（137）小青花金龟*Oxycetonia jucunda* (Faldermann)

本种异名*Gametis jucunda* (Faldermann)。成虫体长11～16mm。稍狭长、绿色、黑色、暗红色、古铜色等，散布各种形状的白绒斑。前胸背板稍短宽，密布小刻点和长绒毛，两侧刻点和皱纹较密粗，盘区两侧各有1白绒斑。小盾片狭长，末端钝。鞘翅稍狭长，肩部最宽，两侧向后稍变窄，表面遍布稀疏弧形刻点和浅黄色长绒毛，并散布较多白绒斑：通常外侧和近翅缝各有3个，其中外侧中部和顶端2个较大，肩突内侧常有1个或几个小斑。腹部1～4节两侧各有1白绒斑。前足胫节外缘具3个尖齿，中、后足胫节外侧具中隆突，跗节细长，爪稍弯曲。

【寄主】桃、杏、梨、李、板栗、苹果、栎类等。

【分布】泉山区、丰县、沛县、铜山区。

成虫，丰县凤城，刘艳侠　2015.Ⅴ.12　　　　成虫，铜山伊庄，张瑞芳　2015.Ⅵ.3

（138）褐锈花金龟*Poecilophilides rusticola* (Burmeister)

成虫（背面），睢宁睢城，　　　成虫（腹面），邳州八路，
姚遥　2015.Ⅷ.1　　　　　孙超　2015.Ⅷ.13

本种异名为*Anthracophora rusticola* (Burmeister)。成虫体长14～20mm，宽8～12.5mm。近椭圆形，但较扁平。体背赤锈色，遍布不规则黑斑，腹面黑色光亮。前胸背板短宽，两侧缘弧形具细边框，后缘微呈弧形，中凹较浅；表面散布弧形刻点，遍布不规则大小不等的黑斑，中后部常为1鼎字形斑纹。小盾片长三角形，常具黑斑。鞘翅较宽大，每翅具7～9条刻点行和宽窄不等的波浪状黑斑纹。中胸腹突近倒梯形，稍突出，赤褐色或褐黄色。后胸腹板两侧散布弧形刻点。腹部腹板光滑几无刻点，仅两侧散布稀大弧形刻点和皱纹，并有黄色斑纹。前足胫节外缘具3齿，中、后足胫节外侧各有1齿。

【寄主】杨、榆、栎、槐等。

【分布】沛县、睢宁县、邳州市。

（139）白星花金龟*Protaetia brevitarsis* (Lewis)

本种异名*Liocola brevitarsis* (Lewis)。成虫体长17～24mm，宽9～13mm。椭圆形，古铜或青铜色，具光泽，体表散布众多不规则波纹状白绒斑。头方形，两侧在复眼前明显陷入，中央隆起。复眼突出。前胸背板略短宽，两侧弧形，后缘中部前凹；盘区刻点稀小，常有2～3对或排列不规则的白绒斑。小盾片长三角形，末端钝，表面光滑，仅基角有少量刻点。鞘翅宽大，近长方形，肩部最宽，侧缘前方内弯，后缘圆弧形；翅面遍布粗大刻纹，白绒斑多为横波纹状，多集中在鞘翅中、后

成虫，沛县沛城，
赵亮　2015.Ⅷ.11

成虫，鼓楼九里，
宋明辉　2015.Ⅶ.30

部。臀板短宽，每侧有3个白绒斑，呈三角形排列。中胸腹突扁平。足粗壮，膝部有白绒斑，前足胫节外缘有3齿，后足基节后缘外端角尖齿状，各足跗节具2弯曲的爪。

【寄主】桃、李、杏、梨、柳、榆、栎、木槿、苦楝、月季、海棠、葡萄、苹果、樱桃、樱花等。

【分布】全市各地。

（140）日罗花金龟*Rhomborrhina japonica* (Hope)

别名日铜罗花金龟，本种异名为*Pseudotorynorrhina japonica* (Hope)。成虫体长24～26.5mm，宽12.5～15.5mm。铜绿、暗绿色，有光泽。头部呈长方形，前边略宽，后部中央隆起。前胸背板近梯形，两侧边缘呈弧形向前强烈收狭，后缘近横直，中凹浅；盘区刻点稀小，两侧刻点和皱纹较大。小盾片长三角形，平滑，几无刻点。鞘翅两侧向后轻微收狭，后外端缘圆弧形，缝角微突出；盘区散布稀小刻点，并有不完整刻点行，外侧和后部密布粗大皱纹和刻点。中胸腹突强烈向前延伸，前端圆，微向下倾斜。前足胫节外缘雄1齿雌2齿，中、后足胫节各有2端距，内侧常排列黄绒毛。

【寄主】栎类、板栗、拐枣、玉米等。

【分布】邳州市。

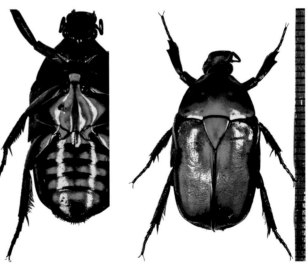

成虫（♂，背、腹面，示中胸腹突），邳州八路，
孙超　2015.Ⅷ.18

成虫（♀，背面），邳州八路，
孙超　2015.Ⅷ.13

06　丽金龟科 | Rutelidae

（141）毛喙丽金龟 *Adoretus hirsutus* Ohaus

　　成虫体长8~12mm，宽4.5~6mm。长椭圆形，全体黄褐色，头面色最深，呈棕褐色，鞘翅色最浅，呈茶黄色。前胸背板和鞘翅均匀密布细小刻点，侧部小刻点被细小斜针状毛，不组成毛斑。头阔大，唇基呈半圆形，边缘向上弯翘。前胸背板甚短阔，宽约为长的2~3倍，侧缘呈弧状，后缘中段向后弧弯。小盾片呈三角形，低于翅平面。鞘翅狭长，翅面可见4条纵肋。臀板隆拱，被有细毛。前足胫节外侧具3齿，各足爪均1大1小，大爪末端分叉。后足胫节发达，与腿节等粗。

　　【寄主】榆、大豆、苜蓿等。

　　【分布】开发区、沛县、贾汪区。

成虫（背、腹面，右图示后足胫节与腿节等粗），沛县鹿楼，
赵亮&周晓宇　2005.Ⅶ.29

成虫，新沂马陵山林场，周晓宇　2017.Ⅶ.20

（142）斑喙丽金龟 *Adoretus tenuimaculatus* Waterhouse

　　别名斑点喙丽金龟、毛斑喙丽金龟。成虫体长9.4~10.5mm，宽4.7~5.3mm。长椭圆形，褐或棕褐色，全体密被乳白披针形鳞片。唇基半圆形，前缘上卷。复眼鼓大。前胸背板甚短阔，前、后缘近平行，侧缘呈弧状外突，后侧角钝角形。小盾片三角形。鞘翅3条纵肋可辩，第1、2纵肋上常有3~4处鳞片密聚成呈列白斑，端凸上鳞片紧挨而成最大最显的白斑，其外侧尚有1小白斑。前足胫节外缘具3齿，内侧具1个内缘距，后足胫节外缘有1个小齿突。

　　【寄主】板栗、刺槐、梧桐、枫杨、乌桕、黄檀、紫薇、核桃、苹果、栎、杨、柳、梨、杏、柿、李、枣等。

　　【分布】铜山区、新沂市。

（143）铜绿丽金龟*Anomala corpulenta* Motschulsky

别名铜绿异丽金龟。成虫体长15～18mm，宽8～10mm。背面铜绿色，有光泽。头部较大，深铜绿色，唇基短阔，梯形，褐绿色，前缘上卷。复眼黑色。触角9节，黄褐色。前胸背板前缘呈弧状内弯，侧缘和后缘呈弧形外弯，前角锐，后角钝；背板为闪光绿色，密布刻点，两侧有1mm宽的黄边，前缘有膜状缘。鞘翅黄铜绿色，有光泽，具不明显纵肋，缝肋较明显。体腹面黄褐色，密生细毛。各足腿节黄褐色，胫、跗节深褐色；前足胫节外侧具2齿，内侧有1棘刺，跗节5节，端部生2个不等大的爪；前、中足大爪端部分叉，小爪不分叉，后足大爪不分叉。臀板三角形，常有1个近三角形的黑斑。

【寄主】杨、柳、榆、栎、梨、桃、杏、乌桕、板栗、核桃、枫杨、苹果、海棠、葡萄、丁香、杜梨、樱桃等。

【分布】全市各地。

成虫（背、腹面），开发区大庙，宋明辉 2015.Ⅵ.17

（144）大绿异丽金龟*Anomala virens* Lin

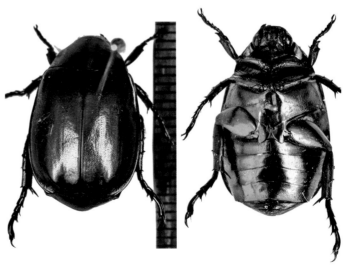

成虫，新沂邵店，
周晓宇 2016.Ⅶ.21

成虫（背、腹面），新沂马陵山，宋明辉 2016.Ⅷ.1

成虫体长21～29mm，宽12～17mm。背面和臀板草绿色，带强金属光泽，有时前胸背板泛珠泽，鞘翅带强烈漆光；腹面和各足基节强烈金属绿色，腹部各节基缘泛蓝泽；胫、跗节蓝黑色，胫节带强烈金属绿色光泽。唇基前缘近直，上卷甚弱。前胸背板刻点细密，两侧更密；侧缘中部均匀弯突，后角圆，后缘沟线中部宽断。鞘翅刻点细而颇密，刻点行隐约可辨认，后角边缘片状，略扩宽。臀板布浓密细横刻纹。腹部基2节侧缘角状。

　　【寄主】未知，灯诱并在大叶黄杨上采集到成虫。

　　【分布】睢宁县、新沂市。

（145）浅褐彩丽金龟 *Mimela testaceoviridis* Blanchard

　　别名黄艳金龟、黄闪彩丽金龟。成虫体长14～18mm，宽5.5～8mm。宽椭圆形，后部较宽，全体甚光亮，浅褐、浅黄褐或深褐色，有不甚匀称的淡铜色光。唇基横宽梯形，前缘近横直，微弯翘，侧缘弧圆，布浅细皱刻。额部皱，额头顶布细密点刻。触角9节，鳃片部约与其前5节总长相等。前胸背板滑亮，散布浅弱刻点，四缘有边框，侧缘弧扩，后缘边框中断，前侧角锐而前伸，后侧角钝。小盾片宽三角形，疏布细刻点，缘折狭，到达后侧转弯处。鞘翅散布浅大刻点，有平缓纵肋可见，每纵肋有刻点列夹围，膜质饰边伸达翅端。臀板隆拱，密布粗圆刻点。前足胫节外缘端部2齿，前、中足大爪分裂。

　　【寄主】板栗、麻栎、紫薇、黑莓、葡萄、杨等。

　　【分布】新沂市。

成虫（紫薇），新沂马陵山林场，
周晓宇　2017.Ⅶ.11

成虫（麻栎），新沂马陵山林场，
周晓宇　2017.Ⅶ.20

（146）无斑弧丽金龟 *Popillia mutans* Newman

　　别名棉花弧丽金龟。成虫体长9～14mm，宽6～8mm。体略呈纺锤形，蓝黑色、深蓝色、墨绿色或红褐色，具强烈金属光泽。唇基近半圆形，前缘较直，上卷弱，密布挤皱刻点。触角9节，腮片部3节。前胸背板较短阔，明显隆拱，前、侧方刻点较粗密，中、后部光滑无刻点。小盾片短阔三角形，基部有少量刻点。鞘翅短阔，后方明显收狭，末端圆形；小盾片后端有1对深显横凹，翅面具10列刻点，其中第2列较短，只达翅长的1/2。臀板宽大，无毛斑，密布刻点。胸下密被短灰绒毛，每腹板有1排毛，中胸腹突长大侧扁。前足胫节外缘2齿。

　　【寄主】成虫喜食棉、大豆、玉米花丝，月季、玫瑰、芍药、紫薇的花器，幼虫在地下取食植物的根。

　　【分布】鼓楼区、泉山区、沛县、铜山区、睢宁县。

成虫（背面），鼓楼九里，宋明辉　2015.Ⅶ.6　　　　　　成虫（侧面），睢宁古邳，姚遥　2015.Ⅶ.12

（147）中华弧丽金龟*Popillia quadriguttata* (Fabricius)

别名四纹丽金龟。成虫体长7.5～12mm，宽4.5～6.5mm。头、前胸背板、小盾片、胸腹部腹面、足腿节和胫节深铜绿色，有光泽，但鞘翅黄褐色，四缘常呈深褐色。唇基梯形，前缘上卷，额有皱密刻点。触角红褐色。前胸背板宽大，圆拱形隆起，密布细小刻点；前侧角锐而前伸，后侧角钝角形。小盾片三角形。鞘翅颇扁平，具6条近平行的刻点沟。臀板基部具2个白毛斑，腹部第1～5节侧面各具1个白色毛斑。前足胫节外缘2齿。

【寄主】榆、栎、杨、梨、杏、桃、苹果、板栗、核桃、葡萄、刺槐、紫穗槐、山花椒等30多种植物。

【分布】开发区、丰县、沛县、睢宁县、新沂市。

成虫（背、腹面），开发区大庙，张瑞芳　2015.Ⅵ.16　　　　　成虫，沛县沛城，赵亮　2015.Ⅶ.17

（148）苹毛丽金龟*Proagopertha lucidula* (Faldermann)

成虫体长9.2～12.5mm。长卵圆形，后方微阔，头胸背面紫铜色，鞘翅茶褐色，常有淡橄榄绿色泛光，四周色较深；除鞘翅光滑无毛外，其余部分皆被淡黄色绒毛，腹面绒毛长而多。雌虫触角腮片部小，静止时前直伸；雄虫则长大，静止时前伸如肘状。唇基长大无毛，密布挤皱刻点，头面刻点较粗大，分布甚密。前胸背板密布具长毛刻点，小盾片短阔，散布刻点。鞘翅半透明，翅面具点刻列并可透出后翅折叠的"V"字形。腹部两侧有明显黄白色绒毛，中胸腹突强大前伸。前足胫节外缘2齿，雄虫内缘无距；后足胫节宽大，有长短距各1根。

【寄主】梨、桃、李、杏、杨、柳、榆、桑、刺槐、苹果、山楂、樱桃、海棠、葡萄等。

【分布】丰县、铜山区。

成虫（♂，背、腹面），铜山房村，　　　　　　　成虫（♀，背、侧面），铜山房村，
　　周晓宇　2016.Ⅳ.8　　　　　　　　　　　　　周晓宇　2016.Ⅳ.8

07 鳃金龟科 ｜ Melolonthidae

（149）华北大黑鳃金龟*Holotrichia oblita* (Faldermann)

成虫体长16～21mm，宽8～11mm。长椭圆形，黑褐色，有光泽。唇基短阔，前缘、侧缘上翘，前缘中凹明显。触角10节，雄虫鳃片部约等于其前6节总长。前胸背板宽度不到长度的2倍，上有许多刻点，侧缘中部向外突出。小盾片近半圆形。鞘翅后半部稍扩大，具4条清楚纵肋，肩疣突位于由里向外数第2纵肋基部的外方，鞘翅会合处缝肋显著，翅面密布粗大刻点。臀板向后隆凸，隆凸高度几及末腹板长之倍，短阔，顶端横宽，端部中央为1浅纵沟平分为2个短小圆丘；第5腹板中部后方有较宽而深的三角形凹坑，胸下密被柔长黄毛。前足胫节外侧3齿，内侧1距与第2齿相对；后足第1跗节短于第2跗节，足具2枚爪，爪中部具1大齿。

【寄主】杨、柳、榆、桑、国槐、苹果、山楂等。

【分布】泉山区、开发区、丰县、沛县、铜山区、睢宁县、新沂市、贾汪区。

成虫（背、腹面），贾汪青年林场，周晓宇　2016.Ⅳ.21

（150）暗黑鳃金龟*Holotrichia parallela* Motschulsky

成虫体长17～22mm，宽9～11.3mm。长椭圆形，红褐或暗黑色，无光泽，外形与华北大黑鳃金龟相似。头阔大，唇基长大，前缘中央稍内弯上卷，点刻粗大。触角10节，红褐色。前胸背板刻点大而深，前缘有1列直立刚毛。小盾片半圆形，具刻点。每鞘翅具4条不明显的隆起带，点刻粗大，散生于带间，肩瘤明显。臀板几不隆凸，与肛板相会合于腹末，胸下密被绒毛。前足胫节外侧具3个钝齿，内侧生1棘刺，后胫节细长，端部一侧生有2根端距，跗节5节，末节最长，端部生1对爪，爪中央垂直着生1齿。

【寄主】榆、柳、杨、桑、梨、核桃、苹果等。

【分布】全市各地。

成虫（体红褐色，背、腹面），铜山邓楼果园，
宋明辉 2015.Ⅶ.2

成虫（暗黑色），矿大南湖校区，
钱桂芝 2015.Ⅶ.4

（151）长脚棕翅鳃金龟*Hoplia cincticollis* Faldermann

别名围绿单爪鳃金龟。成虫体长12～15mm。头、胸及腹面黑褐色，鞘翅褐棕色。头部有银绿鳞片。前胸背板密布棕黄色竖立鳞片，四周有银绿色鳞片，鳞片间散生纤毛。鞘翅密布卧生棕褐色鳞片。臀板及腹下密被淡银绿色鳞片。足强大，胫节无距，后足只有1爪，前、中足2爪大小有异，较大爪端部分裂，小爪只有大爪长的1/3强。

【寄主】杨树。

【分布】丰县。

成虫（背、腹面，示臀板），丰县大沙河林场，刘艳侠 2015.Ⅵ.12

（152）黑绒鳃金龟*Maladera orientalis* Motschulsky

别名黑绒绢金龟、东方绢金龟，*Serica orientalis* Motschulsky为本种异名。成虫体长7～8mm，宽4.5～5mm。卵圆形，前狭后宽，初羽化为褐色，后渐转为黑褐至黑色，体表具丝绒般光泽。唇基黑色，有强光泽，前缘与侧缘均微翘起，前缘中部略有浅凹，中央处有1微凸起的小丘。触角10节，赤褐色，棒状部3节。前胸背板宽为长的2倍，前缘角呈锐角状向前突出，侧缘生有毛，背板密布细小刻点。鞘翅上各有9条浅纵沟纹，刻点细小而密，侧缘列生刺毛。前胫节外侧生有2齿，内侧有1刺；后胫节上生有较多刺，有2枚端距。

【寄主】榆、杨、柳、桑、刺槐、梨、杏、枣、柿、梅、苹果、葡萄、大豆、玉米、小麦等100多种植物。

【分布】云龙区、开发区、丰县、沛县、铜山区、睢宁县、贾汪区。

成虫，丰县孙楼，刘艳侠　2015.Ⅳ.21　　　　成虫，铜山邓楼果园，张瑞芳　2015.Ⅶ.2

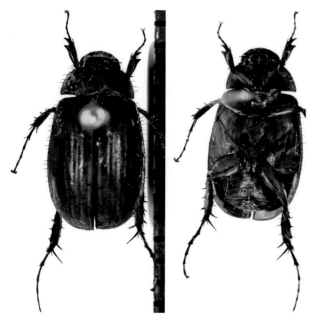

成虫（背、腹面），铜山邓楼果园，宋明辉　2015.Ⅶ.5

（153）阔胫鳃金龟*Maladera verticalis* Fairmaire

成虫体长8～9mm。卵圆形，赤褐色具丝绒光泽。唇基宽大，前缘上卷，从上面观近弧形，刻点较多。复眼大，黑色。雄虫触角棒状部比雌虫长。前胸背板前窄后宽，侧缘向外弯曲，前角锐，后角钝。小盾片三角形，端部较尖。鞘翅布满纵裂隆起带，后部横截状。腹部臀板呈三角形，雄虫后角短圆，雌虫后角狭长。前胫节外侧2齿，后胫节扁宽，中、后足胫端上2个端距生于其两侧，外缘上有棘刺群。爪1对，上有齿。

【寄主】杨、柳、榆、梨、苹果。

【分布】沛县、铜山区、贾汪区。

（154）小灰粉鳃金龟*Melolontha frater* Arrow

别名兄弟鳃金龟。成虫体长24～26mm，宽12～14mm。棕色或褐色，密被灰白色短毛，似1层粉状物。头部长方形有长毛，唇基前缘平直。触角10节，雄虫鳃叶部7节很大，略弯曲。前胸背板后缘中央外弯。鞘翅上具3条纵隆带。臀板三角形。前、中足基节间无明显前伸腹突，后胸椎突短小，包藏于黄毛间。腹面密生黄色长毛。前胫节外侧有明显2齿，跗节5节，端部有1对爪，爪上有1小横齿，后胫节的2端距位于一侧。

【寄主】成虫取食多种果树和林木的树叶，幼虫食树木的根部。

【分布】开发区。

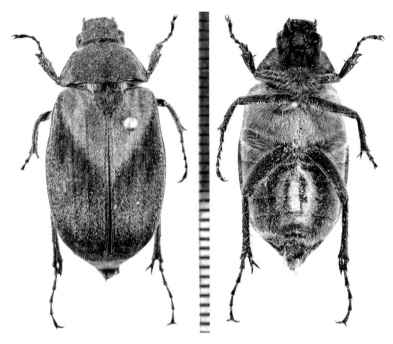

成虫（背、腹面），开发区大庙，张瑞芳　2015.Ⅵ.26

（155）小黄鳃金龟*Metabolus flavescens* Brenske

成虫体长11～13.6mm，宽5.3～7.4mm。全体黄褐色，被匀密短毛。头部黑褐色，唇基前缘平直向上翻卷，额唇基缝不下陷，额头顶略见横隆，复眼黑色。触角9节，棒状部3节，较短小。前胸背板有粗大刻点，前缘边框有成排粗大具长毛刻点。小盾片短阔三角形。鞘翅密被均匀圆形刻点和短毛，仅纵肋Ⅰ明显可见，侧缘近平行。胸下密被柔长绒毛，臀板圆三角形，边缘具明显隆脊。前足胫节外缘具3齿，内缘距粗长，爪圆弯。

【寄主】成虫取食杨、柳、梨、白蜡、苹果、山楂、海棠、丁香等叶片，幼虫食害树木根部。

【分布】泉山区、开发区、沛县、铜山区、睢宁县。

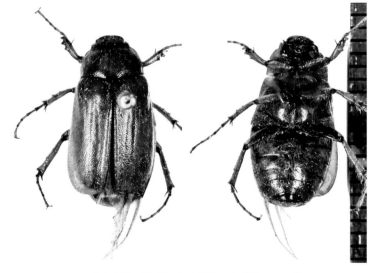

成虫（背、腹面），铜山新区，宋明辉　2015.Ⅵ.19

（156）大云鳃金龟*Polyphylla laticollis* Lewis

别名大云斑鳃金龟。成虫体长35～40mm，宽18～23mm。长椭圆形，棕黑色，有白色短毛组成的云斑。头大，具粗大刻点和皱纹，密生淡褐色和白色鳞片。头盾横长方形，前缘和外缘向上翻转。前胸背板表面有浅而密的不规则刻点，并散布白色鳞片群，形成3条纵线，其宽大于长的2倍，中央及后方隆起，前方下倾，两侧缘弧形。小盾片甚大，半椭圆形，黑色，表面光滑盖有白色鳞片。鞘翅布较密的乳白色云状斑。胸部腹面密生黄褐色长毛，腹部节纹明显，有霜状物覆盖；臀板三角形，密布细刻点及微毛。前胫节外侧雄虫有2齿，雌虫3齿。

【寄主】杨、柳、榆、刺槐等。

【分布】开发区、丰县、沛县、铜山区。

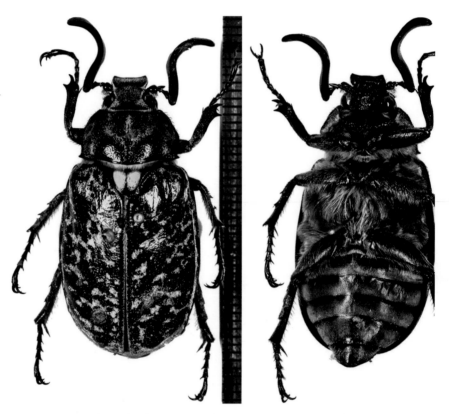

成虫（♂，背、腹面），开发区大庙，宋明辉　2015.Ⅶ.26

08 金龟子科 | **Scarabaeidae**

（157）犀角粪金龟*Catharsius molossus* (Linnaeus)

别名神农洁蜣螂。成虫长约30mm。体短宽卵圆形，十分圆隆，黑色具光泽。头扇面状，密布粗大点刻和鳞状横皱。雄虫头部具犀角状隆起，大而较尖，雌虫较小。前胸背板中央横隆起，隆起线前方急向下倾斜，呈截面，隆起线两端各具1犬齿状突起。小盾片不可见。鞘翅圆隆，布满细小刻点，每翅有7条细纵线。臀板近半圆形微隆，匀布圆形刻点。胸部腹面具浓密的黄褐色毛。足着生稀而粗大的赤褐色毛，前胫节外缘3齿，中、后足胫节后方扩大呈喇叭形。

【寄主】兽粪。

【分布】沛县、睢宁县。

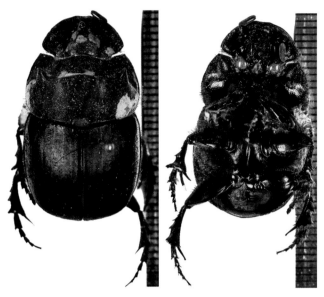

成虫（背、腹面），沛县敬安，朱兴沛　2015.Ⅴ.11

（158）墨侧裸蜣螂*Gymnopleurus mopsus* (Pallas)

成虫体长11～23mm，宽8～14mm。黑色。体上方扁平，下方略弧拱。头宽大，扇面形，前缘明显弧凹，头面布致密细皱纹，前部散布大刻点。前胸背板皱纹粗于头部刻纹，侧缘扩出，前侧角锐而前伸，后侧角甚钝，后缘无边框。小盾片不见。鞘翅较狭长，8条纵沟线可辨，沟线间匀布微小光滑瘤突，侧缘在肩突之后强烈向内弯曲，腹侧裸露，于背部可见。前足腿节琵琶形，前缘下棱端部1/4处有1向外斜指状齿突，胫节狭长，外缘前半3大齿，后半锯齿形。中足胫节有长大端距1枚。后足胫节细长，四棱形，有端距1枚。跗爪部纤细。

【寄主】人畜粪便。

【分布】邳州市。

成虫（背、腹面），邳州八路，孙超&周晓宇　2015.Ⅶ.12

（159）掘嗡蜣螂*Onthophagus fodiens* Waterhouse

成虫体长7～17mm，宽4～10mm。长椭圆形，黑至棕黑色。头长大，唇基长超过头长之半，密布横皱，雄虫侧缘微弯近直，前端向上高翘，额布刻点，头顶密布横皱，额唇基缝呈缓脊，头顶有短弧隆拱脊。前胸背板轮廓心形，雄虫侧前方斜行塌凹，致背面约有"凸"字形或三角形高面，高面密布圆刻点，塌凹处刻点具毛，毛根处隆凸似鳞；雌虫隐约可辨三角形高面，刻点密而近似。小盾片缺如。鞘翅具7条刻点沟，沟线深显，沟间带布具毛刻点。臀板近三角形，散布具毛刻点。前足胫节外缘4大齿，基部数小齿，中、后足胫节端部喇叭形。

【寄主】成、幼虫食粪（腐食性），不危害作物。

【分布】开发区、丰县、铜山区、贾汪区。

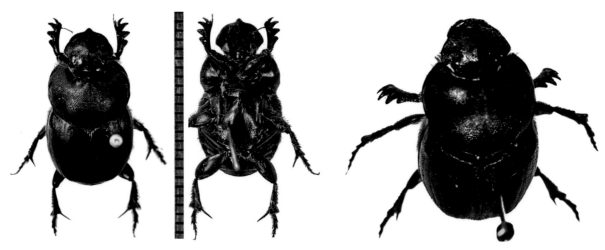

成虫（♂，背、腹面），开发区大庙，宋明辉　2015.Ⅵ.17　　　　成虫（♀），丰县赵庄，刘艳侠　2016.Ⅵ.4

09　犀金龟科 ｜ **Dynastidae**

（160）双叉犀金龟*Allomyrina dichotoma* (Linnaeus)

成虫体红棕、深褐至黑褐色，被柔弱细毛。雄虫体较光亮，雌虫较晦暗，刻点较粗。头较小，唇基前缘侧端齿突形。前胸背板边框完整。小盾片短阔三角形，有明显中纵沟。鞘翅肩凸、端凸发达，纵肋约略可辨。足粗壮，前足胫节外缘3齿。雄虫体长39～56mm（含头角体长62mm），宽22～30.2mm，头正面具大而明显的角突，端部双分叉，前胸背板有1端部分叉的小型角状突起。雌虫体长37～46mm，宽21.6～25.5mm，头部、前胸背板无角突，头中央具椭圆形瘤状突起，上有8个小瘤，中间的较大而尖，前胸背板中央具1椭圆形较浅的"Y"形凹窝。

【寄主】成虫取食桑、榆、杨、板栗、无花果嫩枝、花器，幼虫栖息于朽木、肥料堆及垃圾中。

【分布】邳州市。

成虫（♂），邳州铁富，　　　　成虫（♀），邳州运河，
宋国涛　2015.Ⅵ.4　　　　孙超　2015.Ⅴ.11

（161）中华晓扁犀金龟 *Eophileurus chinensis* (Faldermann)

　　成虫体长18～27mm，宽7.5～12mm。多黑色光亮，狭长椭圆形，背腹扁圆。头面略呈三角形，唇基前缘钝角形，顶端尖而弯翘，上颚大而端尖上弯；雄虫头中央有1竖生圆锥形角突，雌虫则为短锥突。前胸背板密布粗大刻点，雄虫在盘区有略呈五角形凹坑，雌虫则为1宽浅纵凹。每鞘翅有6对平行刻点沟。足粗壮，前胫节外缘3齿，中、后足第1跗节末端外侧延伸成指状突；雄虫前足2内爪特化，扩大成拇指叉形，另4指为并拢的手掌形。

　　【寄主】幼虫栖息于朽木、植物性肥料堆中，不食活植物地下部分。

　　【分布】丰县、沛县、铜山区、睢宁县、邳州市、贾汪区。

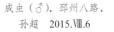

成虫（♂），邳州八路，
孙超　2015.Ⅷ.6

成虫（♀），贾汪青年林场，
张瑞芳　2015.Ⅶ.8

10　叩甲科 ∣ Elateridae

（162）细胸叩头虫 *Agriotes subrittatus* Motschulsky

　　本种异名为 *Agriotes fuscicollis* Miwa。成虫体长8～9mm，宽约2.5mm。细长扁平，被黄色细卧毛。头、胸部黑褐色，鞘翅、触角和足红褐色，光亮。复眼显著。触角细短，向后不伸达前胸后缘，第1节粗长，2、3节等长，从第4节起略呈锯齿状，各节基细端宽，约等长，末节圆锥形。前胸背板长稍大于宽，后角尖锐，顶端多少上翘。鞘翅狭长，长约为前胸背板2倍，末端趋尖，每翅具9行深的刻点沟。

　　【寄主】幼虫危害松柏类、刺槐、青桐、悬铃木、丁香、海棠和多种农作物的根、嫩茎及刚发芽的种子。

　　【分布】开发区、沛县、铜山区、睢宁县。

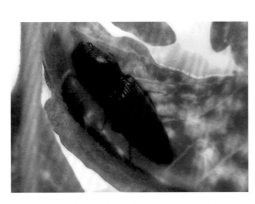

成虫，铜山张集，钱桂芝　2016.Ⅵ.20

成虫，开发区大庙，
张瑞芳　2015.Ⅶ.7

11 锹甲科 | Lucanidae

（163）巨陶锹甲 *Dorcus titanus* (Boisduval)

别名巨锯锹甲，本种异名 *Serrognathus titanus* (Boisduval)。成虫体长30~60mm，宽11~24mm。黑色，头横宽，与前胸背板等宽。头与前胸背板具瘤状小颗粒。鞘翅肩刺小而突出，两侧缘近平行，侧缘中部之后弧形收狭，翅面刻点小而清晰。大型雄虫体表光滑，上颚长大，外侧较直，前端向内弯曲而尖，内侧边缘的中后部有1大齿，其前为锯齿状，唇基中央缺刻较深；小型雄虫上颚较短，内侧仅基部有1大齿，自此至末端间有少数不规则钝齿，唇基中央缺刻浅；雌虫体背较圆隆，头部密布粗大皱纹，前部中间有1对微向上凸的瘤状物，上颚短小，前端尖，内侧边缘有1小齿。

【寄主】榆、核桃。

【分布】全市各地。

成虫（♂，大型个体），沛县沛城，赵亮 2016.VI.28　　成虫（♂，小型个体），新沂踢球山林场，周晓宇 2016.VII.21　　成虫（♀），新沂马陵山林场，周晓宇 2016.VIII.1

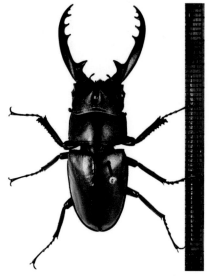

成虫（♂），沛县沛城，朱兴沛 2016.VI.8

（164）褐黄前锹甲 *Prosopocoilus blanchardi* (Parry)

成虫体长20~43mm，宽7~16mm。黄褐至褐红色，扁平，呈流线型。头、前胸背板、小盾片和鞘翅周缘（包括翅缝）多为黑色或暗褐色，上颚端部、前胸背板中央色泽深，在前胸背板两侧近后角处各有1枚灰黑色圆斑。雄虫个体较大，上颚发达，长而逐渐弯曲，基部具1个大齿突，近端部具一系列小齿突，头部近前缘有1对角状突起，易于识别。

【寄主】板栗、麻栎、榆、梨，白天常见于流汁的树上。

【分布】沛县。

12 叶甲科 | Chrysomelidae

（165）女贞瓢跳甲 *Argopistes tsekooni* Chen

别名女贞潜叶跳甲。成虫体长2～2.5mm，宽约1.5mm。圆形，黑色，背面十分拱凸。头小，背部几不可见。触角基部4节棕黄，端部棕黑色，第3节小，明显短于第2、4节。前胸背板侧缘拱弧，渐向前收狭，后缘中部略向后突，盘区表面刻点紧密、深显。鞘翅基部明显较胸部为阔，缘折明显，每鞘翅中部具1尖端向上的杏仁状红斑。各足跗节和膝关节棕黄色，后足腿节黑色，十分膨阔，呈阔三角形，内具1骨化的跳器可跳跃，后足胫节顶端尖锐成刺状。初羽化成虫体翅棕红色，复眼、后足腿节黑色。

【寄主】女贞、小叶女贞、毛紫丁香。

【分布】丰县、铜山区、睢宁县、贾汪区。

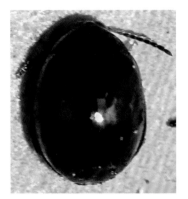

成虫（女贞），丰县华山，
刘艳侠　2015.Ⅳ.24

被害状（小叶女贞），睢宁魏集，郭同斌　2016.Ⅷ.1

被害状（小叶女贞），铜山
新区，钱桂芝　2016.Ⅷ.6

（166）泡桐叶甲 *Basiprionota bisignata* Boheman

成虫体长12～13mm，宽9.5～10mm。椭圆形，橙黄色。触角基部5节淡黄色，端部各节黑色。前胸背板向外延伸，前缘凹陷呈弧形，后缘为波状。鞘翅背面拱凸，中间有2条纵隆起线，两侧向外扩展形成边缘，两翅边缘近端部1/3处各有1个椭圆形大黑斑。

【寄主】泡桐、楸树、梓树。

【分布】邳州市。

成虫，邳州八路，孙超　2015.Ⅶ.4

（167）蒿金叶甲 *Chrysolina aurichalcea* (Mannerheim)

成虫体长6.2～9.5mm，宽4.2～5.5mm。背面通常青铜色或蓝色，有时紫蓝色，腹面蓝色或紫色。头顶刻点较稀，额唇基较密。触角第1、2节端部和腹面棕黄，长约为体长之半，第3节约为第2节长的2倍，略长于第4节，第5节以后各节较短，彼此等长。前胸背板横宽，表面刻点很深密，粗刻点间有极细刻点；侧缘基部近于直形，中部之前趋圆，向前渐狭长；盘区两侧隆起，隆内纵行凹陷，以基部最深，前端较浅。小盾片三角形，有2、3粒刻点。鞘翅刻点较前胸背板的更深更粗，排列一般不规则，有时略呈纵行趋势，粗刻点间有细刻点。

【寄主】蒿属草本植物。

【分布】云龙区、鼓楼区、开发区、丰县、贾汪区。

成虫（背、腹面），开发区徐庄，周晓宇　2016.Ⅵ.2

（168）薄荷金叶甲 *Chrysolina exanthematica* (Wiedemann)

　　成虫体长6.5～11mm，宽4.2～6.2mm。长卵形，背面黑色或蓝黑色，多少具青铜色光泽，腹面深紫罗蓝色。触角基部数节光亮，紫罗蓝色，端部数节黑色。前胸背板接近侧缘明显纵行隆起，其内侧纵向凹陷很深，前角突出，接近圆形，前缘向内凹进很深。鞘翅刻点约与前胸背板的等粗，但更密，每翅具5行无刻点的光亮圆盘状突起。

　　【寄主】薄荷。

　　【分布】沛县、贾汪区。

成虫（背、腹面），贾汪青年林场，宋明辉　2015.Ⅴ.17

（169）棕翅粗角跳甲*Phygasia fulvipennis* (Baly)

成虫体长约5.5mm，宽约2.5mm。头、胸、足、触角全黑，鞘翅和腹部棕黄至棕红色。头顶无刻点，额瘤长形凸显，前端伸入触角之间，两瘤间的短纵沟及后缘的横沟均深显，触角之间隆起呈脊状。触角向后伸达鞘翅基部1/3处，第1节棒状，基细端粗，2节圆球形，3节长约为2节的2倍，4、5、6三节约等长，均短于3节，余节向端渐细，3～10节各节基细端宽。前胸背板基前横凹两端呈凹窝状深陷，盘区前端隆凸无刻点，前、后角相当突出，侧缘中部拱弧。小盾片末端宽圆无刻点。鞘翅刻点粗密深显，雌虫肩后具1条与侧缘平行的纵脊纹，雄虫前、中足第1跗节膨阔。

【寄主】萝藦科、桑、鸡矢藤。

【分布】开发区、丰县、沛县、贾汪区。

成虫（♂），开发区大黄山，
宋明辉　2015.Ⅳ.22

成虫（♀），沛县沛城，
赵亮　2016.Ⅳ.19

（170）柳蓝叶甲*Plagiodera versicolora* (Laicharting)

别名柳圆叶甲。成虫体长4～4.5mm，宽2.8～3.1mm。卵圆形，深蓝色，具金属光泽，有时带绿光。头部横阔，触角第2、4节均短于第3节，其余各节向端部逐渐加粗。前胸背板横阔，宽约为长的3倍，前缘呈弧形凹入。小盾片黑色。鞘翅肩后外侧有1纵凹，翅面刻点粗密而深显，略呈行列。体腹面及足色较深，也有金属光泽。

【寄主】垂柳、旱柳、杞柳、杨、桑、夹竹桃等。

【分布】全市各地。

成虫，沛县沛城，
赵亮　2015.Ⅷ.18

交配（♀♂），沛县沛城，赵亮　2015.Ⅷ.14

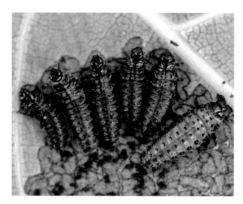

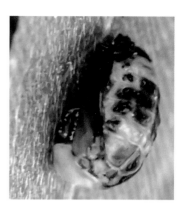

卵（柳），沛县沛城，赵亮　2015.Ⅷ.19　　　幼虫（杨），丰县大沙河，刘艳侠　2015.Ⅵ.17　　　蛹，沛县沛城，赵亮　2015.Ⅷ.18

13　肖叶甲科｜Eumolpidae

（171）皱背叶甲 *Abiromorphus anceyi* Pic

成虫体长6～8mm，宽2.2～3.9mm。略呈长方形，背面金属绿色（少数个体蓝色），常具紫铜色光泽；腹面铜紫或铜绿色，触角、上唇和足棕黄色。体被银灰色卧毛，头和腹面毛密被，前胸背板和鞘翅毛稀疏。头部刻点大而深，刻点间距隆起呈纵皱纹状。触角丝状，长稍超过鞘翅肩部，第1节膨大，末端5节稍粗。前胸背板横宽，略呈四方形。小盾片宽短，表面光亮，末端圆钝。鞘翅两侧平行，基部宽于前胸，盘区全面密布横皱褶，刻点较大而深，基部刻点较端部明显。腿节粗大，无齿，爪简单。

【寄主】杨、柳、枣、桃、梨、水杉。

【分布】鼓楼区、泉山区、开发区、丰县、沛县、铜山区、睢宁县。

成虫，铜山房村，钱桂芝　2016.Ⅶ.1　　　　成虫，丰县凤城，刘艳侠　2015.Ⅶ.7　　　　成虫，丰县凤城，刘艳侠　2015.Ⅶ.3

（172）中华萝藦叶甲 *Chrysochus chinensis* Baly

成虫体长7.2～13.5mm，宽4.2～7mm。粗壮，长卵形，金属蓝或蓝绿、蓝紫色。触角黑色，末端5节乌暗无光泽，第1～4节常为深褐色，第1节背面具金属光泽。复眼内侧具1条浅狭沟。前胸背板长大于宽，基端两处较狭；盘区中部高隆，两侧低下，如球面。小盾片心形或三角形。鞘翅基部稍宽于前胸，肩胛和基部均隆起，二者之间有1纵凹，基部之后1/4处有1横凹；盘区刻点大小不一，一般在横凹处和肩胛的下面刻点较大，排列成略规则的纵行或不规则列。爪呈双齿形，1大1小。

【寄主】成虫多取食萝藦科植物，也取食茄、芋、甘薯等植物。

【分布】全市各地。

成虫，开发区徐庄，
周晓宇　2016.Ⅵ.2

交配（♀♂），丰县华山，刘艳侠　2015.Ⅵ.23

（173）甘薯肖叶甲 *Colasposoma dauricum* Mannerheim

成虫体长5～7mm，宽3～4mm。体色多变，多为蓝色或紫铜色。头部向下，大部嵌在前胸内，额唇基中央具1瘤突。触角细长，端部5节略粗，第2～6节常黄褐色。复眼明显突出。前胸背板稍窄于鞘翅，宽约为长的2倍，侧缘弧形，前角尖锐，表面隆凸，密布粗深刻点。鞘翅隆凸，肩胛突出，光亮，其下微凹，翅面刻点粗密混乱。

【寄主】除危害甘薯、小麦外，还危害苗圃的杨、柳幼苗。

【分布】云龙区、开发区、丰县、铜山区。

成虫（蓝色），云龙潘塘，
周晓宇　2016.Ⅴ.19

成虫（紫铜色），丰县大沙河，
刘艳侠　2016.Ⅵ.11

（174）绿蓝隐头叶甲 *Cryptocephalus regalis cyanescens* Weise

成虫体长4.7～6mm，宽2.8～3.5mm。体背完全金属绿色，有时蓝色、蓝紫色或铜色。头具很密的细刻点，额唇基部刻点较大较疏。触角丝状，黑褐色，第1节膨大，背面常具金属光泽，第2节球形，短小，自第6节起稍粗，各节略等长；雄虫触角达体长之半，雌虫稍短于体长之半。前胸背板具金属光泽，横宽，两侧弧圆，盘区刻点小而密。小盾片基宽端窄，末端平切，表面具刻点。鞘翅无斑，盘区具明显的横皱纹，刻点紧密，杂乱排列。

【寄主】未知。

【分布】云龙区、开发区、沛县、铜山区、新沂市、贾汪区。

成虫，铜山伊庄，宋明辉　2015.Ⅵ.3

成虫，沛县沛城，赵亮　2016.Ⅴ.17

交配（♀♂），沛县沛城，
赵亮　2016.Ⅵ.2

（175）杨梢叶甲*Parnops glasunowi* Jacobson

成虫（杨），睢宁，姚遥　2015.Ⅵ.3

成虫（柳），丰县凤城，刘艳侠
2015.Ⅵ.5

成虫体长5.2～7.3mm，宽2～3.4mm。长椭圆形，底色黑或黑褐色，背、腹面密被灰白色平卧的鳞片状毛。额、唇基、上唇和足淡棕红或淡棕黄色。头宽，基部嵌于前胸内。触角丝状，等于或稍超过体长之半，第1节粗大，长椭圆形，2节短于3节而稍粗，4节稍长于3节而短于其后各节。前胸背板矩形，宽大于长，前缘稍弧弯，侧边平直，前角圆形稍向前突出，后角成直角。小盾片舌形。鞘翅基部稍隆起，略宽于前胸背板，肩胛不明显隆起，两侧平行，端部狭圆。足粗壮，中、后足胫节端部外侧稍凹切，跗节第1～3节宽，略呈三角形，爪纵裂。

【寄主】杨、柳、梨。

【分布】鼓楼区、丰县、沛县、铜山区、睢宁县。

（176）黑额光叶甲*Smaragdina nigrifrons* (Hope)

　　成虫体长6.5～7mm，宽约3mm。长方至长卵形，头部漆黑色，在两复眼间横向下凹。触角细短，除基部4节黄褐色外，余黑至暗褐色。复眼内沿具稀疏短竖毛。前胸背板红褐或黄褐色，隆凸，光亮无刻点，有的具黑斑。小盾片、鞘翅黄褐至红褐色，鞘翅上具2条蓝黑色宽横带，1条在基部，另1条在中部以后；中后方的黑横带沿翅缘和外侧向后延伸包围顶端，使鞘翅端部形似黄褐色斑。雄虫腹面多为红褐色，前足胫、跗节明显较雌虫粗壮；雌虫除前胸腹板、中足基节间黄褐色外，大部分黑色至暗褐色。足基节、转节黄褐色，余为黑色。

　　【寄主】柳、栗、玉米、南紫薇、算盘子等。

　　【分布】云龙区、开发区、丰县、沛县、铜山区、新沂市、贾汪区。

<table>
<tr><td>成虫（♂），丰县华山，刘艳侠
2015.Ⅶ.15</td><td>交配（♀♂），沛县朱寨，赵亮　2015.Ⅶ.17</td></tr>
</table>

14 负泥虫科 | **Crioceridae**

（177）蓝负泥虫*Lema concinnipennis* Baly

　　成虫体长4.3～6.5mm，宽2～3mm。长形，背面金属蓝色，腹面和足黑蓝色，最后3个腹节常为黄褐色。头顶隆起显著，被刻点，中央有深纵沟。触角较粗，长过体长之半。前胸背板宽略大于长，两侧在中部明显收狭，后横凹之后有1浅的基横沟；盘区被粗大刻点，有时密集，侧凹面有密皱纹。小盾片舌形，有时末端稍平直，被细刻点和毛。鞘翅两侧近于平行，基部凸，其后有横凹，刻点细，排列整齐，行距平坦。体腹面和足被金色短毛。

　　【寄主】鸭跖草、菊属、蓟。

　　【分布】泉山区、新沂市。

<table>
<tr><td>成虫，新沂马陵山林场，周晓宇　2017.Ⅴ.25</td><td>成虫，泉山云龙湖，周晓宇　2016.Ⅵ.24</td></tr>
</table>

成虫，开发区徐庄，周晓宇　2016.Ⅵ.2

（178）枸杞负泥虫*Lema decempunctata* Gebler

　　别名十点叶甲，本种异名*Microlema decempunctata* Gebler。成虫体长4.5～5.8mm，宽2.2～2.8mm。头、前胸背板、体腹面、小盾片及触角黑色，稍具蓝色光泽。头、前胸背板具粗密刻点，前胸背板近于方形，基部前的中央具1椭圆形深凹窝。小盾片舌形，末端稍平直。鞘翅黄褐色，刻点粗大，翅面具10个近圆形黑斑点，故称"十点叶甲"；黑斑点大小和数量均有变异，常常无斑点。足黄褐至红褐色，基节、腿节端部和胫节基部黑色，胫节端部和跗节一般黑色，有时足全部黑色。

　　【寄主】枸杞。

　　【分布】开发区、丰县。

（179）褐负泥虫*Lema rufotestacea* Clark

　　成虫体长4.7～6.3mm，宽2～2.7mm。长形，黄褐或红褐色。额唇基有较长毛。头顶无刻点，微隆起，具极稀疏短毛，中央有短浅纵沟。触角细长，超过体长之半，第3、4两节等长，自第5节起较长，而每节长度向端部递减。前胸背板宽微大于长，前角稍圆，两侧中部收缩深；侧凹后横沟较深而宽，有时横沟上有细刻点，基横沟很细；盘区一般无刻点，有时有少量细小刻点。小盾片较小，近于方形。鞘翅肩胛隆起很高，肩沟深；翅基部隆起，基后凹深而较短，位于第2～4刻点行间；基部刻点大而较疏，翅端行距隆起。

　　【寄主】漆树、罗汉果。

　　【分布】铜山区。

成虫，铜山邓楼果园，周晓宇　2016.Ⅵ.1

（180）异负泥虫*Lilioceris impressa* (Fabricius)

　　成虫体长7.5～11.8mm，宽3.5～5mm。体型及色泽变异较大。鞘翅棕黄至褐红色，头、前胸背板及小盾片黑色。体背无毛。头部具刻点，毛灰色；头于眼后收狭，"X"形沟及眼后沟极深，头顶中纵沟后部常消失。触角粗短，伸达鞘翅肩胛，第1～4节念珠状，5～10节近于方形且较宽扁，8～10节宽大于长，内端角稍伸出。后胸前侧片中部光洁，两侧缘的沟中有毛，腹板外侧光洁。腹部各节有毛，两侧具1小块无毛区。前胸背板筒形，长略大于宽，两侧中部收狭，背面微拱，仅基部平坦，刻点稀少，多位于前缘两侧，前半部中央有1纵行刻点。小盾片舌形，仅在基部两侧有毛。鞘翅基部1/4隆，有10行刻点，基部刻点大于中、后部，行距平坦，端部微隆。

　　【寄主】薯蓣属、橡树。

成虫，丰县凤城，刘艳侠　2015.Ⅵ.9

　　【分布】开发区、丰县、铜山区、邳州市、贾汪区。

15 象甲科 ｜ **Curculionidae**

（181）桑象甲*Baris deplanata* Roeloffs

别名桑象。成虫体长4～5mm，宽1.8～2mm。长椭圆形，漆黑色有光泽。头小，后头隐于前胸内。喙向下弯曲，背面密布小刻点，下方平坦，左右两侧各有斜行触角沟。触角膝状，着生于喙两侧近中部处。复眼黑色，椭圆形，位于喙基部两侧。前胸近锥形，密布小刻点。鞘翅上有10条纵沟，沟间有1列细刻点。前、后足较中足大，基节、腿节黑色有刻点，胫节赤褐色，末端具1暗褐色距，跗节5节，红色，第1～3节下方密生白色细毛。

【寄主】桑树。

【分布】铜山区、睢宁县。

成虫，铜山棠张，钱桂芝　2016.Ⅳ.8　　　　　　　　　　成虫，睢宁桃园，姚遥　2015.Ⅳ.24

（182）棉小卵象*Calomycterus obconicus* Chao

成虫（背面），丰县华山，刘艳侠　2015.Ⅵ.9　　　　　　成虫（腹面），铜山新区，钱桂芝　2015.Ⅸ.1

别名小卵象。成虫体长3.3~3.9mm，宽1.6~2.0mm。体壁红褐色，被覆灰色略发光鳞片，全身散布灰色毛。头宽大于长，喙粗短，背面端部洼，两侧有背侧隆线，中间有中隆线。触角膝状，柄节直，为全长1/2，索节1、2节长度约相等，长于索节3~7节，棒节长卵形，端部尖。眼不突出。前胸宽大于长，表面粗糙布满刻点，两侧鳞片在刻点周围形成刻点孔，背面中间纵贯短隆线。小盾片鳞片白色，后缘钝圆。鞘翅卵形，肩部缩圆，基部截形，行间细，刻点密，翅上有1层土灰色颗粒状覆盖物，并有不规则的深灰色斑块，左右各有10列刻点纵线。腿节端部1/3有齿，胫节端部内缘有刺。

【寄主】桑、刺槐、棉花、大豆、油菜等。

【分布】云龙区、鼓楼区、丰县、沛县、铜山区、睢宁县、贾汪区。

（183）隆脊绿象*Chlorophanus lineolus* Motschulsky

　　成虫体长11.4~13.0mm，宽4.1~4.8mm。体大型，黑色，被覆均一淡绿色发闪光的鳞片，有时前胸和鞘翅两侧硫黄色，鳞片间散布鳞片状短毛，腿节后半部、胫节、跗节红色，发金光。喙的中隆线、前胸的中沟和横皱纹、鞘翅的行间行纹都很明显。喙长大于宽，两侧平行，中隆线延长至额，特别突出，边隆线较钝，延长至眼。触角沟达眼，索节1短于2，其他节均长大于宽。眼小而颇凸隆。前胸宽大于长，基部最宽，后缘二凹较深宽。小盾片三角形，淡绿色。鞘翅末端尖锐，奇数行间色淡，宽且隆起，行纹刻点很深，从始到终都明显。

【寄主】杨、苹果。

【分布】丰县、沛县。

成虫，丰县孙楼，刘艳侠　2015.Ⅵ.9　　　　成虫，沛县鹿楼，赵亮　2016.Ⅵ.28

（184）核桃横沟象*Dyscerus juglans* Chao

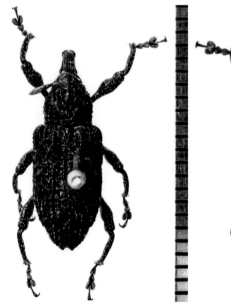

成虫（背、腹面），云龙潘塘，宋明辉　2015.Ⅴ.27　　　　成虫（侧面），铜山邓楼果园，周晓宇　2016.Ⅵ.1

别名核桃根颈象。成虫体长12～16.5mm（不计喙），宽5～7mm。黑色不发光，被白色或黄色毛状鳞片。喙粗长，密布刻点，长于前胸，两侧各有1条触角沟。触角11节，膝状，柄节长，常藏于触角沟内，第1、2索节长圆柱形，前者长于后者，第3～7索节圆球形，端部3节膨大呈纺锤形；雌虫触角着生于喙前端1/4处，雄虫着生于1/6处。前胸背板宽大于长，中间有纵脊，密布刻点。小盾片方形，较光滑。鞘翅上各有10条点刻沟，形成11条沟间纵隆线，在端部闭合；第7、8、9沟间基部较宽而特别隆起，第6、7、8、10沟间基部2/5处，第2、4、5、6、7、8沟间端部2/5处，第4、8沟间端部1/5处，各有暗红色绒毛斑。腹面中足基节窝之间有1簇橙色绒毛。中、后足基节窝后缘各有1条弧形横沟，腿节端部膨大，内缘各有1个小齿，胫节顶端有1钩状齿。

【寄主】危害核桃根颈。

【分布】云龙区、铜山区。

（185）臭椿沟眶象*Eucryptorrhynchus brandti* (Harold)

成虫体长9～11.5mm，宽3.5～4.6mm。长卵形，凸隆，体壁黑色较发光。额比喙基部窄得多。喙的中隆线两侧无明显的沟。头部具刻点。前胸背板及鞘翅上密被粗大刻点。前胸前窄后宽。鞘翅坚厚，左右紧密结合。前胸几乎全部、鞘翅肩及端部1/4～1/3处密被雪白鳞片，仅掺杂少数赭色鳞片，鳞片叶状，其余部分散生白色小点。

【寄主】臭椿。

【分布】云龙区、丰县、沛县、铜山区、新沂市。

成虫，铜山伊庄， 宋明辉　2016.Ⅶ.5	成虫，新沂马陵山林场， 周晓宇　2016.Ⅵ.7	交配（♀♂），沛县沛城， 赵亮　2016.Ⅳ.20

（186）沟眶象*Eucryptorrhynchus chinensis* (Olivier)

成虫体长15～18.5mm，宽7.5～10mm。长卵形，凸隆，体壁黑色，略具光泽。触角暗褐色。额略窄于喙基部之宽。喙的中隆线两侧各有2个明显的沟。前胸、鞘翅基部的大部分及端部的1/3全部被覆乳白色和赭色鳞片，鳞片细长。鞘翅上的刻点粗大，行纹宽。各足腿节内侧具1齿。

【寄主】臭椿。

【分布】丰县、沛县、铜山区。

成虫，铜山伊庄，宋明辉　2015.X.12

交配（♀♂），铜山伊庄，周晓宇　2016.VI.1

（187）长角小眼象 *Eumyllocerus filicornis* (Reitter)

　　成虫体长5.0～6.2mm。体壁黑色，密被金绿色鳞片，散布倒伏短毛。头等宽于前胸，喙端与额等宽，前端凹缘深，散生斜纤毛。触角沟短，坑状，靠近喙前角外侧；触角特细长，索节各节较长。眼小突出，位于头两侧。后颊长，平行。前胸背板宽大于长，但比鞘翅窄得多；前缘直，两侧中间略凸，背面密布小而光的刻点。小盾片长三角形，覆鳞片。鞘翅中间后最宽，密被绿色鳞片；行纹明显，行距扁，鳞片间散布细短灰白色毛。足细，被稀鳞毛，腿节有小尖齿，胫节直，跗节相当长。

　　【寄主】未知。

　　【分布】铜山区。

成虫（背、腹面），铜山汉王，宋明辉　2015.VII.3

（188）松瘤象 *Hyposipalus gigas* (Fabricius)

　　本种异名为 *Hyposipalus gigas* Linnaeus、*Sipalinus gigas* (Fabricius)。成虫体长15～27mm（不计喙），宽5～11.5mm。体壁坚硬，黑色，密被灰褐色粉鳞。头部呈小半球状，散布稀疏刻点。喙较长，向下弯曲，基部1/3较粗，灰褐色，粗糙无光泽，端部2/3平滑，黑色并具光泽。触角沟位于喙的腹面，触角着生于喙基部1/3处。前胸背板长大于宽，具粗大的瘤状突起，中央有1光滑纵条。小盾片极小。鞘翅基部比前胸背板宽，每翅具10条刻点列，刻间具稀疏、交互着生的小瘤突。各足胫节末端有1个锐钩。

　　【寄主】栗、榆、柏、板栗。

　　【分布】邳州市。

成虫，邳州运河，孙超　2015.VIII.4

（189）波纹斜纹象*Lepyrus japonicus* Roelofs

　　别名杨黄星象。成虫体长8.5～13mm，宽3.5～4.9mm。黑褐色，密被土褐色细鳞片，其间散布白色鳞片。喙略弯，密被鳞片，中隆线细；触角沟直，因喙弯而达眼下。触角柄节直，端部粗，第3～7索节宽均大于长，棒节卵形，黑褐色。眼扁。前胸背板宽略大于长，向前缩窄，两侧具延续到肩的黄白色窄斜纹，背面散布皱刻点，中隆线前端明显，后端消失。鞘翅肩较突，翅瘤较发达，两侧平行，末端各呈1钝尖；翅面凸凹不平，具明显行纹和成行白色鳞片，中部具1明显被覆白色鳞片的波状带，肩部有白色短纵带。足短粗，腿节内侧具1小而尖的齿。

　　【寄主】杨、柳。

　　【分布】开发区、丰县、沛县、铜山区、睢宁县、新沂市。

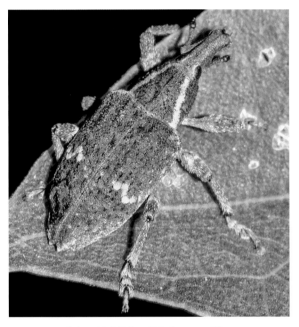 

成虫，新沂棋盘，周晓宇　2017.VIII.15　　　　　　成虫，睢宁岚山，周晓宇　2016.VII.12

（190）黑龙江筒喙象*Lixus amurensis* Faust

　　成虫体长约9.5mm，宽约2.5mm。细长，黑色，被覆灰毛，初羽化个体被鲜艳的砖红色粉末。触角暗褐色。喙略弯，长为前胸的3/4，而粗于前足腿节，被覆灰毛，散布大刻点。触角细长，索节2长于1，3节以后宽略大于长。前胸宽大于长，基部最宽，向前逐渐缩窄，呈圆锥形，后缘二凹形，前缘截断形，表面散布极密的小刻点，其间弥漫大小不等的刻点，两侧各有1灰色毛纹，并散布发光颗粒，小盾片前有1长窝。小盾片不明显。鞘翅隆起，两侧近于平行，基部行纹较大，两侧和后端行纹略较深；翅端开裂，具1长而尖的锐突。足很长。

　　【寄主】大豆、油菜、草莓、菜豆、豇豆。

　　【分布】丰县。

成虫，丰县赵庄，赵文娟&刘艳侠　2015.V.26

（191）大灰象*Sympiezomias velatus* (Chevrolat)

成虫体长7.3～12.1mm，宽3.2～5.2mm。粗壮，椭圆形，淡褐色，密被灰白色或黄褐色鳞片。前胸背板中央黑褐色，两侧及鞘翅上的斑纹褐色。眼大，喙粗短，表面具3条纵沟，中央1沟黑色，先端三角形凹入。触角柄节较长，末端3节膨大，静止时置于触角沟内。前胸宽大于长，两侧略凸，背板前缘截断形，后缘二凹形，中央具1条细纵沟，两侧有皱纹。小盾片不发达。鞘翅卵圆形，末端尖锐，鞘翅上各具1个近环状褐色斑纹和10条刻点列，刻点完全明显，行间较凸。后翅退化。腿节膨大，鳞片一般大而扁，前胫节内缘具1列齿状突起。

【寄主】杨、榆、桑、梨、李、杏、核桃、板栗、刺槐、构树、苹果、樱桃、紫穗槐、棉花、大豆、甜菜等。

【分布】云龙区、沛县、铜山区、睢宁县、新沂市、贾汪区。

成虫，沛县沛城，赵亮　2016.Ⅵ.24　　　　交配（♀♂），贾汪青年林场，周晓宇　2016.Ⅴ.17

16　三锥象科｜**Brentidae**

（192）紫薇梨象*Pseudorobitis gibbus* Redtenbacher

成虫（右图示触角和喙），新沂马陵山林场，　　　成虫（示前腿节4齿），丰县赵庄，
周晓宇　2017.Ⅶ.20　　　　　　　　　　　刘艳侠　2015.Ⅷ.25

　　成虫体长1.9~2.9mm。凸圆，背面纵向呈弧形隆起。体壁黑色，被褐色细毛和白色倒伏粗刚毛，后者在前胸背板及鞘翅基部为多。头圆锥形，眼大。触角10节，柄节细长，索节第3节小或与第4节愈合，索节和棒节黑褐色，具硬毛。喙棕黑色，从基部向端部逐渐略弯曲，具5条纵隆脊。前胸背板圆锥形，刻点密集且浅。小盾片缺失。足黑色，腿节粗大，前足腿节端内侧具4枚齿，远端的1枚强大，而其余3枚大小相近，中、后足仅3枚齿。

【寄主】紫薇。

【分布】云龙区、鼓楼区、丰县、铜山区、新沂市。

17　卷象科 | **Attelabidae**

（193）榆锐卷叶象甲*Tomapoderus ruficollis* Fabricius

　　别名榆卷象、榆卷叶象。成虫体长5.6~7.6mm。体黄色至橘黄色，鞘翅深蓝绿色，具金属光泽，触角除基节外褐色。雌虫额中部两眼内侧上方具1略呈圆形的黑斑（雄虫无此黑斑）。头部圆，喙短。触角约与头等长，端部略膨大，着生于复眼内侧下方。复眼黑色。头与胸部连接处细如颈状。前胸背板半球状，中沟两侧具半月形深刻痕，后半部与鞘翅相连处有1横沟。鞘翅宽于前胸，肩部隆起，端部圆，几乎完全包住腹部，翅面略凹凸不平，具成列的细刻点。

【寄主】榆、朴树。

【分布】泉山区。

成虫（♂），泉山森林公园，周晓宇　2016.V.20

18　拟步甲科 | **Tenebrionidae**

（194）黑胸伪叶甲*Lagria nigricollis* Hope

成虫（左：♂，右：♀），铜山伊庄，宋明辉　2015.VIII.18

成虫体长6～8.8mm。黑色或黑褐色，鞘翅褐色，具较强光泽，密被长的黄绒毛，头及前胸的毛更长。头、前胸背板有点刻。雄虫复眼大，眼间距为复眼横径的1.5倍，触角丝状，端节略弯曲，约等于或稍长于前5节之和；雌虫复眼小，眼间距为复眼横径的3倍，触角末节等于或稍短于前3节之和。鞘翅密被刻点，具微弱横皱。

【寄主】杨、柳、榆、桑、月季、芝麻、油菜、玉米、小麦等。

【分布】铜山区。

（195）网目土甲 *Gonocephalum reticulatum* Motschulsky

别名网目沙潜。成虫体长4.5～8mm。锈褐色至黑褐色。唇基前缘宽内凹。前胸背板前缘浅凹，前角宽锐角形，后角直角形，前缘约1/3中央两侧具1对黑色瘤突。鞘翅两侧平行，表面具细刻点，行间具2列不规则黄毛列。

【寄主】苹果、梨、小麦、苜蓿、甜菜、玉米、向日葵等。

【分布】铜山区。

成虫（右图示唇基前缘宽内凹及鞘翅行间不规则黄毛列），铜山邓楼果园，周晓宇　2016.Ⅳ.25

19 露尾甲科 | **Nitidulidae**

（196）毛跗露尾甲 *Lasiodactylus* sp.

成虫体长约7mm。椭圆形，十分扁平，棕褐色。头部小，复眼突出。触角短，端部球棒状。前胸背板侧边较宽。鞘翅完全覆盖腹部，翅面具黄色斑纹及纵向排列的斑点。跗节5-5-5，第4节很小。

【寄主】桃果实。

【分布】邳州市。

成虫，邳州炮车，宋明辉　2015.Ⅷ.26

（197）四斑露尾甲 *Librodor japonicus* (Motschulsky)

成虫体长8~14mm，宽3.8~6.9mm。长椭圆形，较扁平，黑色具光泽，下颚须、下唇须、触角与跗节赤褐色。头大型，横宽，饰有稍密而明显的大刻点。上颚发达，布刻点，末端分叉；雄虫上颚大型，基部有大的凹陷。触角第1节延长，端部3节膨大形成端锤。前胸背板横长，外缘上翻，中部刻点小而稀疏，两侧的大而密集。每鞘翅各具2个黄色至红色的锯齿状斑纹，鞘翅具细刻点列，端部圆弧，露出2节腹背板。

【寄主】柳、月季、栀子花、广玉兰、白玉兰、萱草、锦葵、扶桑等，还喜食腐败植物、花粉及花蜜。

【分布】丰县、沛县、铜山区、睢宁县、邳州市。

成虫，丰县凤城，刘艳侠 2016.Ⅵ.10

成虫，铜山邓楼果园，周晓宇 2016.Ⅳ.7

20 埋葬甲科 | **Silphidae**

（198）日本负葬甲 *Nicrophorus japonicus* Harold

成虫体长约23mm。长形，黑色。复眼突出。触角10节，锤状。前胸背板宽大，盾形，具十字形凹痕，横向凹痕偏前。小盾片大。鞘翅长方形，末端平截，露出腹节背板，翅面的前、后部各具1波浪状橙色斑纹。

【寄主】动物尸体。

【分布】开发区、贾汪区。

成虫，开发区大庙，宋明辉 2015.Ⅵ.26

（199）双斑葬甲 *Ptomascopus plagiatus* (Ménétriès)

成虫体长约14mm。黑色。触角黑褐色，球杆状。前胸背板盾形，无纵横的沟。鞘翅长方形，末端平截，露出腹部背板3节；翅中部靠前具方形大橙色斑，斑到达翅缘但不在翅缝处相连，在侧缘处向前延伸，到达肩部。腹部背板及鞘翅末端具白色绒毛。

【寄主】鱼蚌类尸体。

【分布】沛县。

成虫，沛县湖西农场，赵亮　2016.Ⅵ.14

21 瓢虫科 ∣ **Coccinellidae**

（200）茄二十八星瓢虫*Henosepilachna vigintiocto-punctata* (Fabricius)

成虫体长5.2～7.4mm，宽4.6～6.2mm。体背黄褐色，周缘近圆形或卵形，背面拱起，被绒毛。前胸背板上有7个黑色斑点，有时愈合或消失，中间2个常连成1横斑。大多数情况下每个鞘翅各有14个黑斑，基部3个，其后方4个黑斑几乎在1条直线上，2翅合缝处黑斑不相连；斑点近圆形，大小及数目常有变化。小盾片及腹面黄褐色。足黄褐色。后基线近于完整，其后缘达腹板的5/6处，末端呈弧形上弯。

【寄主】枸杞、龙葵、茄子、番茄、瓜类等。

【分布】全市各地。

成虫，新沂唐店，周晓宇　2017.Ⅵ.29

（201）菱斑食植瓢虫*Epilachna insignis* Gorham

成虫，丰县王沟，刘艳侠　2015.Ⅴ.18

成虫体长9.5～11mm，宽8～9.5mm。体近于心形，背面明显拱起，被白色绒毛。体背砖红色，前胸背板具1椭圆形黑色横斑。每鞘翅上具7个黑斑，斑点排列如下：1、5两斑与鞘缝相连而与另一鞘翅上相对应的斑点构成缝斑，其中1斑远在小盾片末端之后，略成三角形，5斑位于鞘逢的2/3处，略成五角形，a斑与鞘翅的基缘相连，2斑独立，3斑位于中线上，4斑与鞘翅的外缘相连，6斑独立，距鞘逢及外缘较近而距端角较远。腹面黑色，常有变化。足红褐色。后基线弧形弯曲，后缘伸达腹板3/4处。

【寄主】龙葵、野茄。

【分布】丰县、睢宁县、邳州市。

22 芫菁科 | **Meloidae**

（202）红头豆芫菁*Epicauta ruficeps* Illiger

成虫体长9.5～22mm，宽3.5～6.5mm。体完全黑色，被黑毛，前足腿节背面被少量灰白毛，头红色。头部刻点细小，适当密，在触角基部有1对光滑的"瘤"，与头同色；雄虫的瘤较大而明显，雌虫的瘤小而不显。触角细长，雄虫触角超过体长之半，除末端2、3节外，各节的1侧具黑色长毛；雌虫触角约达体长之半，无长毛。前胸长宽近于相等，前端1/3向前束狭；盘区密布细小刻点，中间有1条细纵凹纹，接近后缘的中部有1个三角形凹洼。雄前足胫节端部具1个细长端刺，外侧密布黑色长毛；雌胫节端部具1对细长端刺，外侧无长毛。

【寄主】泡桐、瓜类、豆类。

【分布】邳州市。

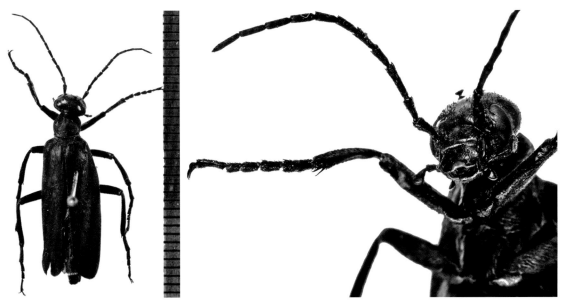

成虫（♀，背、腹面，右图示触角及其基瘤及前胫节等特征），邳州八路，孙超 2015.Ⅷ.23

三、鳞翅目Lepidoptera

01 蓑蛾科 | Psychidae

（203）白囊蓑蛾*Chalioides kondonis* Matsumura

别名茶袋蛾、白袋蛾。雄成虫体长8～11mm，翅展18～20mm。淡褐色，末端黑色，体表及后翅基部密布白色长毛，前、后翅透明。雌成虫体长约9mm，蛆状，无翅无足，黄白色。袋囊细长，长25～50mm，纺锤形或长圆锥形，端部尖细。灰白色，外表光滑，全部由丝织成，质地致密，不附有枝叶和碎屑。

【寄主】榆、杨、柳、柏、枣、梨、杏、桃、国槐、刺槐、合欢、黄檀、泡桐、枫杨、苹果、石榴、花椒、乌桕、栾树、重阳木、悬铃木、三角枫、落羽杉、紫穗槐等。

【分布】丰县、沛县、铜山区、新沂市。

袋囊（花椒），沛县朱寨，赵亮　2015.Ⅶ.17

袋囊（栾树），新沂踢球山林场，
周晓宇　2017.Ⅶ.12

（204）小蓑蛾*Clania minuscula* Butler

别名小袋蛾、小窠蓑蛾、茶袋蛾、茶蓑蛾、茶窠蓑蛾。雄成虫体长10～15mm，翅展23～26mm。体翅暗褐色，沿翅脉两侧色较深，前翅M_2脉与Cu_1脉间有2个长方形透明斑。体密被鳞毛，胸部有2条白色纵纹。雌成虫无翅，蛆状，黄白色，体长13～17mm。袋囊长25～30mm，圆锥形，枯褐色，囊外附有较多小枝梗，平行排列。

【寄主】杨、柳、榆、朴、梨、桃、杏、李、枣、柿、刺槐、侧柏、黄檀、银杏、乌桕、枫杨、麻栎、紫荆、桂花、玫瑰、月季、苹果、樱桃、石榴、核桃、板栗、悬铃木、落羽杉、重阳木及棉、芦苇等31科72种植物。

【分布】沛县、铜山区、睢宁县、新沂市。

成虫（♂），沛县安国，朱兴沛　2015.Ⅹ.30　　　　袋囊（乌桕），新沂踢球山，
　　　　　　　　　　　　　　　　　　　　　　　　　周晓宇　2017.Ⅴ.13

（205）大蓑蛾 *Clania variegata* Snellen

别名大袋蛾。雄成虫体长15～20mm，翅展35～44mm。触角短小，双栉状。胸部有5条纵纹。体翅暗褐色，前翅沿翅脉黑褐色，翅面前、后缘略带黄褐至赭褐色，在R_4脉与R_5脉间的基半部、R_5脉与M_1脉间外缘、M_2脉与M_3脉间有4～5个半透明斑。老熟幼虫袋囊长40～70mm，丝质坚实，囊外附有较大的碎叶片，也有少数排列零散的枝梗。

成虫（♂），沛县魏庙，朱兴沛&周晓宇　2015.Ⅴ.9　　袋囊（桃），铜山三堡，
　　　　　　　　　　　　　　　　　　　　　　　　　钱桂芝　2016.Ⅳ.24

【寄主】杨、柳、榆、桑、梨、桃、泡桐、悬铃木、刺槐、板栗、枇杷、核桃、苹果等多种林木与果树。

【分布】沛县、铜山区。

02　潜蛾科｜Lyonetiidae

（206）杨白潜蛾 *Leucoptera susinella* Herrich-schäffer

成虫体长3～4mm，翅展8～9mm。头部白色，头顶有1束白色毛簇；触角银白褐色，基部有大的"眼罩"；胸部白色，足灰白色。前翅银白色，有光泽，前缘近1/2处有1条伸向后缘的波纹状斜带，带中央黄色，两侧各具褐线1条；后缘角有1近三角形斑纹，其底边及顶角黑色，中间灰色；沿此纹内侧有1似缺环状开口于前缘的黄色带，两侧也各有褐线1条，内侧线在翅的顶角处颜色极深。后翅银白色，披针形，缘毛极长。

【寄主】杨树。

【分布】全市各地。

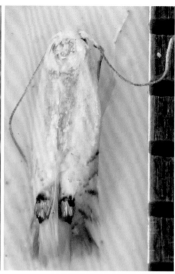

成虫，丰县赵庄，刘艳侠　2016.Ⅳ.14

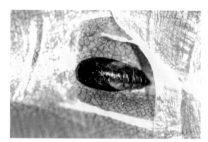

成虫，丰县赵庄，刘艳侠　2016.Ⅳ.14　　　　老熟幼虫（杨），丰县赵庄，　　　　　　蛹，丰县赵庄，刘艳侠　2016.Ⅶ.19
　　　　　　　　　　　　　　　　　　　　　　刘艳侠　2015.Ⅶ.20

03 叶潜蛾科 | **Phyllocnistidae**

（207）杨银叶潜蛾*Phyllocnistis saligna* Zeller

　　成虫体长约3.5mm，翅展6～8mm。全体银白色。前翅中央有2条褐色纵纹，其间呈金黄色。幼虫浅黄色，体表光滑，足退化。头及胸部扁平，体节明显，以中胸及腹部第3节最大，向后渐次缩小。头部窄小，口器向前方突出，褐色。触角3节，其后方各有微小褐色单眼2个。腹部第8、9节侧方各生1个突起，腹部末端分成二叉。幼虫潜入表皮下取食，靠体节的伸缩而移动，蛀食后留有弯曲的虫道。老熟幼虫体长6mm。

　　【寄主】杨树。

　　【分布】全市各地。

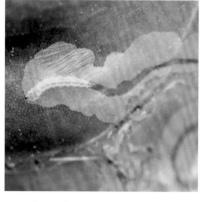

幼虫及其蛀道（杨），丰县宋楼，　　　　　　蛀道（杨），铜山黄集，
刘艳侠　2015.Ⅶ.8　　　　　　　　　　　　钱桂芝　2015.Ⅵ.12

04　绢蛾科 | Scythrididae

（208）四点绢蛾 *Scythris sinensis* (Felder *et* Rogenhofer)

成虫翅展11～17mm。下唇须短，下垂，末端尖。前翅黑褐色，在基部1/3处和翅端各具1黄色圆斑（或前翅无斑纹，呈黑色型）。腹部杏黄色，背面有黑褐色斑纹（雄蛾背面基3节黑褐色，第4节中央稍带黑；雌蛾腹背2节黑色，第2节稍浅）。

【寄主】蒺藜。

【分布】丰县、新沂市。

成虫，新沂邵店，周晓宇　2017.Ⅵ.14

05　透翅蛾科 | Sesiidae

（209）白杨透翅蛾 *Parathrene tabaniformis* Rottenberg

成虫体长11～20mm，翅展22～38mm。头半球形，下唇须基部黑色，密布黄色绒毛，触角棒状。头和胸部之间有橙色鳞片围绕，头顶有1束黄色毛簇。胸部背面有青黑色而具光泽的鳞片覆盖，中、后胸肩板各有2簇橙黄色鳞片。前翅窄长，褐黑色，中室与后缘略透明。后翅全部透明。腹部青黑色，有5条橙黄色环带。雌蛾腹末有黄褐色鳞毛1束，两边各镶有1簇橙黄色鳞毛；雄蛾腹末全为青黑色粗糙的鳞毛覆盖。

【寄主】69杨、毛白杨、垂柳、旱柳。

【分布】鼓楼区、开发区、沛县、铜山区。

成虫（♂），沛县鹿楼，赵亮　2005.Ⅵ.8　　　　　成虫（♀），鼓楼九里，郭同斌
2015.Ⅵ.11

（210）杨干透翅蛾 *Sphecia siningensis* Hsu

成虫体中型，颇似胡峰。前翅狭长，后翅扇形，前、后翅均透明，缘毛深褐色。复眼内侧具有明显白斑。腹部具5条黄褐色相间环带，其中第1、4、5条环带的黄褐色分界明显，边缘整齐；第2～3条环带的黄褐色之间为一古铜色过渡带。雌蛾体长24～28mm，翅展40～49mm，触角棍棒状，端部稍弯向后方，腹部

肥大，末端尖而向下弯曲，产卵器淡黄色，稍伸出；雄蛾体长18～23mm，翅展32～39mm，触角栉齿状，较平直，腹部瘦小，末端具有1束褐色密集的鳞毛丛。

【寄主】杨树。

【分布】云龙区。

成虫（左：♂，右：♀），云龙翠屏山，周晓宇　2015.Ⅶ.16

06　木蠹蛾科 | Cossidae

（211）柳干木蠹蛾*Holcocerus vicarius* Walker

别名榆木蠹蛾、柳木蠹蛾、柳乌蠹蛾。雌蛾体长25～40mm，翅展68～87mm；雄蛾体长23～34mm，翅展52～68mm。体粗壮，灰褐色。触角线形，稍扁。头顶毛丛、领片和肩片暗灰色，中胸背板前缘和后半部毛丛均为鲜明白色，小盾片毛丛灰褐色，其前缘为1条黑色横带。前翅灰褐色，翅面密布许多黑褐色条纹，亚外缘线黑色，明显，外线以内中室至前缘处呈黑褐色大斑（该种明显特征）。后翅色均匀，有不明显的暗褐色横纹。

成虫，丰县凤城，刘艳侠&杨晶　2015.Ⅸ.14

【寄主】榆、杨、柳、刺槐、麻栎、花椒、苹果、山楂、板栗、核桃、银杏等。

【分布】丰县、沛县。

（212）咖啡木蠹蛾*Zeuzera coffeae* Nietner

别名咖啡豹蠹蛾、咖啡黑点蠹蛾。成虫体长11～26mm，翅展30～35mm。体灰白色，具青蓝色斑点。雌蛾触角丝状，雄蛾触角基半部双栉齿状，端半部丝状，黑色，上具白色短绒毛。胸部具白色长绒毛，中胸背板两侧有3对由青蓝色鳞片组成的圆斑。翅灰白色，前翅前缘、外缘及后缘各有1列青蓝色圆斑点，翅的其余部分亦布满青蓝色斑点，但颜色较淡，除中室处斑点较圆外，均为窄形。后翅亚中褶以前布满黑点。

【寄主】刺槐、枫杨、乌桕、黄檀、悬铃木等林木和桃、梨、苹果、樱桃、板栗、石榴、核桃等果树及蓖麻、棉等农作物。

【分布】开发区、丰县、沛县、铜山区。

成虫（♂），开发区大庙，
宋明辉　2016.V.16　　　　成虫（♂），沛县沛城，赵亮　2015.VI.27　　　　被害状（樱桃），铜山汉王，
钱桂芝　2015.VIII.25

07　刺蛾科｜**Limacodidae**

（213）黄刺蛾*Cnidocampa flavescens* (Walker)

本种异名为*Monema flavescens* Walker。成虫体长13～17mm，翅展30～39mm。橙黄色。前翅黄褐色，自顶角有1条细斜线伸向中室，斜线内方为黄色，外方为褐色；在褐色部分有1条深褐色细线自顶角伸至后缘中部，中室部分有1个黄褐色圆点。后翅灰黄色。老熟幼虫体长19～25mm，体粗大。头部黄褐色，隐藏于前胸下。胸部黄绿色，体自第2节起，各节背线两侧有1对枝刺，以第3、4、10节的为大，枝刺上长有黑色刺毛；体背有紫褐色大斑纹，前后宽大，中部狭细成哑铃形，末节背面有4个褐色小点斑；体两侧各有9个枝刺，体侧中部有2条蓝色纵纹，气门上线淡青色，气门下线淡黄色。茧椭圆形，质坚硬，长11mm左右，上常有纵向灰、褐交接条纹，形似雀卵。

【寄主】桃、李、杏、柿、桑、梅、枣、梨、杨、柳、榆、青桐、枇杷、乌桕、枫杨、樱桃、山楂、刺槐、梧桐、板栗、苦楝、苹果、石榴、核桃、樱花、紫薇、月季、五角枫、三角枫、悬铃木、重阳木、大叶黄杨等。

【分布】全市各地。

成虫，沛县河口，赵亮　2005.VII.7　　　　幼虫（复叶槭），
云龙潘塘，
宋明辉　2015.VII.29　　　幼虫（枣），
新沂马陵山林场，
周晓宇　2017.VII.12　　　茧（杜梨），
新沂踢球山林场，
周晓宇　2017.V.25

成虫（♂），铜山赵疃林场，钱桂芝　2016.Ⅶ.14

（214）枣奕刺蛾*Iragoides conjuncta* (Walker)

别名枣刺蛾，本种异名*Nateda conjuncta* Walker。成虫体长13～15mm，翅展24～31mm。头和颈板浅褐色，体和前翅红褐色。雄蛾触角短双栉状，雌蛾丝状。胸背上部鳞毛稍长，中间微显褐红色，两边为褐色。腹部背面各节有似"人"字形的褐红色鳞毛。前翅基部褐色，中部黄褐色，横脉纹为1黑点；外缘有1铜色光泽横带，中央紧缩，两端呈三角形斑，其中后斑向内扩散至中室下角呈齿形，铜带外衬灰白边。后翅灰褐色，无斑纹，外缘有细线。

【寄主】枣、柿、梨、杏、桃、苹果、核桃、樱桃、樱花等。

【分布】沛县、铜山区。

（215）褐边绿刺蛾*Latoia consocia* Walker

别名青刺蛾、四点刺蛾、曲纹绿刺蛾，本种异名*Parasa consocia* Walker。成虫体长12.5～17mm，翅展28～40mm。体翅绿色，胸部背面有1小块褐色斑。触角褐色，雌蛾丝状，雄蛾近基部10余节为单栉齿状。前翅基角有略带放射状褐色斑纹，外缘有淡黄色的波状阔带，带上布满棕色雾点，带

成虫（♂），开发区大庙，张瑞芳　2015.Ⅵ.17

幼虫（杨），铜山房村，周晓宇　2016.Ⅶ.11

内缘和翅脉红褐色，缘毛深褐色。后翅及腹部浅褐色，缘毛褐色。老熟幼虫体长25～28mm，体近长方形，黄绿色。头部有黑斑1对，前胸有1对黑刺突，背面中央有1蓝色纵带，侧面有绿色纵带。体上丛枝大小相仿，橘黄色，尾端有4个黑色球形刺丛。

【寄主】枣、梨、杏、桃、李、柿、苹果、海棠、樱桃、山楂、核桃等果树，杨、榆、柳、枫、槭、桑、梧桐、枫杨、麻栎、白蜡、紫荆、刺槐、乌桕、冬青、悬铃木等林木。

【分布】全市各地。

（216）丽绿刺蛾*Latoia lepida* (Cramer)

本种异名*Parasa lepida* (Cramer)。成虫体长14～18mm，翅展27～43mm。头和胸背绿色，中央有1褐色纵纹向后延伸至腹背。前翅绿色，基斑紫褐色，尖刀形，从中室向上约伸占前缘的1/4，外缘带灰红褐色，其内缘弧形外曲。老熟幼虫体长24～25.5mm，身体翠绿色，背线基色黄绿。中胸及腹部第8节有1对蓝斑，后胸及腹部第1、7节有蓝斑4个，腹部第2～6节在蓝灰基色上有蓝斑4个。背侧自中胸至第9腹节各着生枝刺1对，以后胸及腹部第1、7、8节枝刺为长，每个枝刺上着生黑色刺毛20余根；腹部第1节背侧枝刺上的刺毛中，夹有4～7根橘红色顶端圆钝的刺毛；第1和第9节枝刺端部有数根刺毛，基部有黑色瘤点。体侧有由蓝、灰、白等线条组成的波状条纹，后胸侧面及腹部第1至第9节侧面均具枝刺，以腹部第1节枝刺较长，端部呈浅红褐色，每枝刺上着生灰黑色刺毛近20根。

【寄主】梨、杨、柿、枣、桑、苹果、核桃、刺槐、乌桕、苦楝、香樟、垂柳、板栗、银杏、悬铃木、紫叶李等。

【分布】丰县、沛县、铜山区、睢宁县、新沂市。

成虫，开发区大庙，
周晓宇 2015.Ⅶ.22

幼虫（悬铃木），开发区大庙，
郭同斌 2015.Ⅶ.20

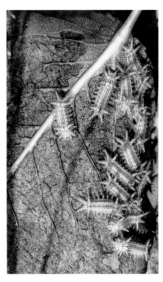

幼虫（梨），铜山汉王，
宋明辉 2015.Ⅸ.13

幼虫（杨），铜山张集，宋明辉 2015.Ⅸ.17

幼虫（乌桕），铜山新区，钱桂芝 2015.Ⅸ.1

幼虫（银杏），新沂棋盘，周晓宇 2015.Ⅶ.12

幼虫（紫叶李），丰县宋楼，刘艳侠 2015.Ⅷ.26

（217）桑褐刺蛾*Setora postornata* (Hampson)

别名褐刺蛾。成虫体长17~20mm，翅展30~41mm。褐色至深褐色，雌蛾体色较浅，触角丝状；雄蛾体色较深，触角单栉齿状。前翅前缘离翅基2/3处向臀角和基角各伸出1条深色弧线，前翅臀角附近有1个近三角形棕色斑。前足腿节基部具1横列白色毛丛。初孵幼虫体长2~2.5mm，体色淡黄，背侧与腹侧各有2列枝刺，其上着生浅色刺毛。老熟幼虫体长23.3~35.1mm，黄绿色，背线蓝色，每节上有黑点4个，排列近棱形。亚背线分黄色型和红色型两类：黄色型枝刺黄色，红色型枝刺紫红色。红色型幼虫背线与亚背线间镶以黄色线条，侧线黄色，每节以黑斑构成近棱形黑框，内为蓝色。中胸至第9腹节，每节于亚背线上着生枝刺1对；中、后胸及第1、5、8、9腹节上的枝刺特别长，第2、3、4、6、7腹节上的枝刺较短。从后胸至第8腹节，每节于气门线上着生枝刺1对，长短均匀，每根枝刺上着生带褐色呈散射状的刺毛。

【寄主】桑、榆、杨、柳、樟、枣、柿、桃、李、梨、苦楝、麻栎、乌桕、枫杨、银杏、冬青、蜡梅、海棠、玉兰、紫薇、樱花、桂花、月季、木槿、红叶李、重阳木、七叶树、悬铃木、苹果、板栗、核桃、樱桃、山楂、石榴等。

【分布】开发区、沛县、铜山区、睢宁县、邳州市、新沂市、贾汪区。

成虫（♂），开发区大庙，张瑞芳　2015.Ⅷ.10

初龄幼虫（板栗），新沂马陵山，
周晓宇　2017.Ⅵ.14

黄色型幼虫（梨），开发区大庙，宋明辉
2015.Ⅶ.13

红色型幼虫（重阳木），铜山棠张，钱桂芝　2015.Ⅹ.12

（218）扁刺蛾*Thosea sinensis* (Walker)

成虫体长14～17.5mm，翅展26～38mm。体翅灰褐色，复眼黑褐色。触角褐色，雌蛾丝状，雄蛾单栉齿状。胸部灰褐色。前翅自前缘近中部向后缘有1条褐色斜线，雄蛾前翅中室横脉纹为1显著的黑色圆点。后翅暗灰褐色。前足各关节处具1个白斑。老熟幼虫扁平长圆形，体长22～26mm，宽12～13mm，翠绿色。背部有白色线条贯串头尾，背侧各节枝刺不发达，上着生多数刺毛；腹侧枝刺中，中、后胸的明显较腹部的短，腹部各节背侧和腹侧间有1条白色斜线，基部各有红色斑点1对。蛹近纺锤形，长11.5～15mm，宽7.5～8.5mm，初化蛹时为乳白色，将羽化时呈黄褐色。茧近圆球形，长11.5～14mm，宽9～11mm，黑褐色。

【寄主】杨、柿、枣、梨、桃、李、柳、榆、杏、樟、桑、樱花、月季、苦楝、苹果、乌桕、枫杨、枇杷、海棠、樱桃、银杏、紫藤、紫薇、紫荆、泡桐、紫叶李、三角枫、悬铃木、白玉兰、大叶黄杨等多种林木、果树。

【分布】全市各地。

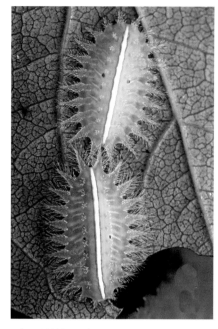

幼虫（柿树），沛县沛城，赵亮　2016.Ⅶ.14

成虫（♂），沛县沛城，朱兴沛　2015.Ⅶ.3

成虫（♀），铜山邓楼果园，宋明辉　2015.Ⅶ.5

蛹，丰县凤城，刘艳侠　2016.Ⅲ.9

08　斑蛾科 ｜ **Zygaenidae**

（219）重阳木斑蛾*Histia rhodope* Cramer

别名重阳木锦斑蛾、重阳木帆锦斑蛾。成虫体长17～24mm，翅展47～70mm。头小，红色有黑斑。触角黑色，双栉齿状，雄蛾触角较雌蛾宽。前胸背面褐色，前、后端中央红色。中胸背面黑褐色，前端红色，近后端有2个红色斑纹，或连成"U"字形。前翅黑色，反面基部有蓝光；后翅亦黑色，自基部至翅室近端部（占翅长3/5）蓝绿色。前、后翅反面基斑红色。后翅第2中脉与第3中脉延长成1尾角。腹部红色，有黑斑5列，自前而后渐小，但雌蛾黑斑较雄蛾大，以致雌腹面的2列黑斑在第1至5或6节合成1列。卵圆形略扁，初为白色，后为黄色，近孵化时浅灰色。幼虫蛞蝓型，体肥厚而扁，头部常缩在前胸内，体具枝刺。4龄幼虫头部褐色，前胸前侧缘黄色，前胸背板褐色，各体节背面中央有黑色短条斑，背面两侧枝刺间有黑色圆形斑，在与这些体斑相应位置，各体节相邻处也有黑色横条斑和圆形斑，组成体背3列黑色斑纹。5～7龄与4龄相似，但体色较暗淡。幼虫中、后胸各具10个枝刺，第1～8腹节皆具6个枝刺，第9腹节具4个枝刺，腹部两侧枝刺棕黄色较长，背面枝刺多暗紫红色较短。蛹初化时黄色，腹部微带粉红色，随后头部变为暗红色，复眼、触角、胸部及足、翅黑色。腹部桃红色，第1～7节背面有1个大黑斑，侧面每边具1个黑斑，腹面露出翅端的第6、7节各有2个大黑斑并列。

【寄主】重阳木、板栗。

【分布】全市各地。

成虫（♂），泉山永安，
郭同斌　2015.Ⅵ.15

成虫（♀，背、腹面，示腹部腹面黑斑列），云龙潘塘，张瑞芳　2015.Ⅵ.16

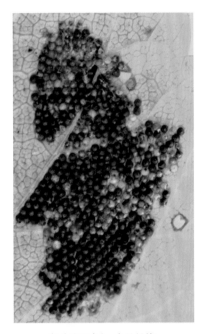

卵（重阳木），丰县凤城，
刘艳侠　2015.Ⅹ.14

幼虫（重阳木），云龙潘塘，
宋明辉　2015.Ⅶ.15

蛹，云龙潘塘，
宋明辉　2015.Ⅵ.16

（220）大叶黄杨斑蛾*Pryeria sinica* Moore

别名大叶黄杨长毛斑蛾。成虫体长7~14mm，翅展21~30mm。头、胸及触角黑褐色，中胸肩板与腹部大部分污橘黄色，胸部背面及腹部两侧有橙黄色长毛，雄蛾腹部末端有1对黑色长毛束。前翅半透明，翅基部1/3淡黄色，其余暗褐色，翅面遮薄黑色毛，雌蛾前翅比雄蛾宽阔。后翅小，底色为黄色。老龄幼虫体长17~22mm。头小，黑色，胴部肥大，淡黄绿色，有背线、亚背线、气门上线和气门线7条黑色纵线，其中亚背线较粗而明显。背面及体侧于各体节的7条纵线间各有1毛丛，有2~5根长短不一的白色细毛，以中胸和第10腹节的较长。

【寄主】大叶黄杨、金边黄杨、丝棉木。
【分布】开发区、丰县、沛县、铜山区。

成虫（♂），沛县沛城，赵亮　2015.Ⅴ.27　　　　幼虫（大叶黄杨），云龙甸子，
周晓宇　2018.Ⅳ.13

09　卷叶蛾科 ｜ **Tortricidae**

（221）棉褐带卷蛾*Adoxophyes orana* Fischer von Röslerstamm

别名棉卷蛾、苹褐带卷蛾、苹小卷叶蛾、茶小卷叶蛾。成虫体长6～10mm，翅展13～23mm。头、胸部黄褐色。触角丝状。前翅前缘拱起，外缘较直，顶角不突出，呈长方形，多数为黄褐色，有时呈暗褐色；近前缘中央处有向后缘斜行的暗褐色带，带的末端较宽，分成2叉；近前缘前端向后缘（臀角附近）也有1条暗褐色的斜带，带的外方色较暗，栖息时两前翅褐色斜带合并呈倒"火"字形。后翅暗黄褐色，顶角及沿外缘略带黄色。

【寄主】除棉花、小麦、蚕豆等农作物外，还危害杨、柳、榆、刺槐、丁香、蔷薇等林木及梨、桃、柿、李、杏、苹果、樱桃、山楂、石榴等果树。

【分布】开发区、沛县、铜山区、邳州市。

成虫，开发区大庙，张瑞芳　2015.Ⅷ.20　　　　成虫，铜山张集，
钱桂芝　2015.Ⅶ.10

（222）槐小卷蛾*Cydia trasias* (Meyrick)

别名槐叶柄卷蛾。成虫体长约5mm，翅展10～16mm。灰褐色，前胸背面、翅基和翅端半部散生灰蓝色鳞片，前翅端半部的前缘有7～10条黑色短斜纹，其中有2条蓝紫色纹向外缘斜伸，翅外缘近中部具3或4个小黑斑。初孵幼虫长约0.88mm，淡黄白色，头壳黑褐色，比躯体略宽，随虫龄增加头壳渐变为黄褐色。老熟幼虫体长10.5～15.0mm，头壳、前胸背板、胸足、腹足趾钩均为黄褐色。胸部淡黄或乳白色，前胸气门片上具刚毛3根，第8节气门稍偏上。老熟幼虫自虫道中爬出，在原蛀孔或树皮裂缝处吐丝做蛹室化蛹，初化蛹黄色，后渐变为黄褐色，羽化前全体黑褐色。

【寄主】国槐、龙爪槐。

【分布】铜山区。

| 成虫，铜山新区，
钱桂芝　2015.Ⅶ.12 | 幼虫及蛀道（国槐），铜山新区，
钱桂芝　2015.Ⅵ.16 | 预蛹，铜山新区，
钱桂芝　2015.Ⅵ.16 | 叶柄基部蛀孔，铜山新区，
钱桂芝　2015.Ⅵ.16 |

（223）苦楝小卷蛾*Enarmonia koenigana* Fabricius

成虫翅展13～16mm。头顶有橘黄色丛毛。触角黑褐色。唇须橘黄色，向前伸，第2节末端膨大，末节小，略下垂。前翅基部2/3淡灰黄色，端部1/3黑褐色；翅面上密布橘黄色点条状不规则斑纹，基部2/3斑纹的中间夹杂有银色条纹；前缘有一系列钩状纹，在基部2/3部分呈褐色斑点，端部1/3部分呈白色钩状纹。后翅灰褐色。足黄色，前足胫节有橘黄色斑，中、后足胫节有长毛，各足跗节有褐斑。

成虫，沛县鹿楼，朱兴沛&赵亮　2005.Ⅵ.17

成虫，新沂马陵山林场，
周晓宇　2017.Ⅷ.14

【寄主】苦楝。

【分布】沛县、新沂市。

（224）梨小食心虫*Grapholitha molesta* (Busck)

　　成虫体长约7mm，翅展10～15mm。体背面及前翅灰褐色，头、胸部及翅面（尤其外缘）带紫色光泽。前翅混杂白色鳞片，前缘具7～10组白色钩形纹，中室外缘具1小白斑，亚外缘具6～8条黑褐色短条纹或斑点。幼虫体长10～13mm，头部黄褐色，前胸背板浅黄褐色，腹部桃红色，两侧有深色云雾状斑纹，肛上板浅褐色。

【寄主】桃、李、杏、樱桃、苹果、海棠等植物的新梢，梨、桃、李、杏、苹果、枇杷、山楂等果实。

【分布】丰县、铜山区、睢宁县。

成虫，丰县大沙河，刘艳侠　2015.Ⅴ.26　　　　幼虫及其危害状（桃），丰县凤城，刘艳侠　2015.Ⅵ.4

（225）茶长卷蛾*Homona magnanima* Diakonoff

幼虫（♂，杨），铜山张集，　　　　幼虫（♂，乌桕），铜山新区，　　　　被害状（乌桕），铜山新区，
钱桂芝　2016.Ⅷ.10　　　　　　钱桂芝　2015.Ⅸ.1　　　　　　　钱桂芝　2015.Ⅸ.1

别名东方长卷蛾、后黄卷叶蛾、褐带长卷叶蛾。雌蛾体长9.5～13.2mm，翅展22.6～31.2mm，头、胸部有黄褐色鳞片，触角丝状，前翅近长方形，有多条长短不一深褐色波纹，翅尖深褐色，后翅杏黄色。雄蛾体长8.9～10.2mm，翅展20.4～22.5mm，前缘褶宽大，翅斑纹色较深，中部有1条深褐色斜带，在前缘中部有1黑色斑点。初孵幼虫黄褐色，2龄淡黄色，3龄黄绿色，4龄后转为青绿色，老熟幼虫体长22～26mm。头部及前胸背板深褐色，前胸背板前缘黄绿色，腹足趾钩为双序全环。雄性幼虫第5腹节背中线两侧可见1对卵形黄斑，以此与雌性幼虫相区别。幼虫吐丝将叶片梢部缀成虫苞或连结数个叶片形成虫苞，白天栖息苞内，夜间出苞取食叶片。

　　【寄主】山茶、女贞、乌桕、水杉、蔷薇、卫矛、苹果、杨、梨、桃、柿、樟、栎等。

　　【分布】铜山区。

（226）银杏超小卷叶蛾*Pammene ginkgoicola* Liu

　　成虫体长3.5～6.5mm，翅展10～13mm。全体黑褐色。头部褐色，具土黄色冠毛。触角丝状，暗褐色，有环状银光色环，长为前翅的2/3。前翅狭长，黑褐色，静止时于体上呈屋脊状。前缘自中部到顶角有7组较明显的白色钩状纹，后缘中部有1白色指状纹，翅基部尚有4组白色不明显的钩状纹，肛上纹较显著，有4条黑色条纹。后翅灰褐色。老熟幼虫体长11～12mm，灰白或淡黄色。头部、前胸背板及臀板均为黑褐色，有的色较浅，呈黄褐色。各节背面有黑色毛斑2对，各节气门上线和下线各有黑色毛斑1个，臀节有刺5～7根。蛹长5～7mm，黄色，羽化前呈黑褐色。

　　【寄主】银杏。

　　【分布】邳州市。

幼虫钻入短枝内危害及短枝被害后叶片枯萎状（银杏），邳州铁富，郭同斌　2018.Ⅴ.3

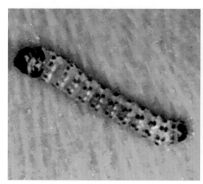

幼虫（银杏），邳州铁富，郭同斌　2018.Ⅴ.3　　　　　　　　　　蛹（壳），邳州铁富，郭同斌　2019.Ⅳ.11

10 羽蛾科 | Pterophoridae

（227）甘薯羽蛾Emmelina monodactyla (Linnaeus)

别名甘薯异羽蛾，本种异名为*Pterophorus monodactylus* Linnaeus。成虫体长约9mm，翅展18～28mm。灰褐色，触角淡褐色，唇须小，向前伸出。前翅分两支，灰褐色，翅面有2个比较大的黑斑点：1个位于中室中央偏基部，另1个位于中室顶端2支分叉处。后翅分3支，各支间割裂较前翅深，深灰色，四周有缘毛。腹部前端有近三角形白斑，背线白色，两侧灰褐色，各节后缘有棕色点。

【寄主】甘薯、旋花、藜等。

【分布】丰县、沛县、睢宁县。

成虫，沛县沛城，赵亮 2016.Ⅵ.3

成虫，沛县沛城，赵亮 2015.Ⅺ.2

11 螟蛾科 | Pyralidae

（228）竹织叶野螟Algedonia coclesalis Walker

成虫，开发区大黄山，
宋明辉 2015.Ⅶ.29

成虫，开发区大黄山，宋明辉 2015.Ⅶ.20

幼虫（暗青色，竹），矿大南湖校
区，周晓宇 2016.Ⅷ.26

幼虫（黄褐色，竹），开发区大庙，宋明辉　2015.Ⅷ.17

蛹（茧），开发区大黄山，
宋明辉　2015.Ⅶ.20

别名竹螟。成虫体长9～13mm，翅展22～26mm。体翅黄或黄褐色。触角黄色，复眼与额面交界处银白色。前、后翅外缘均有褐色宽带。前翅有3条深褐色弯曲细线，外线下半段内斜与中线相接，中室内有1个褐色点。后翅仅有中横线。足纤细，银白色，外侧黄色。老熟幼虫体长16～25mm，体色变化大，有暗青、黄褐、橘黄、乳白等色，以暗青色为多。前胸背板有6个黑斑，中、后胸背面各有2个褐色斑，被背线分割为4块。腹部每节背面有2个褐斑，气门斜上方有1个褐斑。蛹体长12～14mm，橙黄色。尾部突起，中间凹入分两叉，臀棘8根，分别着生于2个叉突上，中间2根略长。茧椭圆形，长14～16mm，灰褐色，外粘小土粒或小石粒，内壁光滑，灰白色。

【寄主】毛竹、刚竹、淡竹、苦竹。

【分布】泉山区、开发区、沛县、铜山区、睢宁县。

（229）稻巢螟*Ancylolomia japonica* Zeller

别名稻巢草螟、日本稻巢螟。成虫体长11～15mm，翅展25～35mm。头、胸部黄褐色，腹部淡灰黄色。触角细锯齿状，褐色。前翅灰黄褐色，沿翅脉有黑点排列成点线，各翅脉间有铅色闪光纵条，亚外缘线暗褐色有细锯齿斑纹，内侧有暗黄褐色线，外侧有灰白色线，缘毛基部暗褐色，边缘淡褐色。后翅白色无斑纹。

【寄主】竹类、水稻等。

【分布】开发区、沛县。

成虫，开发区大庙，周晓宇　2015.Ⅸ.6

（230）盐肤木黑条螟*Arippara indicator* Walker

成虫体长约13mm，翅展约25mm。体翅暗褐色。翅面褐色，密布褐色鳞，并具暗红色分布。前翅有2条灰白色横带，两带间颜色较淡，带间有黑斑1枚，各横带下缘或上缘具暗色影状边线。

【寄主】盐肤木。

【分布】铜山区。

成虫，铜山邓楼果园，宋明辉　2015.Ⅶ.5

（231）黄翅缀叶野螟*Botyodes diniasalis* Walker

别名杨黄卷叶螟。成虫体长约13mm，翅展约30mm。头部黄褐色，额两侧有白边。触角淡褐色，丝状。胸、腹部背面淡黄褐色。前、后翅金黄色，散布有波状褐纹，外缘有褐色带；前翅中室有1黑色小斑，中室端部有褐色环状纹，环心白色。幼虫体长15~22mm，黄绿色。头两侧近后缘各有1个黑褐色斑点与胸部两侧的黑褐色斑纹相连，形成2条纵纹，体两侧沿气门各有1条浅黄色纵带。蛹体长约14mm，淡黄褐色，外被1层白色丝织薄茧。

【寄主】杨、毛白杨、柳、毛竹。

【分布】全市各地。

成虫，开发区大庙，宋明辉　2015.Ⅶ.12

幼虫（杨），贾汪青年林场，
周晓宇　2016.Ⅴ.17

幼虫（杨），铜山房村，
宋明辉　2015.Ⅸ.23

蛹，丰县孙楼，
刘艳侠　2015.Ⅸ.9

（232）金黄镰翅野螟*Circobotys aurealis* (Leech)

成虫体长10~13mm，翅展29~34mm。头橙黄色，额区两侧有白纹，触角淡黄色，唇须茶褐色。雌雄异型。雄蛾体黄色，前胸背面被较长金黄色鳞片；前、后翅黑褐色，有紫绢光泽，外缘及缘毛金黄色；前翅狭长，顶角略呈镰刀状，前缘及基部色较深，后翅基色较浅。雌蛾前翅稍狭长，金黄色，前缘与外缘色较深，缘毛黄色；后翅淡黄色，外缘略深，缘毛白黄色。

【寄主】毛竹、淡竹、刚竹。

【分布】沛县、睢宁县。

成虫（♂），沛县沛城，朱兴沛&赵亮　2015.Ⅶ.21

（233）稻纵卷叶野螟*Cnaphalocrocis medinalis* (Guenée)

成虫体长8～9.5mm，体展18～20mm。体背淡黄褐色，腹部末端具白色、黑色鳞毛。翅黄褐色，前翅前缘和亚端线处有较宽的褐色带，带内方2条褐色横线，内线弯曲，外线伸直倾斜；端线深褐色，中室有1暗褐色纹；雄蛾前缘近中部具1黑褐色毛丛，中室有成丛的黄色鳞毛。后翅三角形，中部和外缘各有1条深褐色横线向翅后角弯曲，中室有1斑纹，端线内亦有1条褐色宽带。

【寄主】水稻、小麦、玉米。

【分布】鼓楼区、开发区、丰县、铜山区。

成虫（♂），丰县凤城，刘艳侠　2015.Ⅸ.8　　　　　　　成虫（♀），开发区大庙，张瑞芳　2015.Ⅶ.29

（234）黄环绢野螟*Diaphania annulata* (Fabricius)

成虫体长8～10mm，翅展20～22mm。头白色，额区被黄色鳞片。触角基部黄白色，其余白色。唇须第1节白色，其余褐色。颈片褐色，体翅乳白色，半透明有光泽。前翅前缘有黄色宽带，在带下从翅基部到中室端部有3个逐渐增大的具暗褐色边缘的淡黄色斑，最外的1个最大，呈葫芦形；在2～3斑之间的下方有1个肾形斑；外线浅灰色，波浪形弯曲，外缘上有7个褐色小点。后翅中室中间有1个小白点，中室端有1个肾形斑；外线浅灰色，波浪状，缘毛白色。前足除胫节内侧黄色及第1跗节黑色外，其余部分及中、后足均为银白色。

【寄主】野石榴、小叶女贞、金叶女贞。

【分布】泉山区、开发区、丰县、沛县。

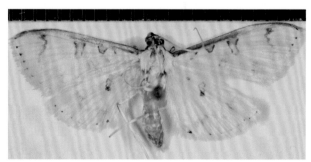

成虫，丰县赵庄，刘艳侠　2015.Ⅶ.15　　　　　　　成虫，沛县鹿楼，朱兴沛　2015.Ⅶ.17

（235）瓜绢野螟 *Diaphania indica* (Saunders)

别名瓜螟、瓜野螟、瓜绢螟。成虫体长11～12mm，翅展23～26mm。头及胸部褐色，触角灰褐色，长度接近翅长；胸部领片及翅基片深褐色；腹部白色，但第7～8腹节呈灰褐色，末端具黄褐色毛束。前翅前缘和外缘、后翅外缘有茶褐色宽带，其余部分翅面白色，有丝绢光泽，缘毛黑褐色。足白色。

【寄主】桑、梓树、木槿、梧桐、冬青、大叶黄杨、小叶黄杨及棉、黄瓜、西瓜、丝瓜、甜瓜、茄子等。

【分布】开发区、铜山区、睢宁县。

成虫，开发区大庙，宋明辉 2015.Ⅷ.20

（236）白蜡绢野螟 *Diaphania nigropunctalis* (Bremer)

成虫，新沂马陵山林场，周晓宇 2017.Ⅴ.25

本种异名为*Palpita nigropunctalis* (Bremer)。成虫体长11～13.5mm，翅展27～32mm。头及触角白色。体翅白色，翅半透明，有丝绢光泽；前翅前缘有黄色带，带下有3个自小渐大镶有褐边的白黄色斑，分别距翅基3.5、4.5、7.5mm；中室端部有1个暗褐色圆点，其与7.5mm处的斑间有1条模糊的褐色细线，在中室后缘下Cu_2脉与A脉之间有1具褐边的白黄色小圆斑；外线波浪形，外缘线由若干暗褐色小点组成。后翅中室端纹黄褐色，其下方有1个小黑点，外线波浪形，外缘各脉间有暗褐色小黑点，缘毛白色。

【寄主】白蜡、木樨、女贞、梧桐、丁香。
【分布】沛县、铜山区、睢宁县、新沂市。

（237）黄杨绢野螟 *Diaphania perspectalis* (Walker)

本种异名*Cydalima perspectalis* (Walker)。成虫体长13～30mm，翅展30～50mm。头部暗褐色，头顶触角间鳞毛白色。触角褐色。前胸、前翅前缘、外缘、后翅外缘均有黑褐色宽带。前翅前缘黑褐色宽带在中室部位具2个白斑，近基部的较小，近外缘白斑新月形，翅其余部分均白色，半透明，并有紫色闪光。前、后翅缘毛灰褐色。腹部白色，末端被黑褐色鳞毛；雄蛾腹部末端生有黑褐色尾毛丛，雌蛾腹部粗壮，无尾毛丛。有的成虫体为全黑型，除前翅中室端半月纹、中室内小点和各腹节后缘鳞片白色外，体翅均呈黑褐色。老熟幼虫体长约35mm。头部黑褐色，胸、腹部黄绿色，背线深绿色，亚背线和气门上线黑褐色。中、后胸背面各有1对黑褐色圆锥形瘤突，腹部各节背面各有2对黑褐色瘤突，前1对圆锥形较接近，后1对椭圆形较分离。各节体侧也各有1个黑褐色圆形瘤突，各瘤突上均有刚毛着生。

【寄主】大叶黄杨、小叶黄杨、瓜子黄杨、雀舌黄杨、尖叶黄杨、冬青、卫矛。

【分布】全市各地。

成虫（普通型♂），新沂马陵山林场，
周晓宇 2016.Ⅷ.5

成虫（全黑型♀），开发区大黄山，
张瑞芳 2015.Ⅴ.8

成虫（全黑型♀），新沂棋盘，周晓宇　2017.Ⅷ.15　｜　幼虫（瓜子黄杨），丰县赵庄，刘艳侠　2015.Ⅷ.25　｜　蛹，开发区大庙，郭同斌　2015.Ⅴ.5　｜　被害状（瓜子黄杨），铜山新区，钱桂芝　2015.Ⅳ.4

（238）桑绢野螟*Diaphania pyloalis* (Walker)

成虫，铜山赵疃林场，钱桂芝　2016.Ⅶ.31

幼虫（桑），铜山新区，钱桂芝　2015.Ⅷ.11

别名桑螟、桑叶虫、桑卷叶虫，本种异名为*Glyphodes pyloalis* Walker。成虫体长约10mm，翅展21～24mm。体茶褐色，被有白色鳞毛，呈绢丝闪光。头小，两侧具白毛。复眼大，黑色，卵圆形。触角丝状，灰白色。胸背中间暗色，前、后翅白色带紫色反光。前翅外缘、中央及翅基具棕褐色横带5条，中间1条下方生1白色圆孔，孔内有1褐点，中室内有1暗褐边的黄色小点。后翅外线与亚外缘线暗褐色，亚外缘线较宽。末龄幼虫体长24mm，头浅赭色，胸、腹部浅绿色，背线深绿色，胸部各节有黑色毛片，毛片上生刚毛1～2根。

【寄主】桑、豆类。

【分布】铜山区、睢宁县。

（239）四斑绢野螟*Diaphania quadrimaculalis* (Bremer *et* Grey)

本种异名为*Glyphodes quadrimaculalis* (Bremer *et* Grey)。成虫体长约13mm，翅展33～37mm。头部淡黑褐色，两侧有白色细条纹，下唇须较宽大，斜向上伸，上部黑褐色，下部白色。触角淡黑褐色。胸、腹部背面中间黑褐色，两侧白色，腹部末端黑色。前翅黑褐色，有紫绢光泽，具有4枚大小不等的白色透明斑，中间2枚大，最外1枚下方有向后缘延伸的5个排列成弧形的小白点，缘毛黑褐色，臀角处呈白色。后翅白色有绢光，外缘具黑褐色宽带，前半部缘毛黑褐色，后半部缘毛白色。

【寄主】萝藦、隔山消。

【分布】开发区、丰县、沛县、铜山区、睢宁县、新沂市。

成虫，开发区大庙，宋明辉　2015.Ⅷ.26

（240）桃蛀螟*Dichocrocis punctiferalis* Guenée

别名桃蛀野螟、桃斑螟，本种异名*Conogethes punctiferalis* (Guenée)。成虫体长11～14mm，翅展

23～28mm。体翅黄色。触角丝状，长约为前翅的一半。复眼发达，黑色，近圆球形。胸部颈片中央有由黑色鳞毛组成的黑斑1个，肩板前端外侧及近中央处各有黑斑1个，胸部背面中央有黑斑2个。前翅正面黄色，约有25个小黑点；前缘基部有1黑斑，中室前端有1黑横条，中央有1近圆形的黑斑；内线、外线及亚外缘线均由黑斑排列而成。后翅有10余个小黑点，中室内有黑斑2个，外线及亚外缘线分别由7～8个黑斑排列而成。腹部背面黄色，第1、3、4、5节背面各具黑斑3个，第6节有时只有1个黑斑，第2、7节无黑斑。老熟幼虫体长约22mm，体色多变，有淡灰褐及淡灰蓝色，体背面紫红色。头暗褐色，前胸背板褐色，臀板灰褐色，各体节有深褐色瘤点。

【寄主】桃、李、梅、杏、柿、梨、山楂、臭椿、苹果、石榴、樱桃、枇杷、板栗、黑松、无花果等林木果树及大豆、玉米、棉花、向日葵等农作物。

【分布】全市各地。

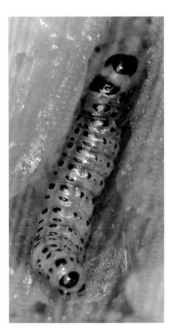

成虫，新沂马陵山林场，周晓宇　2017.Ⅵ.28

幼虫（杏果），铜山汉王，周晓宇　2016.Ⅴ.20

（241）纹歧角螟*Endotricha icelusalis* Walker

成虫，铜山新区，钱桂芝　2015.Ⅵ.18

成虫，丰县华山，刘艳侠　2015.Ⅵ.14

成虫体长7～9mm，翅展15～20mm。头部紫红色。触角丝状，黄褐色，雄蛾触角具微毛。胸部背面橙红色，有暗黄色毛。前翅红褐色，前缘有黑白相间的点列，翅中央有黄色条纹，外缘线黑色，缘毛基部暗红色，端部前一半白色，后一半红色。后翅暗红色，中央有淡黄色带与前翅黄色条纹相连，外缘黑色，缘毛基部黑红色，端部黄白色。腹部背面暗红色，雄蛾有淡黄色臀鳞丛。

【寄主】黑梅、紫苏、栀子、胡枝子。

【分布】开发区、丰县、铜山区。

成虫，开发区大庙，宋明辉　2015.Ⅷ.26

（242）灰双纹螟*Herculia glaucinalis* Linnaeus

成虫体长10～14mm，翅展20.5～29mm。头部淡黄褐色，额圆形披鳞毛。触角橙黄色，丝状，具纤毛。胸部背面橄榄灰色。前翅灰褐色稍暗，内、外横线黄白色；翅基及前缘有紫褐色鳞片，缘毛淡褐色，近基部有暗带。后翅灰褐色，有2条白色横线，2线在后缘接近，缘毛基部淡褐色，端部白色。腹部背面褐色，各节端部近白色。

【寄主】仓储谷物、干草、牲畜干饲料、藤茶。

【分布】开发区、铜山区、睢宁县。

（243）甜菜白带野螟*Hymenia recurvalis* Fabricius

别名甜菜叶螟、甜菜青野螟、白带螟蛾，本种异名*Spoladea recurvalis* (Fabricius)、*Zinckenia fascialis* Cramer。成虫体长8.5～10mm，翅展21～26mm。体翅棕褐色，具白色斑纹。复眼两侧和头后具白纹。触角丝状，黑色。腹部具白色环形纹。前、后翅均为紫褐色，有时黄褐色，合翅后呈三角形；前、后翅中部均具1条白色横带，两翅展开时两条白带相接，呈"八"字形；前翅外线处具1短白带及2个小白点，前翅缘毛与翅同色，中、后部各具1个白斑。后翅缘毛端半部白色，基半部棕褐色，中、后部各具1个白斑。

【寄主】蔷薇、四季海棠、天竺葵、万寿菊、鸡冠花及棉、藜、甜菜、苋菜、黄瓜、玉米等。

【分布】泉山区、丰县、沛县、新沂市。

成虫（左：泉山东坡广场，右：泉山森林公园），宋明辉　2015.Ⅹ.13

（244）缀叶丛螟*Locastra muscosalis* Walker

别名核桃缀叶螟、木橑粘虫。成虫体长14～19mm，翅展34～39mm。触角棕黄色，胸和腹部1～2节背面红棕色。前翅栗褐色，翅基斜矩形深褐色，外接锯齿形深褐色内线，中室内有1丛深黑褐色鳞片，中带黄褐色，外线褐色波状弯曲。老熟幼虫体长34～40mm，头黑色有光泽，散布细颗粒。前胸背板黑色，前缘有6个白斑，中间2斑较大。背线褐红色，亚背线、气门上线及气门线黑色，并有纵列白斑，气门上线处白斑较大。气门黑色，臀板黑色，两侧具白斑，全体疏生刚毛。蛹体长14～16mm，暗褐色。茧椭圆形，长23～25mm，质地似牛皮纸。

【寄主】黄连木、核桃、枫香、枫杨。

【分布】开发区、铜山区、睢宁县、新沂市、贾汪区。

成虫，贾汪青年林场，
宋明辉　2015.Ⅵ.10

老熟幼虫（黄连木），贾汪青年林场，
宋明辉　2015.Ⅳ.21

茧（蛹），贾汪青年林场，
宋明辉　2015.Ⅳ.21

幼虫（核桃），开发区徐庄，周晓宇　2016.Ⅶ.28

被害状（黄连木），铜山伊庄，钱桂芝　2015.Ⅷ.18

（245）豆荚野螟*Maruca testulalis* Geyer

别名豆荚螟、豆野螟、豇豆螟。成虫体长9～14mm，翅展22～26mm。头部茶褐色，中央和触角基部白色；触角褐色，细长，胸、腹部背面茶褐色。前翅黄褐色，自外向内有大、中、小3个周缘具黑褐边的白色透明斑：大斑位于中室末端，横带状；中斑位于中室内，新月状；小斑位于中室下缘，圆形。后翅内大半部白色，半透明，中间有1波状横线，外小半部褐色。双翅缘毛棕褐色，近翅后缘白色。

【寄主】豇豆、绿豆、菜豆、扁豆、刺槐、紫云英等。

【分布】泉山区、开发区、丰县、沛县、铜山区。

成虫，丰县赵庄，刘艳侠　2015.Ⅷ.6

（246）棉水螟*Nymphula interruptalis* (Pryer)

别名睡莲水螟、棉褐斑螟。成虫体长约10mm，翅展20～35mm。头部白色，触角基部之间和后方黑褐色。触角黄色，丝状。胸部背面白色，有黑褐色和黄褐色鳞片混杂的斑点。前翅黄白色，基部有褐色斑点和白色横带纹，中部前缘有1白斑，此斑外方、后方各另有1白斑，三斑均围褐色环；亚外缘带白色，带内侧白色，外侧有褐边。后翅鲜黄色，基部白色，中部前缘有1白斑，此斑内方有1横贯全翅的白斑，二斑皆有褐色边；亚外缘带白色镶褐色边，内侧为波纹状。腹部背面各节前半部黄色，后半部白色。

成虫，开发区大庙，张瑞芳　2015.Ⅵ.14

【寄主】睡莲、棉。

【分布】开发区。

（247）褐萍水螟*Nymphula turbata* (Butler)

别名褐萍螟。成虫体长6.5～8.5mm，翅展17～21mm。头部及胸部淡褐色，触角灰褐色，腹部背面有黑褐色宽带。前翅暗茶褐色，亚基线白色不明显，内线弯曲波纹状，中线在中室下角附近向外突出，外线于翅前缘以下向内弯曲，2条横线之间白色，中室端脉有白色新月形斑，亚外缘线暗褐色不规则，外缘线暗茶褐色，内侧稍白，M$_2$脉以下锯齿状，缘毛灰白与暗褐色相混，中央有暗褐色线。后翅色泽与前翅相同，多呈暗褐色，前缘及内缘白色，靠近内缘有1深褐色斑，由中室到内缘有

成虫，开发区大庙，宋明辉　2015.Ⅶ.13

1边缘不清晰的深色内线，外线白色弯曲波纹状，于内缘与中线相遇，外缘线黑褐色，弯曲如新月。

【寄主】水稻、青萍、水萍、红萍、睡莲、禾草、满江红、槐叶萍、鸭舌草、水浮莲、洋久雨花。

【分布】开发区。

（248）楸螟*Omphisa plagialis* Wileman

成虫，铜山赵疃林场，宋明辉　2015.Ⅸ.8

成虫，丰县赵庄，刘艳侠　2015.Ⅶ.24

别名楸蠹野螟。成虫体长约15mm，翅展约36mm。体灰白色，头部及胸、腹部各节边缘处略带褐色。触角丝状，褐色。翅白色，前翅基部有黑褐色锯齿状二重线，内线黑褐色，中室内、外端各有1个黑褐色斑点，中室下方有1个不规则近于方形的黑色大型斑，近外缘处有黑褐色波状纹2条，缘毛白色。后翅有黑褐色横线3条。

【寄主】楸树、梓树、梓桐。

【分布】开发区、丰县、沛县、铜山区、睢宁县。

（249）樟巢螟 *Orthaga achatina* Butler

别名栗叶瘤丛螟、樟叶瘤丛螟。成虫体长约12mm，翅展23～30mm。头部黑褐色，胸、腹部背面淡褐色，腹面淡白褐色。前翅基部淡黑褐色，内线略呈波状，黑褐色，外线曲折波浪形，沿中脉向外突出成小圆弧，内、外线之间灰黄色，外线至外缘黄褐色，中室内、外各有1黑点，前缘中部有1淡黄色斑，其外侧有1黑点，在前缘2/3处有1乳头状的瘤，外缘黑褐色，缘毛褐色，其基部有1排黑点。幼虫体长约23mm，棕褐色，体背有1条褐色宽带，其两侧各有2条黄褐色线，各节上有黑色瘤点，每点着生1根刚毛。

【寄主】香樟、板栗、山胡椒。

【分布】云龙区、鼓楼区、泉山区、铜山区、睢宁县、邳州市。

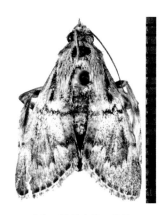

成虫，邳州八路，孙超
2015.Ⅶ.10

幼虫（香樟），云龙潘塘，宋明辉　2015.Ⅶ.16

幼虫（香樟），铜山新区，钱桂芝　2015.Ⅶ.2

被害状（香樟），铜山新区，钱桂芝　2015.Ⅷ.2

（250）亚洲玉米螟 *Ostrinia furnacalis* (Guenée)

成虫体长10～14mm，翅展24～35mm。雌蛾色较淡，体翅鲜黄或黄褐色；前翅大致嫩黄色，内、外线褐色，内线波形，外线锯齿形，后半部弯向内侧，亚缘线色浅，锯齿形，中室中部及端部各具1褐斑；后翅黄白色，中部及近外缘有弧形褐色线。雄蛾色较深，前翅内、外线之间及翅外缘褐色，后翅淡褐色，中央有1条浅色宽带。

【寄主】栗、枣、毛白杨、玉米、水稻、棉花等。

【分布】开发区、丰县、沛县、铜山区。

成虫（♀），铜山茅村，钱桂芝　2015.Ⅶ.7

（251）玉米螟*Ostrinia nubilalis* (Hübner)

成虫体长12～14mm，翅展25～30mm。雌雄异型。雌蛾头部淡黄褐色，下唇须向上弯，末节前伸，基部下面白色，余处黄褐色，触角丝状，淡黄褐色；胸部背面浅黄色，腹部背面黄白，腹面白色；前翅浅黄褐色，内、外线褐色，外线锯齿状，中部向外弓出，亚端线浅褐色，中室中部和端部各有1个棕褐色斑；后翅黄白色，中部的横线和外缘的横带褐色。雄蛾头、胸部背面乳白色，前翅色较雌蛾暗，内、外线间褐色，内线内方和外线外方黄褐色，中室中部和端部也各有1棕褐色斑，后翅淡褐色，也有1条褐色横线和1条褐色横带。老熟幼虫体长20～30mm，圆筒形，头黑褐色，背部淡灰色或略带淡红褐色，中、后胸背面各有1排4个圆形毛片，腹部1～8节背面前方有1排4个圆形毛片，后方有2个，较前排稍小。

【寄主】梨、柿、苹果、板栗，玉米、栗、棉、甜菜、芦苇等。

【分布】新沂市、贾汪区。

成虫（♀），贾汪大泉，张燕&张威　2015.V.26　　　幼虫（玉米），新沂邵店，周晓宇　2017.VII.21

（252）稻多拟斑螟*Polyocha gensanalis* (South)

成虫，云龙潘塘，宋明辉　2015.VII.27

成虫体长9～11mm，翅展20.5～25mm。额圆形，顶端有鳞毛。触角黄褐色，基部有环绕成束的鳞片。下唇须长而宽，端部向下伸，有赭色鳞毛。足黄白色，有长毛。前翅赭色，充满玫瑰红色，前缘黄白色，形成1纵纹。后翅淡白色，有暗褐色边缘。

【寄主】稗、水稻。

【分布】云龙区、开发区、铜山区。

（253）黄缘红带野螟*Pyrausta contigualis* South

翅展19～23mm。额橘黄色，两侧有白条纹。下唇须橘黄色，基部白色。下颚须、触角橘黄色。胸、腹部背面橘黄色。前翅金黄色，前缘密布玫瑰红色鳞片，内横带、外横带玫瑰红色，中室内有1个暗褐色小点，中室端脉斑暗紫褐色，月牙形，翅外缘及缘毛金黄色。后翅暗褐色，翅中有1条黄色宽横带，缘毛黄色。

【寄主】未知。

成虫，铜山大彭，张瑞芳　2015.VIII.3

【分布】铜山区。

（254）紫苏野螟*Pyrausta panopealis* (Walker)

本种异名为*Pyrausta phoenicealis* Hübner。成虫翅展13~15mm。头部橘黄色，两侧具白条纹，触角微毛状。胸、腹部背面黄褐色，腹面白色。前翅深黄色，内线细，紫褐色，小波浪形；外线粗壮，似由4个相连的紫褐斑组成，其中第2斑明显外凸，并与外侧的紫褐色横纹相连或接近，第4斑与内线相接；外缘线、亚外缘线紫褐色，边缘不清晰。后翅顶角深红褐色，从翅前缘到臀角上侧有1斜线。

成虫（背、腹面），丰县凤城，刘艳侠　2015.V.7

【寄主】紫苏、丹参、泽兰。

【分布】丰县。

（255）荸荠白禾螟*Scirpophaga praelata* Scopoli

别名白尾白螟、纯白螟。成虫体长约10mm，翅展雄蛾23~26mm，雌蛾40~42mm。头部白色，喙退化，下唇须白色，短小，向前伸。胸部背面白色。前、后翅纯白色，雄蛾翅反面暗褐色。腹部背面白色，各节各环有灰褐色鳞毛，雌蛾腹部末端尾毛白色。

【寄主】荸荠、甘蔗、莎草科植物。

【分布】沛县。

成虫（♀，背、腹面），沛县鹿楼，朱兴沛　2015.VII.30

（256）棉卷叶野螟*Sylepta derogata* Fabricius

成虫（♂），铜山赵疃林场，钱桂芝　2016.VII.27

别名棉大卷叶螟，本种异名为*Notarcha derogata* (Fabricius)。成虫体长11.5~17mm，翅展26~32mm。体黄白色，唇须白色，前伸。触角线状细长，每节端部有白色毛。胸部背面有12个棕色小点排成4行。腹部白色，各节前缘有黄褐色带，雄蛾近腹末有1黑点。前、后翅黄白色，前翅基部有2~3个黑褐色点；内线褐色波状，中室内有圆形黑褐色环纹，其下方有褐色环纹或条纹，中室端有肾形斑纹；外线及亚外缘线褐色波状，端线黑褐色，缘毛淡黄色。后翅中室有1环纹，其下方延伸出1黑色条纹（内线），外线褐色波状，亚外缘线及端线黑褐色，翅基部和前缘区白色。

【寄主】女贞、木槿、海棠、梧桐、芙蓉、扶桑、秋葵、苋菜、棉花等。

【分布】开发区、丰县、沛县、铜山区、睢宁县。

（257）葡萄卷叶野螟*Sylepta luctuosalis* (Guenée)

成虫体长10～11mm，翅展23～24mm。体灰黑色，头部黑褐色，两侧有白色鳞片。触角基节外侧白色，内侧黑褐色，并有向上突起的鳞毛。下唇须下半部白色，上半部黑褐色。胸、腹部背面淡黑褐色，每腹节后端黄白色。前、后翅均黑褐色，斑纹黄白色；前翅前缘黑色，外1/3处有1白斑，前端黄色，后部近半圆形；中室有1近方形的斑，此斑内方另有1小斑点，中部近后缘有1新月形斑；缘毛黑褐色，近臀角处白色。后翅中部有2个不相连的白斑，横贯后翅；前缘色淡，其近1/3处还有1个不大的白斑。

【寄主】葡萄、野葡萄。

【分布】丰县、沛县、铜山区、睢宁县。

成虫，沛县鹿楼，赵亮 2015.Ⅶ.9   成虫，铜山赵疃林场，钱桂芝 2016.Ⅶ.31

（258）台湾卷叶野螟*Sylepta taiwanalis* Shibuya

成虫体长14.5～15mm，翅展32～34mm。头部浓褐色，两侧色浅。触角浓褐色。下唇须下部白色，其

成虫，新沂马陵山林场，周晓宇 2016.Ⅷ.9

他褐黑色。胸部和腹部背面褐色，腹部各节末端色浅，腹面近白色。翅茶褐色，前翅中室内有1褐色圆斑，将中室前后划分成2个浅黄色扁圆斑；中室外侧有1浅黄斑，斑点靠近翅外缘有缺刻；中室下侧有3个狭窄浅黄斑，靠近翅外缘的1个最宽，接近椭圆。后翅基部浅黄色，有1深褐色斑；靠近翅外缘有浅黄色相互连接的3个方形斑，翅外缘中部有1浅黄色长方斑。

【寄主】未知。

【分布】新沂市。

12 尺蛾科 ┃ Geometridae

（259）丝绵木金星尺蛾*Abraxas suspecta* Warren

本种异名*Calospilos suspecta* Warren。成虫体长10～15mm，翅展27～43mm。雌蛾翅底色银白，具淡灰

及黄褐色斑纹；前翅外缘有1行连续的淡灰纹，外线成1行淡灰色斑，上端分叉，下端有1个大斑，呈红褐色；中线不成行，中室端部有1个大斑，大斑中有1个圈形斑；翅基有1深黄、褐、灰三色相间花斑。后翅外缘有1行连续的淡灰斑，外线成1行较宽的淡灰斑，中线有断续的小灰斑。翅平展时，前后翅斑纹相接，前后翅反面斑纹同正面，但无黄褐色斑纹。腹部金黄色，有由黑斑组成的条纹9行，后足胫节内侧无丛毛。雄蛾翅上斑纹同雌蛾，腹部也为金黄色，有由黑斑组成的条纹7行，后足胫节内侧有1丛黄毛。老熟幼虫体长28～33mm，体黑色，刚毛黄褐色，头部冠缝及傍额缝淡黄色；前胸背板黄色，有5个近方形的黑斑；背线、亚背线、气门上线、亚腹线为蓝白色，气门线及腹线黄色较宽；臀板黑色，胸部及腹部第6节以后的各节上有黄色横条纹；胸足黑色，基部有淡黄色环；腹足黑色，外侧黄色，端部淡黄色。蛹棕褐色，蛹长13～15mm，末端具臀棘，分2叉。

【寄主】杨、柳、榆、槐、水杉、卫矛、木槿、板栗、丝棉木、黄连木、大叶黄杨等。

【分布】云龙区、泉山区、开发区、丰县、沛县、铜山区、睢宁县、新沂市。

成虫（♂），矿大南湖校区，钱桂芝　2015.IX.19

成虫（♀），丰县大沙河，刘艳侠　2016.VII.26

蛹，丰县华山，刘艳侠　2015.VI.8

幼虫（背、侧面，丝棉木），新沂棋盘，周晓宇　2017.VII.12

被害状（大叶黄杨），铜山新区，钱桂芝　2015.IX.19

（260）春尺蠖*Apocheima cinerarius* Erschoff

别名春尺蛾、杨尺蠖、榆尺蠖、沙枣尺蠖。成虫雌雄异型。雌蛾体长7～19mm，无翅；灰褐色，复眼黑色，触角丝状；后胸及腹部第1～3节背面有数目不等的成排黑刺，刺尖端圆钝，腹部末端臀板有突起和黑刺列。雄蛾体长10～15mm，翅展28～37mm；头部密被细长毛，触角羽毛状，腹背基部具黑褐色小刺列；前翅淡灰褐至黑褐色，具内、中、外3条黑褐色波状横线，有时中线不明显。卵椭圆形，有珍珠光泽，卵壳上有整齐刻纹。初产时灰白色或赭色，孵化前为深紫色。老龄幼虫灰褐色，腹部第2节两侧各有1个瘤状突起，腹线均为白色，气门线一般为淡黄色。蛹灰黄褐色，末端有臀刺，刺端分叉。

【寄主】杨、柳、榆、槐、桑、梨、杏、苹果。

【分布】全市各地。

成虫（♂），铜山郑集，
郭同斌　2016.Ⅱ.17

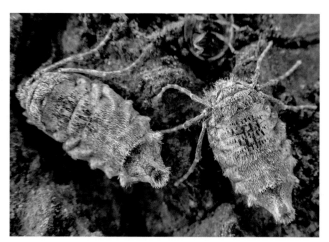

成虫（♀），铜山郑集，
钱桂芝　2016.Ⅲ.3

卵（杨），铜山郑集，钱桂芝　2016.Ⅲ.3

幼虫（杨），铜山郑集，郭同斌　2016.Ⅳ.19

蛹，铜山郑集，钱桂芝　2015.Ⅰ.9

被害状（杨），铜山郑集，钱桂芝　2015.Ⅳ.9

（261）大造桥虫*Ascotis selenaria* (Denis *et* Schiffermüller)

别名棉大造桥虫、棉尺蛾、水杉尺蛾。成虫体长14～16mm，翅展26～48mm。粗壮，体色变异很大，一般为浅灰褐色。雌蛾触角丝状，雄蛾双栉齿状，每节2对齿。额中部及中胸前缘各有1条黑色横带，各腹节后缘背中线两侧各有1黑斑。翅灰白至黄褐色，密布褐色鳞点。前翅内线、外线、亚外缘线均为黑褐色波状纹，中线不完整，仅两端明显，中室端有1个灰白色环斑，其周缘黑褐色，顶角下方有褐斑。后翅中线完整而无内线，中室端也有环斑。前、后翅外缘均有小黑点列，缘毛上均有褐斑。

【寄主】榆、梨、木槿、水杉、刺槐、漆树、黄檀、悬铃木等林木及棉、豆类、花生、辣椒等农作物。

【分布】开发区、丰县、沛县、铜山区、睢宁县、新沂市、贾汪区。

成虫（♂），睢宁魏集，姚遥 2014.Ⅳ.18

（262）紫条尺蛾*Calothysanis amata recompta* Prout

别名紫线尺蛾、红条小尺蛾、曲紫线尺蛾，本种异名*Calothysanis comptaria* (Walker)、*Timandra comptaria* (Walker)。成虫体长7～10mm，翅展21～30mm。头暗褐色，头顶有黄白色鳞毛。雄蛾触角双栉状，雌蛾线状具纤毛。胸、腹部污黄色，腹部无紫横纹。前、后翅污黄色，散布褐色细斑纹，翅的外缘均有细的紫褐色线，缘毛污黄色。前翅有1条较宽的紫条，从顶角斜伸至后缘中部，与后翅紫条相接，直达后翅内缘中部，紫条外侧另有1细褐线，前、后翅亦相接，并在前翅顶角处并入紫条。前翅具内线，有的个体不明显，中室端有褐色纹。后翅M₃脉端有角突。翅反面斑纹相同，但均为褐色且较深。

【寄主】萹蓄、酸模、马蓼、扛板归及小麦、大豆、玉米。

【分布】开发区、丰县、沛县、铜山区。

成虫（♀），丰县大沙河，
刘艳侠 2016.Ⅳ.14

成虫（♀），铜山邓楼果园，
宋明辉 2015.Ⅷ.4

成虫（♀），丰县赵庄，刘艳侠 2017.Ⅶ.13

（263）仿锈腰青尺蛾*Chlorissa obliterata* (Walker)

别名遗仿锈腰尺蛾。成虫体长9～10mm。触角雄蛾纤毛状，雌蛾线形。头顶绿色，前半部白色。胸背淡绿色，腹部白色，基部2～4节背面有粉红色斑块。翅淡黄绿色有单薄感，前翅前缘黄褐色，内、外线白

成虫（背、腹面），丰县凤城，刘艳侠　2015.Ⅴ.7

（266）优猗尺蛾*Ectropis excellens* Butler

别名刺槐外斑尺蛾。雌蛾体长约15mm，翅展约40mm。体翅灰褐色，触角丝状，翅面散布许多褐色斑点。前翅内线褐色，弧形，中线波状不甚明显；外线波状较明显，锯齿形，中部有1个明显的黑褐色近圆形大斑；亚外缘线锯齿形，外侧灰白色，与外缘线间的黑色斑纹相互交叉呈波状横纹；外缘有1列黑色条斑，前缘各横线端部均有大的褐色斑块，近顶角处更为明显。后翅外线波状，呈细的褐色波状纹，其他横线模糊不清，外缘也有1列小黑色条斑。腹部背面基部2节各有1对横列的黑色毛束。雄蛾体长约13mm，翅展约32mm。触角短栉齿状，体色较雌蛾深，斑纹较雌蛾明显。

【寄主】刺槐、榆、杨、柳、栎、栗、梨、苹果、棉花、花生、绿豆、苜蓿。

【分布】泉山区、铜山区。

成虫（♀），泉山拾屯，钱桂芝　2015.Ⅷ.27

（267）茶尺蠖*Ectropis obliqua* Prout

成虫（♂，右图腹面示中、后足胫节特征），铜山赵疃林场，钱桂芝　2015.Ⅷ.10

成虫体长13～20mm，翅展35～51mm。雌成虫体翅灰白色。头部小，复眼黑色近球形，触角丝状，灰褐色，着生短毛。头、胸背面被厚鳞片和绒毛。前翅具由黑褐色鳞片组成的内线、外线、亚外缘线、外缘线各1条，弯曲成波状纹，外缘线色稍深。前翅沿外缘具黑色小点7个，后翅6个，前后翅内、外缘及后缘均有灰白色缘毛。翅反面色较淡，也有黑点分布。足灰白色，中足胫节末端、后足胫节中央及末端各生距1对。雄蛾体翅颜色及各横线与雌蛾相近，但在前翅外线中部外侧具1近圆形黑斑，斑中间具1白点，前后翅外缘均具7个黑点。

【寄主】杞柳、刺槐、紫薇、石榴、紫穗槐及花生、大豆等。

【分布】铜山区。

（268）褐细边朱姬尺蛾 *Idaea paraula* (Prout)

成虫翅展15～18mm。翅面黄褐色，前翅有4条紫红色的微波状横带，外线与亚端线平行，外线细窄，亚端线粗宽，近前缘脉上具红褐色边，缘毛黄色。后翅斑纹与前翅相近似。

【寄主】未知，在杜梨叶片上采到成虫。

【分布】新沂市。

成虫，新沂马陵山林场，周晓宇　2017.Ⅵ.28

（269）榆津尺蛾 *Jinchihuo honesta* (Prout)

成虫，铜山新区，张瑞芳　2015.Ⅵ.18

成虫前翅长12～13mm。体翅淡褐、黄褐或橙灰色不一。前翅前缘色较淡，有2个明显的黑斑：内侧的黑斑下方连内线，内线与后缘近于垂直，外侧黑斑与外线相接，外线向外折角后斜伸至后缘2/3处；内、外线均淡褐色，外线外侧有白边。缘毛褐色，仅在脉端有细的白鳞，翅顶角尖，外缘弧弯。后翅较前翅色淡，外缘色略深，中有1条不明显的中线。翅反面仅前翅的外线隐约可见。

【寄主】榆。

【分布】沛县、铜山区。

（270）枯斑翠尺蛾 *Ochrognesia difficta* Walker

成虫（♂），沛县鹿楼，赵亮　2015.Ⅵ.8

成虫（♀），铜山房村，周晓宇　2017.Ⅷ.26

成虫前翅长14～19mm。雄蛾触角双栉形，末端线形，雌蛾触角线形。额上部绿色，下部白色，头顶白色；胸部和腹部第1节背面绿色，腹部其余部分白色带黄褐色。翅翠绿色，但外部约1/3有碎条状枯斑纹；

前翅前缘粉白色，有纤细的内线；外线上端消失，由M$_1$脉以下呈不规则波状，并向下、向外扩展至臀角而成枯斑块。后翅外缘中部突出成尖角。前、后翅外缘均有1条赭色缘线，在翅脉端有1小白点，缘毛黄白色，在脉端灰褐色。

【寄主】杨、柳、栎、桃。

【分布】沛县、铜山区。

（271）四星尺蛾*Ophthalmodes irrorataria* (Bremer *et* Grey)

成虫体长17～19mm，翅展45～49mm。体灰白至青灰色，旧标本呈灰黄白色，体背排列成对黑斑。雌蛾触角丝状，雄蛾羽状。前、后翅均布有多条黑褐色曲折横线，翅中部各有1块黑色肾形纹，外缘脉间各有1个黑斑。前翅具内线、中线、外线和亚端线，黑色肾纹在中线上。后翅具亚基线、内线、外线和亚端线，黑色肾纹在内、外线之间，亚基线和中线间有宽的污点带。翅反面均密布暗色点，两翅均有巨大深灰褐色中点和端带。

【寄主】桑、李、梨、枣、苹果、海棠、鼠李、蓖麻等。

【分布】铜山区。

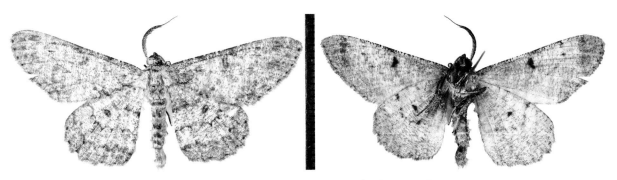

成虫（♂，背、腹面），铜山赵疃林场，宋明辉 2015.Ⅶ.7

（272）雪尾尺蛾*Ourapteryx nivea* Butler

成虫体长15～22mm，翅展38～60mm。体白色，颜面黄褐色，腹部略黄。触角雌雄均为线状。翅白色具丝光，散有黄灰色短细纹，外缘缘毛橙黄色，内缘缘毛白色。前翅外线与内线均较细，直向外伸斜，中室端有短直纹，线纹均为黄灰色。后翅只有1条横线与前翅内线相接，外缘在M$_2$脉近M$_3$脉处凸出呈尾状，并有2个斑点，上面的斑大，橙红色且有黑圈；下边的小，黑色。腹部后半浅褐色。

成虫，邳州炮车，孙超 2015.Ⅶ.12

【寄主】栎、朴树、冬青、栓皮栎。

【分布】沛县、邳州市。

（273）金星垂耳尺蛾*Pachyodes amplificata* (Walker)

本种异名*Terpna amplificata* Warren。前翅长雌蛾25～27mm，雄蛾27～28mm。雄蛾触角双栉形，雌蛾丝状。体粉白色，有深灰色及金黄色斑点。额上半部和头顶白色，额下半部黑色，其下缘和下唇须黄色，

后者外侧有黑褐斑。前胸白色，肩片内侧白色，外侧深灰色，胸、腹部背面杏黄色与深灰褐色相间。翅乳白色，散布大小不等的深灰色斑块；前翅亚基线与内线色较深，隐没于灰斑之内；中点处有1大灰斑，后翅中点较小，前、后翅外线为1列灰色圆斑；翅端部灰斑散碎，散布鲜黄色斑，其上有黑色碎纹，黄斑在臀角处（尤其后翅）扩展成1大块金黄斑；缘线为1列黑点，缘毛灰白与黑灰色相间。翅反面白色，基部黄色，正面斑纹在反面呈黑褐色，略扩展，翅端部无黄色。

【寄主】未知。

【分布】邳州市。

成虫（♂），邳州八路，孙超　2015.Ⅷ.9

（274）拟柿星尺蛾*Percnia albinigrata* Warren

成虫体长17～20mm，翅展50～55mm。下唇须、额和头顶前半部黑色，额下缘白色。复眼圆形，淡褐色。触角线形，黄褐色，雄蛾具致密短纤毛。头顶后半部和胸、腹部背面灰白色，胸部和腹部（不包括第2、9节）各节背面两侧各排列1个黑褐色斑点。翅白至灰白色，密布大小不等的灰黑色斑点；前翅前缘浅灰色，中点、外线和亚缘线在前缘及M脉之间的斑点大于其他斑点；前、后翅缘毛淡黄至黄褐色。翅反面颜色及斑点同正面。

【寄主】柿、梨、核桃、苹果、君迁子。

【分布】睢宁县、邳州市。

成虫（♂），邳州铁富，孙超　2015.Ⅵ.13

成虫（♀），睢宁睢城，姚遥　2015.Ⅵ.1

成虫及其蛹壳（♂），云龙潘塘，宋明辉　2015.Ⅶ.27采集蛹，2015.Ⅷ.18羽化为成虫

（275）桑尺蛾*Phthonandria atrilineata* (Butler)

别名桑尺蠖，本种异名*Menophra atrilineata* Butler、*Hemerophila atrilineata* Butler。成虫体长16～20mm，翅展40～76mm。灰黑色，复眼球形黑色。触角双栉齿状，雌蛾栉齿较雄蛾为短。翅灰褐色，密布不规则短黑纹。前翅外缘钝锯齿形，具灰褐色缘毛；外缘线细，黑色，沿锯齿状的外

缘呈波浪形曲折；前翅中部具2条细的黑色曲折横线，两线之间及其附近深灰黑色，外线自后缘中部斜向顶角，及至距顶角约3～4mm处又折向前缘距顶角约1/5处；内线与外线大体平行，自后缘基部约1/4处向前斜伸至中室端折向前缘中部。后翅外缘线细，黑色，也呈波浪形，外线的外方颜色较深。老熟幼虫体长45～50mm，头较小，淡褐色，冠缝两侧有不规则黑斑。体灰绿至灰褐色，背线、亚背线、气门线及腹线褐色，各线间有黑色波状纹，胸部各间有较宽的黑色横带。腹部第1节背面有1对月牙形黑斑，第5节背面隆起成峰，黑色，第8节背面有1对黑色乳突。胸足灰褐色，前侧方有近三角形黑斑，腹足与体色相似，外侧有黄褐斑1块。蛹体长

幼虫（桑），新沂新店，
周晓宇　2017.Ⅶ.21

幼虫（桑），铜山棠张，
钱桂芝　2015.Ⅷ.10

幼虫的拟态，新沂唐店，
周晓宇　2017.Ⅷ.15

19～22mm，深酱红色，头胸部、翅芽及足布满短皱纹，翅芽伸达第4腹节后缘，臀棘黑色，略呈三角形，表面多皱纹，末端具钩刺。

【寄主】桑、梨、苹果。

【分布】全市各地。

（276）长眉眼尺蛾 *Problepsis changmei* Yang

成虫体长12～16mm，翅展28～38mm。头黑色，下唇须背面黑色而腹面白色。触角基部和两触角间的头顶被白毛。胸部密被白色长毛，腹部背面黑褐色，密被白色长毛，各节后缘白色。翅白色，有大眼状斑；前翅眼状斑淡褐色，大而较圆，边缘整齐，中室横脉处白色，斑内有不完整的黑色和银灰色鳞组成的环，Cu$_1$和M$_3$脉间有明显黑条；眼下斑小，淡褐色，内有几个银点，并与后缘相连；外线淡褐色，为均匀的弧形，亚端线由7个大小不等的灰斑组成，端线由小灰斑条组成；前缘区自翅基至外线处有黑褐色长条，似眼的"眉毛"。后翅眼斑长椭圆形，与翅内缘褐斑相连，有与前翅相似的外线、亚端线和端线。

【寄主】未知。

【分布】开发区、丰县、邳州市。

成虫，丰县凤城，刘艳侠　2015.Ⅸ.17

成虫，邳州八路，孙超　2015.Ⅷ.12

（277）微点姬尺蛾*Scopula nesciaria* (Walker)

成虫体翅灰白色，密布不明显的褐色斑，前、后翅各有1枚小斑点，外线灰褐色，外缘翅脉端各有黑色小斑点排列。

【寄主】未知。

【分布】丰县、铜山区、新沂市。

成虫，丰县赵庄，刘艳侠　2015.Ⅶ.21　　　　　　成虫，铜山汉王，宋明辉　2015.Ⅸ.16

（278）槐尺蛾*Semiothisa cinerearia* Bremer *et* Grey

别名槐尺蠖，本种异名*Chiasmia cinerearia* (Bremer *et* Grey)。成虫体长12～17mm，翅展30～45mm。体翅灰褐色，具黑褐色斑点。前翅亚基线及中线深褐色，近前缘处向外缘转急弯成1锐角，中室端具1新月形褐色纹；亚外缘线黑褐色，由紧密排列的3列黑褐色长形斑块组成，在M$_1$～M$_3$脉间消失，近前缘处成1褐色三角形斑块，其外侧近顶角处有1个长方形褐色斑块；顶角浅黄褐色，其下方有1个深色的三角形斑块。后翅具2条近弧状的褐色横线（亚基线、中线，其中前者不明显），亚外缘线双线，展翅时中线及亚外缘线分别与前翅的中线及亚外缘线相接；中室外缘有1个黑色斑点，外缘呈明显的锯齿状缺刻。卵钝椭圆形，一端较平截，卵壳白色透明，密布蜂窝状小凹陷。幼虫两型：春型幼虫2～5龄直至老熟前均为粉绿色，头部深绿色，气门线黄色，气门线以上密布黑色小点，气门线以下至腹面深绿色，气门黑色，围气门片灰褐色，胸足及腹足端部黑色。秋型幼虫2～5龄亚背线与气门上线为间断的黑色纵条，胸部和腹末2节散布黑点。初化蛹粉绿色，渐变为紫色至褐色。臀棘具钩刺2枚，其长度约为臀棘全长的1/2弱，雄蛹2钩刺平行，雌蛹则向外呈分叉状。

【寄主】国槐，食料不足时取食刺槐、板栗、苹果、龙爪槐。

【分布】全市各地。

成虫，新沂邵店，周晓宇　2017.Ⅵ.28

春型幼虫（背侧面，国槐），沛县沛城，赵亮　2016.V.30　　　　春型幼虫（背面，国槐），丰县凤城，刘艳侠　2015.V.26

卵（国槐），丰县凤城，刘艳侠　2015.V.12　　　　　　蛹，新沂邵店，周晓宇　2017.VI.28

（279）雨尺蛾 *Semiothisa pluviata* (Fabricius)

成虫体长7~14mm，翅展21~34mm。体色灰褐至黄褐色。触角丝状，雄蛾触角具短纤毛。翅上密布如雨点般的小褐纹，尤以灰褐体色更为明显；前翅顶角有1三角形褐斑，外线下半段为双线，外侧为暗褐色带，近顶角处较淡，呈1鲜明的白色圆斑；中线与内线褐色、纤细，并在前缘折成角，中室端有黑纹但不明显。后翅中室端黑点明显，位于中线外侧；外线为黑色双线，外侧暗褐色并有1大黑斑；外缘波状，并有1条明显黑纹。翅反面黄褐色，斑纹褐色清晰，外线外侧大部分呈深褐带，褐带中有不规则小白斑，以前翅外缘近顶角处褐带中的小白斑最显著。

【寄主】榆、刺槐。

【分布】新沂市。

成虫（背、腹面），新沂马陵山林场，周晓宇　2016.VIII.2

（280）尘尺蛾*Serraca punctinalis conferenda* Butler

本种异名*Hypomecis punctinalis conferenda* (Butler)。成虫体长15～19mm，翅展30～49mm。体翅灰黑色，似尘土。前、后翅中室有1扁卵形斑，斑中央灰白色，外侧黑色，前翅外线黑色，波状内倾，较明显，其余各线不清，缘线为1列黑点。后翅各线较明显。后翅反面内缘的缘毛前（A脉上）还有1列浓密的黄白色细绒毛，是其重要的识别特征。

【寄主】栎、栗、杨、樟、柳、蔷薇、苹果等。

【分布】贾汪区。

成虫（右图示后翅反面内缘A脉上黄白色细绒毛），贾汪大洞山，张燕　2015（具体日期不详）

（281）黄双线尺蛾*Syrrhodia perlutea* Wehrli

成虫体长13～14mm，翅展36～38mm。体翅鲜黄色。触角雄蛾双栉状，雌蛾线状。翅面布有褐色小断纹，前、后翅中部具2条平行的褐色横线，2横线间颜色较淡。外线外侧带淡褐色并有明显的褐斑，前翅的褐斑在顶角和中部，后翅在顶角处，翅缘锯齿状，褐边不太明显。雄蛾前翅中室下方近翅基处有突出的鳞丛。翅反面略同，外线外侧褐色更浓，前翅外线至外缘为褐色，顶角有白斑，后翅则形成1条宽褐带。

【寄主】栎类。

【分布】铜山区。

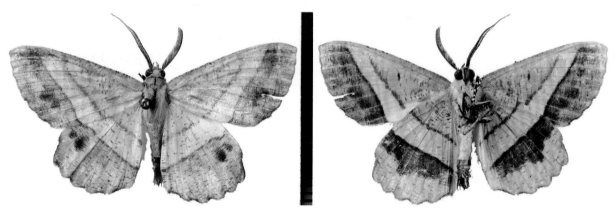

成虫（♂，背、腹面），铜山赵疃林场，钱桂芝　2016.Ⅵ.28

（282）桑褶翅尺蛾*Zamacra excavata* Dyar

本种异名*Apochima excavata* (Dyar)。成虫体长12～15mm，翅展38～50mm。体灰褐色，头胸部多毛。雌蛾触角丝状，翅面有赤色和白色斑纹，前翅内、外线外侧各有1条不太明显的褐色横线；后翅基部及端部灰褐色，近翅基部处为灰白色，中部有1条明显的灰褐色横线；静止时四翅皱叠竖直呈棍状，前翅伸向侧上方，后翅向后；后足胫节有距2对，尾部有2簇毛。雄蛾全身体色较雌蛾略暗，触角羽毛状，腹部瘦，末端有成撮毛丛，其特征与雌蛾相似。老熟幼虫体长30～35mm，黄绿色，头褐色，两侧色稍淡；前胸侧面黄色，腹部第1～4节背部有赭黄色刺突，第2～4节上的明显较长，第8腹节背部有褐绿色刺1对；各体节节间膜黄色，腹部第4～8节亚背线粉绿色，气门黄色，围气门片黑色，腹部第2～5节各节两侧各有淡绿色刺1个；胸足淡绿，端部深褐色；腹足绿色，端部褐色。

【寄主】桑、杨、榆、梨、苹果、山楂、核桃、国槐、刺槐、毛白杨、珊瑚树。

【分布】沛县、铜山区。

成虫（♂），铜山郑集，周晓宇	幼虫（珊瑚树），铜山新区，钱桂芝	幼虫（梨），沛县胡寨，赵亮
2016.Ⅲ.3	2015.Ⅴ.6	2016.Ⅳ.27

13 燕蛾科 ┃ **Uraniidae**

（283）斜线燕蛾*Acropteris iphiata* Guenée

成虫翅展25～32mm。灰褐至污白色。前、后翅粉白色。翅面有棕褐或褐色斜纹，斜纹可分为5组，前、后翅相通。中间为1斜白带相隔，斜白带前方为深褐色，中室全被覆盖；斜白带后侧1组深褐色，尤其在后翅上包括许多线纹；第2组只有2条斜线，在后翅上较宽，中间有褐色散点；最外1组由2条细线组成。前翅顶角处有1黄褐色斑，前、后翅缘毛黄褐色。翅反面线纹稍模糊。

【寄主】香茅。

【分布】云龙区、开发区、睢宁县、新沂市。

成虫，开发区大庙，周晓宇 2016.Ⅴ.11

14 波纹蛾科 | **Thyatiridae**

（284）波纹蛾*Thyatira batis* (Linnaeus)

别名大斑波纹蛾。成虫体长13～15mm，翅展32～45mm。体背灰褐色，腹面黄白色。颈板和肩板有淡红色纹，腹部背面有1暗褐色毛丛。足黄白色，前、中足胫、跗节及后足跗节暗褐色，跗节各节末端有1黄白色点。前翅暗浅黑棕色，有5个带白边的桃红色斑，斑上涂棕色，其中基部的斑最大，后缘中间的斑最小，近半圆形，前缘斑适中，近圆形，顶斑近椭圆形，臀斑占据全部臀角区，其外缘上方有1～2个白色小斑点。外线隐约可见，缘线清晰，黑棕色，其余各线不甚清晰。后翅暗浅褐色，外带浅棕色，缘毛色浅。

【寄主】草莓、多腺悬钩子、三花莓、荆棘等。

【分布】邳州市。

成虫（右图示腹面及足特征），邳州八路，孙超　2015.Ⅷ.3

15 虎蛾科 | **Agaristidae**

（285）日龟虎蛾*Chelonomorpha japona* Motschulsky

成虫体长22～23mm，翅展56～63mm。头、胸部黑色，下唇须基部、头顶、颈板及翅基片有蓝白斑。腹部黄色，背面有黑横条。前翅黑色，中室基部1黄斑，中室端部1长方形黄斑，其后在亚中褶中部有另1黄斑，外区前、中部各1方形黄斑，亚端区1列扁圆黄斑，2～5脉间的斑较小。后翅杏黄色，基部黑色，中室顶角1黑斑，中室下角外有1黑斑，其后另1黑斑，并外伸1黑线，端区1黑带，前宽后窄，内缘波曲，近顶角处有1组黄斑。

【寄主】未知。

【分布】邳州市。

成虫，邳州八路，孙超　2015.Ⅵ.14

16 枯叶蛾科 | **Lasiocampidae**

（286）赤松毛虫*Dendrolimus spectabilis* Butler

雄蛾翅展48～69mm，雌蛾70～89mm。体色变化较大，有灰白、灰褐及赤褐色。前翅中线与外线白色，亚外缘斑列黑色，呈三角形，中室白点小，有时不明显。雌蛾亚外缘斑列内侧和雄蛾亚外缘斑列外侧有白色斑纹。雄蛾前翅中线与外线之间深褐色，形成宽的中带。

【寄主】赤松、黑松等。

【分布】新沂市。

成虫（♀），新沂马陵山林场，周晓宇　2016.Ⅷ.18

（287）杨枯叶蛾*Gastropacha populifolia* Esper

雌蛾翅展56～76mm，雄蛾40～59mm。体翅黄褐色。前翅狭长，内缘短，外缘呈波状弧形。前翅有5条黑色断续的波状纹，中室端黑色斑纹小，不太明显。后翅有3条明显的黑褐色斑纹，仅前半段可见，前缘橙黄色，后缘淡黄色。前、后翅散布稀疏黑色鳞毛。

【寄主】杨、柳、栎、柏、梨、桃、李、杏、苹果、樱桃、核桃等。

【分布】开发区、沛县、铜山区、新沂市。

成虫，沛县鹿楼，赵亮　2015.Ⅶ.10

（288）苹枯叶蛾*Odonestis pruni* Linnaeus

成虫，沛县河口，朱兴沛　2005.Ⅶ.16

别名苹果枯叶蛾、苹毛虫、李枯叶蛾。雌蛾翅展40～65mm，雄蛾37～51mm。体翅黄褐至红褐色，翅外缘褐色，锯齿状。前翅内线、外线黑褐色，较明显，呈弧形，内线由前缘近基部1/4至后缘1/4，外线由前缘3/4至后缘1/3；中室末端白斑大而明显，呈圆形或半圆形，其外缘黑褐色；亚端线不明显，为淡褐色波状细线，顶角至外缘端半部有暗褐斑。后翅色稍浅，有2条不太明显的深褐色斑纹。

【寄主】苹果、梨、桃、杏、李、梅、枣、山楂、木瓜、樱桃。

【分布】沛县、新沂市。

17 大蚕蛾科 ｜ **Saturniidae**

（289）绿尾大蚕蛾*Actias selene ningpoana* Felder

成虫体长35～40mm，翅展约122mm。体表具深厚白色绒毛，头、胸部及肩板基部有暗紫色横切带。翅粉绿色，基部有白色绒毛；前翅前缘暗紫色，混杂白色鳞毛，外缘黄褐色，中室末端有1眼斑，内侧黑色新月形，中间长条透明，与黑色新月形相接处镶紫红边，外侧黄色。后翅也有1眼纹，后角尾状突出，长约40mm。1、2龄幼虫黑色，3龄除头部黑色外全体橘黄色，各腹节背、侧线及气门线有2个黑色斑，4龄后渐变为黄绿色。

【寄主】杨、柳、榆、樟、栗、梨、杏、枫杨、枫香、乌桕、板栗、海棠、樱桃、木槿、核桃、苹果等。

【分布】全市各地。

成虫，新沂马陵山林场，周晓宇　2017.Ⅴ.12

幼虫（3龄，乌桕），铜山新区，钱桂芝　2015.Ⅸ.1

（290）樗蚕*Philosamia cynthia* Walker *et* Felder

成虫体长20～30mm，翅展115～125mm。体青褐色，头部四周、颈板前端、前胸后缘、腹部背线、侧线及末端均为白色，其他部位为青褐色。前翅顶角圆而突出，有1个黑色眼状斑，斑上边白色弧形；前、后翅中央各有1新月形斑，斑上缘深褐色，中间半透明，下缘土黄色，外侧具1条纵贯全翅的宽带，宽带中间粉红色，外侧白色，内侧深褐色。幼龄幼虫淡黄色，有黑色斑点，中龄后青绿色有白粉。各体节亚背线、气门上下线部位各有1排显著的枝刺，亚背线上的比其他2排的更大。

【寄主】乌桕、臭椿、冬青、香樟、梧桐、刺槐、枫杨、银杏、核桃、石榴、木槿、花椒、泡桐、悬铃木等。

【分布】开发区、丰县、睢宁县、邳州市、新沂市。

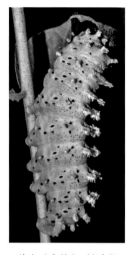

成虫，开发区徐庄，周晓宇　2016.Ⅵ.5　　幼虫（臭椿），新沂邵店，周晓宇　2017.Ⅵ.27

18　蚕蛾科 | **Bombycidae**

（291）家蚕*Bombyx mori* Linnaeus

成虫体长20～25mm，翅展39～43mm。体翅灰白色，雄蛾色稍深。触角双栉齿状，背面白色，腹面灰黄色，栉枝灰褐色，雄蛾栉枝长，雌蛾栉枝短。前翅外缘顶角后方向内凹陷，在M_3脉处又突出，内、外线及中室横脉纹均为不甚明显的淡黄色，端线及翅脉灰褐色。腹部背中央有成丛的白色长毛。

【寄主】桑。

【分布】全市各地。

成虫（左：♂，右：♀），沛县沛城，赵亮　2015.Ⅴ.8

（292）桑野蚕*Theophila mandarina* Moore

别名野蚕蛾，本种异名*Bombyx mandarina* Moore。成虫体长13～21mm，翅展32～45mm。体翅灰褐色，

触角羽状。前翅顶角外伸，顶端钝，顶角下方至M₃脉间有1弧形凹陷；翅上有2条横带，内横带棕褐色弧形，外横带棕褐色较直，亚外缘线浅褐色较细，下方稍向内倾斜达后角，外缘镶白边；中室端有1深褐色肾形纹，顶角内侧至外缘中部有1较大的深褐色斑，外缘凹陷处缘毛白色。后翅色略深，内线及中线褐色较细，中间呈深色横带，外线色稍浅，缘毛棕色，后缘中央有1镶白边的棕黑色半月形斑。雌蛾腹部肥大，腹端尖，雄蛾体色较深，腹部瘦小而向上举。

成虫（♂），沛县安国，赵亮　2015.Ⅶ.25

【寄主】桑、构树、栎。

【分布】沛县、铜山区、睢宁县。

19　箩纹蛾科 ｜ **Brahmaeidae**

（293）紫光箩纹蛾*Brahmaea porphyrio* Chu *et* Wang

　　成虫体长37~46mm，翅展120~131mm。棕褐色，触角双栉齿状，腹部背面有黄褐色节间横纹。前翅中带中部有2个长圆形纹，呈紫红色，并在其外侧有一片紫红色光泽；中带内侧有7条深褐色和棕色的箩筐编织纹，中带外侧有5~7条浅褐色和棕色的箩筐编织纹；翅外缘浅褐色，有1列半球形的灰褐色斑。后翅中线内侧棕色或棕黑色（有的个体在后翅前缘附近有3~4条黄褐色斑），外侧有10条浅褐色和棕色箩筐编织纹。前、后翅翅脉呈蓝褐色。初孵幼虫黄褐色，有黑斑，中、后胸背面各有1对短刺突，第8腹节背面中央有1根大的刺状突。随虫体长大，刺状突在蜕皮时蜕去而变光滑。老熟幼虫体长90mm，棕黄色，背面有黄褐色斑纹及许多黄褐色小点。气门黑色，椭圆形。

【寄主】小叶女贞、女贞、丁香、桂花。

【分布】泉山区、铜山区、邳州市。

成虫，邳州八路，宋国涛　2015.Ⅵ.10

成虫，邳州炮车，孙超　2015.Ⅷ.4

幼虫（小叶女贞），矿大南湖校区，钱桂芝　2015.Ⅸ.26

20　天蛾科 ｜ **Sphingidae**

（294）葡萄天蛾*Ampelophaga rubiginosa* Bremer *et* Grey

　　成虫翅展85~110mm。体翅茶褐色。复眼后至前翅翅基有1条灰白色较宽的纵线，体背中央自前胸至腹末具灰白色细纵线。前翅顶角较突出，各横线均为暗茶褐色；内线和中线较粗而弯曲，在翅的中部形成2条较宽的横带，中室端褐纹位于其间；外线较细，呈波纹状；顶角处有1块较浓的三角形棕色斑，斑下接亚外缘线，亚外缘线呈波状，较外线宽。后翅周缘棕褐色，基部及中间大部分为黑褐色，外缘及臀角附近各有1条茶褐色横带，缘毛色稍红。翅反面红褐色，各横线黄褐色，前翅基半黑灰色，外缘红褐色。

【寄主】葡萄、黄荆、野葡萄、蛇葡萄、爬山虎、乌蔹莓、五叶地锦。

【分布】沛县、邳州市。

成虫（背、腹面），邳州八路，孙超　2015.Ⅵ.12

（295）榆绿天蛾*Callambulyx tatarinovi* (Bremer *et* Grey)

成虫体长30～33mm，翅展65～82mm。头、胸部深绿色，触角上面白色，下面褐色。胸背两侧（包括肩片）有淡绿色三角形大斑，腹背粉绿色，各腹节后缘有棕黄色横纹1条。前翅绿色，后缘灰色，在臀角有4条短黑纹；前缘顶角有1块较大的三角形深绿色斑，内线外侧连成1块深绿色斑，外线呈2条弯曲的波状纹，翅反面近基部后缘淡红色。后翅红色，后缘白色，外缘淡绿色，臀角上有墨绿色横条和斑纹，翅反面黄绿色。

【寄主】榆、柳、刺榆、凤仙花。

【分布】丰县、沛县、新沂市。

成虫（背、腹面），新沂马陵山林场，周晓宇　2016.Ⅷ.2

（296）豆天蛾*Clanis bilineata tsingtauica* Mell

成虫体长40～45mm，翅展100～120mm。体翅黄褐色。头及复眼较小，触角背面黄褐色，腹面棕色。头顶及胸背有1条较细的褐色中线，腹部各节背面后缘有棕黑色横纹。前翅黄褐色，狭长，前缘近中央有1污黄色三角形大斑，中室横脉处有1近白色小点；内、中线不明显，外线呈褐绿色波状纹，顺R_3脉走向有褐绿色纵带；近外缘呈扇形，顶角有1暗褐色斜纹，将顶角二等分。后翅除前缘及内缘黄白色外，大部分呈棕褐色，基部上方有赭色斑，后角附近枯黄色，横线仅臀角淡色处可见。

【寄主】刺槐、泡桐、黑荆树、紫萝及大豆等。

【分布】开发区、丰县、沛县、铜山区。

成虫，开发区大庙，周晓宇　2016.Ⅵ.18　　　　　成虫，丰县凤城，刘艳侠　2015.Ⅵ.15

（297）白薯天蛾 *Herse convolvuli* (Linnaeus)

别名旋花天蛾、甘薯天蛾，本种异名 *Agrius convolvuli* (Linnaeus)、*Sphinx convolvuli* Linnaeus。成虫体长45～46mm，翅展88～110mm。体翅暗灰色，肩板有黑色纵线，腹部背面灰色，中央具黑色细线，两侧每节有白色、桃红色和黑色3条横纹。前翅内、中、外横带各为2条深棕色的尖锯齿线，M_3及Cu_1脉的颜色较深，顶角有黑色斜纹。后翅有4条暗褐色横带，缘毛白色及暗褐色相杂。

【寄主】甘薯、扁豆、牵牛花、赤小豆、旋花科，成虫吸食多种花蜜及桃、葡萄等果实。

【分布】全市各地。

成虫，铜山汉王，宋明辉　2015.Ⅸ.16　　　　　成虫，沛县大沙河林场，赵亮　2015.Ⅴ.17

（298）甘蔗天蛾 *Leucophlebia lineata* Westwood

成虫体长27～33mm，翅展62～75mm。头顶白色，颜面枯黄至红棕色。下唇须端节长，触角背面白色，腹面赭黄色。复眼圆，上面有黑斑。胸背白色略带粉红色，有橙黄色中带。前翅玫红色，中央自翅基至顶角有1较宽的淡黄色纵带，沿臀褶还有1条细黄带，Cu_1与Cu_2脉白色，在黄带和白脉边缘散有灰褐色鳞，翅前缘有细黄边。后翅橙黄色。前、后翅缘毛均为黄白色，臀角均圆而不突出。腹部背面

成虫，铜山赵疃林场，钱桂芝　2015.Ⅶ.7

枯黄色，两侧色浅，略带粉红色。体腹面粉红色。足粉红色，中足胫节有刺1对，后足胫节有刺2对。

【寄主】甘蔗及其他禾本科植物，也见到幼虫危害榆树。

【分布】铜山区。

（299）青背长喙天蛾*Macroglossum bombylans* (Boisduval)

成虫体长27~29mm，翅展44~45mm。下唇须及胸部腹面白色，头顶、胸部背面及腹部第3节背面暗绿色，第1、2节两侧橙黄色，第4、5节上有黑斑，第6节后缘有白色横纹。腹部腹面赭色，第3、4节有白色斑。前翅内线黑色较宽，近后缘向内方弯曲，外线由2条波状横线组成，顶角内侧有深色斑，外缘棕褐色。后翅黑褐色，前缘及后缘橙黄色，在中部相连。翅反面暗褐色，基部污黄色，各横线呈深色波状纹，翅基部有白毛。

【寄主】野木瓜及茜草科植物。

【分布】丰县、沛县。

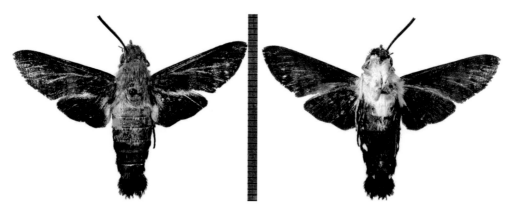

成虫（背、腹面），丰县凤城，刘艳侠　2015.Ⅶ.16

（300）小豆长喙天蛾*Macroglossum stellatarum* (Linnaeus)

别名小豆日天蛾、茜草蚕蛾、燕尾蚕蛾、蜂雀天蛾。成虫体长28~33mm，翅展48~50mm。触角棒状，末节细长。下唇须及胸部腹面白色。头及胸部背面灰褐色，腹部暗灰色，两侧有白色和黑色斑，尾毛棕色，扩散为刷状。前翅灰黑色，内线及中线弯曲，黑褐色；外线不甚明显，中室上有1黑色小点，缘毛棕黄色。后翅橙黄色，基部及外缘有暗褐色带。翅的反面前大半暗褐色，后小半橙色。

【寄主】茜草科（如蓬子菜）、小豆、土三七等。

【分布】云龙区、泉山区、丰县、铜山区。

成虫（背、腹面），矿大南湖校区，宋明辉　2015.Ⅹ.13

（301）斑腹长喙天蛾*Macroglossum variegatum* Rothschild *et* Jordan

　　成虫体长28～34mm，翅展43～50mm。体棕黄色，头及胸部有棕黑色背线，腹部背面第2、3节两侧有橙黄色斑，尾毛棕色刷状。头部腹面白色，胸部腹面灰黄色，足茶褐色，腹部腹面橙黄色，具2条灰褐色纵线，第2、3节后缘两侧有白点。前翅棕黄色，各横线棕黑色波状，内线较宽，近后缘向内方倾斜，顶角有棕黑色斑，下方有棕黑色纵带。后翅深棕色，中部有橙黄色横带。翅反面黄褐色，外缘棕褐色，各线深棕色。

　　【寄主】凉喉茶属、唇形科凉粉草属植物。

　　【分布】泉山区、开发区、丰县、沛县。

成虫（背面），开发区大庙，宋明辉　2015.Ⅷ.10　　成虫（腹面），矿大南湖校区，宋明辉　2015.Ⅹ.13

（302）梨六点天蛾*Marumba gaschkewitschi complacens* Walker

　　成虫体长39～43mm，翅展87～100mm。体翅及触角棕黄色，胸部及腹部背线黑色，腹面暗红色。前翅各横线深棕色，弯曲，顶角下方有棕黑色区域，后角有黑色斑，中室端有1个黑点，自亚前缘至后缘呈棕黑色纵带。后翅紫红色，外缘略黄，后角有2个黑点，缘毛白色。前、后翅反面暗红至杏黄色，前翅前缘灰粉色，各横线明显。

　　【寄主】梨、桃、杏、李、枣、苹果、葡萄、樱桃、枇杷。

　　【分布】全市各地。

成虫（背、腹面），铜山邓楼果园，张瑞芳　2015.Ⅵ.3

（303）枣桃六点天蛾*Marumba gaschkewitschi gaschkewitschi* (Bremer *et* Grey)

　　别名桃天蛾、枣天蛾、桃六点天蛾。成虫体长25～38mm，翅展76～120mm。体翅黄褐至灰褐紫色，复眼灰褐色，触角栉齿状，腹面黄褐色，背面淡灰白色。胸部背面棕色，正中有深棕色纵纹。腹部灰褐色，腹背中央有1淡黑色纵线。前翅各线之间成为颜色较深的3条纵带，中室端有褐斑，近外缘部分黑褐色；近臀角处有2个深褐色斑，有时此2斑相连；外缘有半月形褐斑，边缘成齿状，齿大小相同，缘毛白色与褐色相间。后翅近三角形，枯黄略带粉红色，翅脉褐色，近臀角部位有2个黑斑接近或相连。前翅反面基部至中室呈粉红色，外线与亚端线之间黄褐色。后翅反面灰褐略带粉红色，各线棕褐色，后角色较深。

【寄主】枣、桃、梨、杏、李、柳、酸枣、樱花、紫薇、核桃、苹果、葡萄、樱桃、枇杷、海棠等。

【分布】沛县。

成虫（背、腹面），沛县大沙河林场，朱兴沛　2015.Ⅶ.27

（304）栎鹰翅天蛾*Oxyambulyx liturata* (Bulter)

成虫体长40～50mm，翅展125～132mm。体翅灰橙褐色，颜面粉白色，头顶与颈分界处棕褐色，胸部两侧棕褐色，腹部背面中央有1褐色纵线，各节后缘有褐色横纹，腹面橙黄色。前翅橙灰色，内线部位下方有绿褐色圆斑1个，中、外线波状不明显，亚外缘线褐绿色较宽，缘毛黄褐色，前缘有4条褐色暗影，后角近后缘有月牙形黑纹。后翅橙褐色，有暗褐色横带2条，顶角内散布褐色斑，前缘黄色。

【寄主】栎树、核桃。

【分布】邳州市。

成虫，邳州八路，宋国涛　2015.Ⅷ.6

（305）鹰翅天蛾*Oxyambulyx ochracea* (Butler)

成虫体长32～45mm，翅展65～115mm。体翅黄褐色，头顶及肩板绿色，颜面白色。胸部背面黄褐色，两侧浓绿褐色，腹部第6节两侧及第8节背面有褐绿色斑。前翅内线不明显，中线及外线呈褐绿色波状纹，有时不显著；外缘线至外缘间有1条自顶角至后角的褐绿色弧形横带，顶角向下弯曲成弓状似鹰翅；基部及近中室端各有1小绿斑点，在内线部位近前缘及后缘处有褐绿色圆斑2个，在前缘者圆形较小，在翅室下的近圆形较大，近后角内上方有褐绿色及褐色斑。后翅橙黄色，有较明显的棕褐色中带及外缘带，后角上方有褐绿色斑。前、后翅反面橙黄色，前翅外缘呈灰白色宽带。

【寄主】栎、板栗、胡桃科（核桃）、槭树科。

【分布】睢宁县。

成虫，睢宁睢城，姚遥 2015（具体时间不详）

（306）构月天蛾*Parum colligate* (Walker)

别名构星天蛾。成虫体长34～37mm，翅展65～80mm。体翅褐绿色，胸部灰绿色，肩片棕褐色。腹部各节有"八"字形黄白色纹而显出背中有1列三角形斑。前翅基线灰褐色，内线与外线之间呈较宽的茶褐色带，中室端有1小白斑，其内外连有褐纹或延伸成褐色纵条；外线暗紫色，顶角有近圆形暗紫色斑1块，四周白色呈月牙形；顶角至后角间有弓形的白色带，翅外缘有由此白线划分的宽带，臀角有褐纹，内线和翅基均有黄白色纹。后翅浓绿色，外线色较浅，后角有棕褐色斑1块。

【寄主】桑、杨、构树。

【分布】开发区、丰县、沛县、铜山区、邳州市、新沂市。

成虫，沛县大沙河林场，朱兴沛 2016.Ⅶ.21

（307）红天蛾*Pergesa elpenor lewisi* (Butler)

成虫体长25～37mm，翅展55～70mm。体翅红色为主，有红绿色闪光。头顶及胸背有黄绿色纵带，两侧各有1条纵行的红色带，肩片外缘有白边。腹部背线红色，两侧黄绿色，外侧红色，第1腹节两侧有黑斑。前翅基部后半黑色，前缘及外线、亚外缘线、外缘和缘毛都为暗红色，外线近顶角处较细，越向后缘越粗，中室端有1小白点。后翅红色，近基半部棕黑色。

【寄主】忍冬、葡萄、半夏、茜草、凤仙花、千屈菜、蓬子菜、柳叶菜等。

【分布】丰县、睢宁县。

成虫，丰县凤城，刘艳侠　2016.Ⅵ.27

（308）霜天蛾*Psilogramma menephron* (Cramer)

　　成虫体长45～50mm，翅展90～130mm。体翅暗灰色，混杂霜状白粉。胸部背面两侧及后缘有棕黑色纵条，腹部背面中央及两侧各有1条灰黑色纵纹，腹面灰白色。前翅内线不明显，中线呈2条棕黑色波状横线，中室下方有黑色纵纹2条，下面1条较短，翅顶角有1黑色半圆形曲纹。后翅棕黑色，被白粉，后角有灰白色斑。前、后翅外缘均由黑白相间的小长方块连成。

　　【寄主】柳、楝、樟、楸、梓、泡桐、梧桐、丁香、桂花、女贞、白蜡、牡荆、悬铃木、栀子花、金叶女贞等。

　　【分布】云龙区、开发区、丰县、沛县、铜山区、睢宁县、新沂市、贾汪区。

成虫，开发区大庙，宋明辉　2015.Ⅶ.23

（309）蓝目天蛾*Smerinthus planus* Walker

　　成虫体长32～36mm，翅展80～92mm。体翅黄褐色，稍带绿色。体梭形，强壮。触角淡黄色。复眼大，暗绿色。中胸背面中央纤毛浓褐色，呈1深色大斑。前翅狭长，中央中、外线下段被灰白色剑状纹切断，两线间呈上、下2块暗褐色斑，上方斑较大；中室前端外侧的肾状纹清晰，呈1细小灰白色的新月形斑；内、中、外线及亚外缘线深褐色呈波状，外缘自顶角以下深褐色。后翅中央红色，前部淡黄，隐约可见2条褐斑纹；臀角上方有1醒目的蓝色眼状斑，其外有1灰白圈，最外为1蓝黑圈；蓝目斑上方粉红色，外缘至蓝目部分茶褐色。

　　【寄主】杨、柳、桃、李、榆、樱桃、苹果、海棠、核桃、葡萄、樱花。

　　【分布】全市各地。

成虫，开发区大庙，宋明辉 2015.IV.29

（310）斜纹天蛾*Theretra clotho clotho* (Drury)

　　成虫体长40~45mm，翅展82~90mm。体翅灰黄色，头及肩板两侧有白条。胸部背线棕色，腹部第3节两侧有黑色斑1块，6、7、8节背中央有棕褐色斑点，尾端有灰白色毛丛。前翅各横线不明显，翅基有黑斑；自顶角至后缘有棕褐色斜纹3条，近外缘1条较明显；外缘深灰黄色，中室端及底各有黑色小圆点1个。后翅棕黑色，前缘及后缘棕黄色。

　　【寄主】木槿、白粉藤、青紫藤、葡萄。

　　【分布】丰县、铜山区、睢宁县、新沂市。

成虫，新沂马陵山林场，周晓宇 2016.VIII.3

（311）雀纹天蛾*Theretra japonica* (Orza)

　　别名日本斜纹天蛾。成虫体长27~38mm，翅展58~80mm。体背茶褐色，头、胸两侧有灰白条，触角背面灰色，腹面棕黄色，胸背中部具灰白色纵带，两侧有橙黄色纵条。腹背有5条平行灰褐色纵线，腹侧淡红褐色。前翅黄褐色，后缘中部白色，顶角达后缘方向有7条暗褐色斜条纹，上面1条最宽而明显，第3条与第4条之间色较淡，中室端有1小黑点。后翅黑褐色，有1条黄褐色亚缘带，后角附近有橙灰色三角斑，缘毛白色。

　　【寄主】葡萄、野葡萄、常春藤、白粉藤、爬山虎、虎耳草、大锈球、绣球花、麻叶绣球。

　　【分布】全市各地。

成虫，开发区大庙，周晓宇　2016.Ⅴ.4

21　舟蛾科丨**Notodontidae**

（312）杨二尾舟蛾*Cerura menciana* Moore

　　成虫体长28～30mm，翅展75～80mm。头、胸部灰白微带紫褐色，胸背有2列6个黑点，翅基片有2个黑点。腹背黑色，第1～6节中央有1条灰白色纵带，两侧每节各具1个黑点，末端两节灰白色，两侧黑色，中央有4条黑纵线。前翅灰白微带紫褐色，翅脉黑褐色，所有斑纹黑色，基部有3黑点鼎立，亚基线由1列黑点组成；内线3条，最外1条在中室下缘以前断裂成4黑点，下段与其余2条平行，蛇形，内面2条在中室上缘前呈弧形开口于前缘，在中室内呈环形，以下双道，前端闭合，横脉纹月牙形；中线和外线双道深锯齿形，外缘线由脉间黑点组成，其中4～8脉上的点向内延长。后翅灰白微带紫色，翅脉黑褐色，横脉纹黑色，外缘有1列黑点。老熟幼虫体长48～53mm，宽约6mm。头褐色，两颊具黑斑；体叶绿色，前胸背面前缘白色，其后为1紫红色三角形斑，尖端向后伸过后胸背突起的峰突，以后呈纺锤形宽带伸至腹背末端；第4腹节侧面靠近后缘有1白色条纹，从亚背线伸至腹足，纹前具褐边；体末端有2个可以向外翻缩的褐色长尾角，角上具赤褐色微刺；腹面粉绿色，胸足黄褐色，腹足绿色，端部黄褐色。

【寄主】杨、柳。

【分布】开发区、丰县、沛县、铜山区、睢宁县。

成虫，铜山张集，钱桂芝　2016.Ⅳ.15

成虫，睢宁魏集，
姚遥　2015.Ⅸ.2

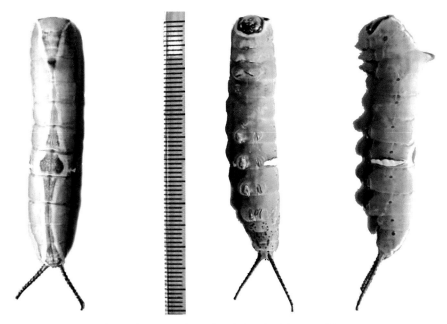

幼虫（背面、腹面及侧面），开发区大庙，郭同斌　2015.Ⅶ.23

（313）杨扇舟蛾*Clostera anachoreta* (Fabricius)

别名白杨天社蛾。雌蛾体长15～20mm，翅展38～42mm；雄蛾体长13～17mm，翅展23～27mm。体翅灰褐色，触角褐色，雌蛾单栉状，雄蛾双栉状。头顶及胸部背面中央棕黑色。前翅有4条灰白色波状横纹，顶角有黑褐色扇形斑，外线通过扇形斑的一段呈斜伸的双齿形，外衬2～3个黄褐带锈红色的斑点，扇形斑下方有1较大的黑点。后翅灰褐色。卵扁圆形，初为橙红色，近乳化时暗灰色。幼虫头部黑褐色，胸部灰白色，侧面墨绿色，体上长有白色细毛。腹部背面灰黄绿色，每节着生有环形排列的橙红色瘤8个，其上具有长毛，两侧各有较大的黑瘤，其上着生1束白色细毛向外放射，腹部第1、8节背面中央有较大的红黑色瘤。蛹褐色，茧薄，灰白色。

【寄主】杨、柳、母生。

【分布】全市各地。

成虫，新沂踢球山林场，周晓宇　2016.Ⅶ.21

交配（♀♂），沛县鹿楼，赵亮　2015.Ⅷ.27

卵（杨），沛县鹿楼，
赵亮　2015.Ⅷ.27

卵（杨），铜山汉王，
宋明辉　2015.Ⅸ.16

低龄幼虫群集危害（杨），铜山张集，
周晓宇　2016.Ⅶ.4

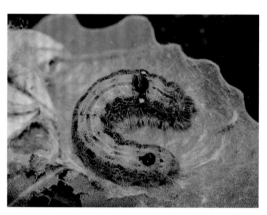

老熟幼虫（杨），丰县凤城，
刘艳侠　2015.Ⅵ.5

预蛹，开发区大庙，
宋明辉　2015.Ⅶ.13

蛹，丰县凤城，
刘艳侠　2015.Ⅶ.13

（314）仁扇舟蛾*Clostera restitura* (Walker)

　　成虫翅展雄23～28mm，雌32～36mm。体灰褐至暗灰褐色，头顶到胸背中央黑棕色。前翅灰褐至暗灰褐色，顶角斑扇形，为模糊的红褐色；3条灰白色横线具暗边，亚基线在中室下缘断裂并错位外斜，内线略外拱，外侧有雾状暗褐色，近后缘处外斜，中室下内外线之间有1斜的三角形影状斑，外线在 M_2 脉前稍弯曲；亚端线由1列脉间黑色点组成，波浪形，在 Cu_1 脉呈直角弯曲，Cu_1 脉以前其内侧衬1波浪形暗褐色带；端线细，不清晰，横脉纹圆形暗褐色，中央有1灰白线把圆斑横割成两半。后翅黑褐色。雄虫腹部较瘦弱，尾部有长毛1丛。老熟幼虫体长28～32mm，圆筒形；头灰色，具黑色斑点，体灰色至淡红褐色，被淡黄色毛，胸部两侧毛较长，中、后胸背部各有2个白色瘤状突起；第1、8腹节背面各有1杏黄色大瘤，瘤上着生2个小的馒头状突起，瘤后生有2个黑色小毛瘤，第1腹节的两侧各着生1个大黑瘤，第2、3腹节背部各有黑色瘤状突起2个，其他腹部各节具白色突起 1 对。蛹黄褐色，具光泽，近圆锥形，长10～15mm，背部无明显的纹络，尾部有臀棘。

　　【寄主】杨树。

　　【分布】开发区、沛县、铜山区、睢宁县。

成虫（♂），开发区大庙，周晓宇　2015.Ⅸ.14

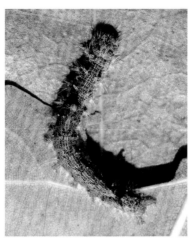

成虫，睢宁魏集，
郭同斌 2008.Ⅷ.9

幼虫（杨），铜山房村，
宋明辉 2015.Ⅸ.23

蛹（茧），睢宁魏集，郭同斌 2008.Ⅷ.8

（315）栎纷舟蛾*Fentonia ocypete* (Bremer)

别名栎粉舟蛾。成虫体长20～25mm，翅展44～52mm。头和胸背暗褐掺有灰白色，腹背灰黄褐色。前翅暗灰褐或稍带暗红褐色，内外线双道黑色，内线以内的亚中褶上有1黑色或带暗红褐色的纵纹，外线外衬灰白边，横脉纹为1苍褐色圆点，该纹与外线间有1大的模糊暗色至黑色椭圆形斑。幼龄幼虫胸部鲜绿色，腹部暗黄色，身上条纹不明显，第8腹节背面稍隆起。老熟幼虫体长36～45mm，头赤褐色，冠缝两侧有紫红色及黑色纵纹；胸部叶绿色，背中央有1个内有3条白线的"I"形黑纹，纹两侧衬黄色边；腹部第3～6节膨大，腹背白色，由许多灰黑色和肉红色细线组成的美丽图案形花纹，气门线由许多灰黑色细线组成1宽带，气门上线仅在第2～7腹节可见，由每节1黑色细斜纹组成，第4腹节背中央有1较大的黄点。胸足褐色，腹足黄褐色，外侧有红紫色纹。

【寄主】栎（欧洲红栎、麻栎）、栗（板栗、日本栗）。
【分布】新沂市。

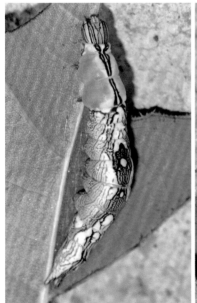

幼虫（背、侧面，欧洲红栎），新沂马陵山林场，周晓宇 2017.Ⅶ.12

成虫，开发区大庙，宋明辉　2015.Ⅵ.18

（316）角翅舟蛾*Gonoclostera timoniorum* (Bremer)

本种异名为*Gonoclostera timonides* （Bremer）。体长10～13mm，翅展29～33mm。头和胸背暗褐色，触角干灰白色，分支灰褐色，腹背灰褐色，臀毛簇末端暗褐色。前翅褐黄带紫色，顶角下有1新月形内切缺刻，外缘M$_2$～M$_3$脉间稍向外凸；内、外线之间有1暗褐色三角形斑，斑尖几达后缘，斑内颜色从内向外逐渐变浅，最后呈灰色，但从横脉到前缘较暗；内、外线模糊灰白色，内线仅后半段可见并外衬暗褐边；亚端线模糊暗褐色锯齿形，外线与亚端线之间的前缘处有1暗褐色影状楔形斑，缘毛暗褐色。后翅灰褐色，有1模糊的灰白色外线。

【寄主】柳树。

【分布】开发区、丰县、沛县、铜山区。

（317）杨小舟蛾*Micromelalopha troglodyta* (Graeser)

别名杨褐天社蛾。成虫体长11～14mm，翅展24～26mm。体色变化较多，有黄褐、红褐和暗褐等色。触角双栉状，雄蛾栉枝较雌蛾长，下唇须伸达额区。前翅后缘和顶角较暗，有3条具暗边的灰白色横线；基线不清晰，亚基线微波浪形；内线在亚中褶下呈亭形分叉，外叉不如内叉明显；外线和亚端线波浪形，后者由1列脉间黑点组成，横脉纹为1小黑点。后翅臀角有1个赭色或红褐色小斑。卵黄绿色，半球形，呈块状排列于叶面。老熟幼虫体长21～23mm。各龄幼虫体色变化大，有灰褐色、灰绿色，微具紫色光泽，体侧各具1条黄色纵带，各节具不显著的肉瘤，以腹部第1、8节背面的最大，呈灰色，上面生有短毛。蛹褐色，近纺锤形。

【寄主】杨、柳。

【分布】全市各地。

成虫（♂），开发区大庙，
周晓宇　2016.Ⅳ.13

成虫（♀），丰县凤城，
刘艳侠　2015.Ⅷ.6

卵及初孵幼虫（杨），开发区大庙，
郭同斌　2004.Ⅷ.21

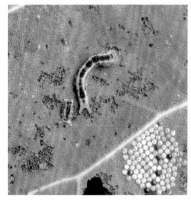

4龄幼虫（杨），铜山房村，
宋明辉　2015.Ⅸ.23

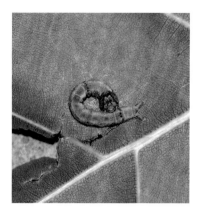

5龄幼虫（杨），新沂邵店，
周晓宇　2016.Ⅵ.6

老熟幼虫（杨），铜山大彭，
钱桂芝　2016.Ⅷ.12

预蛹，云龙潘塘，
宋明辉　2015.Ⅷ.25

蛹，丰县凤城，
刘艳侠　2015.Ⅶ.7

（318）栎掌舟蛾*Phalera assimilis* (Bremer *et* Grey)

别名肖黄掌舟蛾、栎黄掌舟蛾。雌蛾体长20～27mm，翅展50～60mm，触角丝状；雄蛾体长18～23mm，翅展40～50mm，触角羽状。头部着生灰褐色绒毛，胸部茶褐色，腹部黄褐色。前翅浅银灰色，有银色光泽，中央有白色肾形纹1个。雌蛾前翅前缘顶角掌形斑较宽，斑内缘有1个明显红棕色边，外线紧接此边向后伸，斑下R_5～M_3脉间有2～3个不清晰的红棕色斑点，在后缘的内线内侧和外线外侧近臀角处有暗褐色斑。老熟幼虫体长55～60mm，头棕褐色，身体黑褐色。自前胸至尾端有8条橙红色纵线，其中以气门上线较粗，背中线颜色最深；各体节有橙红色横纹数条，中间1条较明显，节间黑色；臀板黑色，全身各节有10～15mm的灰白色长毛。胸足黑色，腹足黑色，外侧有黄斑。

【寄主】麻栎、欧洲红栎、板栗、榆、杨等。

【分布】丰县、新沂市。

幼虫（欧洲红栎），新沂马陵山林场，周晓宇　2017.Ⅶ.12

（319）苹掌舟蛾*Phalera flavescens* (Bremer *et* Grey)

别名舟形毛虫。成虫体长17～26mm，翅展34～66mm。头、胸部背面浅黄白色，腹背黄褐色，末端黄

成虫，沛县鹿楼，朱兴沛　2015.Ⅶ.20

白色。前翅黄白色，无顶角斑，基部有1个、外缘有6个大小不等的银灰色和紫褐色各半的椭圆形斑，前者圆形，中间有1条红褐色纹相隔；后者呈波浪形宽带，从臀角至M_1脉逐渐变细，中间也为暗红褐色波浪形带相隔，两斑中间有4条不清晰的黄褐色波浪形横线。后翅黄白色，具1条模糊的暗褐色亚端带，其中近臀角一段较明显。

【寄主】柳、梨、桃、杏、李、榆、栗、苹果、核桃、海棠、樱花、樱桃、山楂、枇杷、榆叶梅、贴梗海棠等。

【分布】开发区、丰县、沛县、铜山区、睢宁县、新沂市。

（320）榆掌舟蛾*Phalera fuscescens* Butler

别名黄掌舟蛾，本种异名*Phalera takasagoensis* Matsumura。成虫体长18～22mm，翅展45～58mm。头顶淡黄色，胸前半部黄褐色，后半部灰白色，有2条暗红褐色横线，腹背黄褐色。前翅灰褐色，具银色光泽，前半部较暗，后半部较明亮，顶角有1醒目的淡黄色掌形斑，边缘黑色；中室内和横脉上各有1淡黄色环纹，基线、内线和外线黑褐色较显著，外线沿顶角斑内缘弯曲伸至后缘，波浪形，外线外侧近臀角处有1暗褐色斑；亚外缘线由脉间黑褐色点组成，外缘线细，黑褐色。后翅淡褐色，外缘有宽褐边，中部有细褐带。

【寄主】杨、榆、梨、核桃、苹果、板栗、樱花、海棠、麻栎、樱桃等。

【分布】沛县、邳州市。

成虫，沛县大屯，朱兴沛&赵亮　2005.Ⅶ.29

（321）刺槐掌舟蛾*Phalera sangana* Moore

本种异名*Phalera grotei* Moore、*P. cihuai* Yang *et* Lee。成虫体长34～37mm，翅展74～94mm。体黑褐色，头顶和触角基部毛簇白色，触角线状，两侧有纤毛。肩片灰褐色，腹部黑褐色，每节后缘有黄白色横带，尾端黄白色（雌蛾灰褐色）。前翅灰褐色，基部前半部和臀角附近外缘稍灰白色，顶角有棕色掌形大斑，其内侧弧弯，外侧锯齿状。双线的亚缘线和外线在臀角处会合成黑斑，内线至翅基色较暗，黑色的内、外线间有4条褐色波形影状带，中室端肾纹和中室中部环纹灰白色。后翅暗褐色，中部有1条

成虫，新沂马陵山林场，张瑞芳&王菲　2017.Ⅶ.11

不显著的淡色横带，脉端缘毛较暗。

　　【寄主】刺槐、刺桐、榆、梨、李、苹果、胡枝子。

　　【分布】沛县、新沂市。

（322）槐羽舟蛾*Pterostoma sinicum* Moore

成虫体长21～32mm，翅展47～80mm。触角双栉齿状。下唇须长而扁，呈羽状，突伸于头的上方。头和胸背稻黄带褐色，具长毛束。腹部背面暗灰褐色，腹面淡灰黄色，中央有4条暗褐色纵线。前翅稻黄褐色至灰黄褐色，后缘中央有1浅弧形缺刻，两侧各有1个黑褐色梳形毛簇；翅脉黑褐色，脉间具褐色纹，基线和内、外线暗褐色双道锯齿

成虫（背、腹面），开发区大庙，周晓宇　2015.Ⅷ.26

形，基线深双齿形曲，内线前半段不清晰，后半段尤其在内梳形毛簇基部的较可见，外线在前缘下几呈直角形曲，以后弧形外曲伸达后缘缺刻外方，内、外线间有1模糊影状带，亚端线由1列内衬灰白边的暗褐点组成，端线由脉间弧形线组成，脉端缘毛稻黄色，其余黄褐色。后翅暗褐到黑褐色。

　　【寄主】杨、国槐、刺槐、龙爪槐、紫藤、紫薇、海棠。

　　【分布】开发区、沛县。

22　鹿蛾科 | Ctenuchidae

（323）广鹿蛾*Amata emma* (Butler)

　　成虫体长16～19mm，翅展24～36mm。头、胸、腹部黑褐色，颈板黄色；触角顶端白色，其余部分黑褐色；腹部背、侧面各节具黄带，腹面黑褐色。翅黑褐色，前翅有6个透明斑，基部1个近方形或稍长，中部2个，前斑梯形，后斑圆形或菱形，端部3个斑狭长形。后翅后缘基部黄色，前缘区下方有1较大的透明斑，在Cu_2脉处成齿状凹陷，翅顶黑边较宽，M_3、Rs缺脉，Cu_1、M_2脉从中室下角伸出，或共短柄。后足胫节有中距。

　　【寄主】毛葡萄。

　　【分布】开发区、沛县、铜山区、睢宁县、新沂市。

成虫，铜山张集，宋明辉　2015.Ⅵ.3

交配（♀♂），开发区徐庄，周晓宇　2016.Ⅵ.2

23 灯蛾科 | Arctiidae

（324）红缘灯蛾*Amsacta lactinea* (Cramer)

　　雌蛾体长20～28mm，翅展52～64mm；雄蛾体长20～25mm，翅展46～56mm。体白色，头红色，领片后缘深红色，两翅基片中前方各有1黑点。触角黑色，呈明显的短栉齿状。腹部背面除基节及腹末白色外，其余全为橙黄色，背面具7条黑色横带；腹面白色，侧面具黑色纵带，亚侧面具黑点。前、后翅粉白色，前翅前缘鲜红色，呈1条红边，中室上角有1黑点。后翅横脉纹通常为新月形黑斑，雄蛾后翅外缘有2个黑点，雌蛾有3个、1个或无。前足腿节外侧红色，内侧白色，胫节外侧白色，内侧褐色，中足胫节具黑条带，跗节均黑色具白环纹。

　　【寄主】桑、杨、柳、桐、槐、柿、栗、苹果、木槿、连翘、悬铃木、紫穗槐等。

　　【分布】开发区、沛县、铜山区、睢宁县、新沂市。

成虫（♂，背、腹面，腹面示足的特征），新沂马陵山林场，周晓宇　2017.Ⅷ.14

成虫（♀），沛县鹿楼，朱兴沛　2015.Ⅵ.7

成虫（示足的特征），铜山汉王，宋明辉　2015.Ⅷ.25

（325）美国白蛾*Hyphantria cunea* (Drury)

　　别名秋幕毛虫。成虫体长9～12mm，体白色，复眼黑褐色，下唇须小，端部黑褐色，口器短而纤细。胸部背面密被白色毛，腹部白色。雄蛾触角双栉齿状，黑色，长5mm，内侧栉齿较短，约为外栉齿的2/3；下唇须外侧黑色，内侧白色；翅展23～34mm，多为30mm左右，多数前翅散生几个或多个黑褐色斑点，也有个体无斑；第1代成虫翅面上斑点密布，第2代成虫翅面斑点稀少，不同个体斑点的多少变化较大。雌蛾触角单栉齿状（锯齿状），褐色；翅展33～44mm，多为40mm左右，前翅为纯白色，少数个体上有斑点；

R_2、R_3、R_4与R_5脉共柄，M_2脉、M_3脉从中室后角突出，共具1短柄。前足的基节、腿节橘黄色，胫节、跗节内侧白色，外侧黑色，胫节具1对短齿；中、后足腿节白色或黄色，胫节、跗节上常有黑斑，后足胫节仅有1对端距。卵圆球形，直径约0.5mm，初产时呈浅黄绿或淡绿色，有光泽，后变灰绿色，孵化前变灰褐色，卵面布有无数有规则的凹陷刻纹。老熟幼虫头宽2.5mm，体长28～35mm。头黑色具光泽，体色黄绿至灰黑，背部两侧线之间有1条灰褐至灰黑色宽纵带，背中线、气门上线、气门下线浅黄色，体侧面和腹面灰黄色；背部毛疣黑色，体侧毛疣多为橙黄色，毛疣上着生白色长毛丛，混杂有少量黑毛，有的个体生有暗红褐色毛丛；胸足黑色，臀足发达，腹足外侧黑色。蛹体长8～15mm，宽3～5mm，暗红褐色；头、前胸、中胸有不规则的细皱纹，后胸和各腹节上布满凹陷刻点；胸部背面中央有纵向隆脊，第5～7腹节前缘和第4～6腹节后缘具横向隆起，前翅延伸到第4腹节的3/4处；臀棘8～17根，每根棘的端部呈喇叭口状，中间凹陷。

【寄主】杨、柳、榆、桑、柿、桃、梨、杏、李、樱花、白蜡、泡桐、苹果、山楂、樱桃、葡萄、海棠、臭椿、刺槐、构树、木槿、紫叶李、落羽杉、五角枫、君迁子、马褂木、悬铃木、大叶黄杨等300余种植物。

【分布】全市各地。

成虫（♀♂，1代），沛县沛城，
赵亮　2015.VIII.21

成虫（♀♂交配，2代），沛县沛城，
赵亮　2015.VIII.7

成虫（♂，示足特征），沛县沛城，
赵亮　2015.VIII.7

成虫（♀，产卵），沛县沛城，
赵亮　2015.VIII.12

幼虫（悬铃木），沛县沛城，
赵亮　2015.VIII.14

幼虫（马褂木），泉山永安（体育场），
郭同斌　2015.IX.14

幼虫（柳树），沛县沛城，
赵亮　2015.Ⅷ.19

蛹，铜山大彭，
周晓宇　2016.Ⅷ.12

危害状（网幕，杨树），沛县沛城，
赵亮　2015.Ⅶ.21

（326）黄臀黑污灯蛾*Spilarctia caesarea* (Goeze)

别名黄臀灯蛾、黑灯蛾，本种异种为*Epatolmis caesarea* (Goeze)。成虫翅展36～40mm。头、胸和腹部第1节及腹面黑褐色，腹部其余各节橙黄色，背面和侧面具有黑点列。翅黑褐色，后翅臀角处有橙黄色斑。

【寄主】柳、蒲公英、车前、珍珠菜。

【分布】开发区、铜山区。

成虫（背、腹面），开发区大庙，周晓宇　2016.Ⅳ.8

（327）强污灯蛾*Spilarctia robusta* (Leech)

成虫体长15～18mm，翅展雄45～64mm，雌62～74mm。体翅乳白色。下唇须基部上方红色，下方有白毛，端部黑色。触角黑色。腹部背面红色，背面、侧面和亚侧面各具有1列黑点。肩片和翅基片具有黑点，翅基部反面有红带；前翅正面中室上角有1个黑点，A脉上、下方各有1黑色中线点，黑色亚端点有时存在。后翅横脉纹有1黑点，黑色亚端点或多或少。前足基节侧面和腿节上方红色，前足基节、胫节和跗节具黑带。

【寄主】桑。

【分布】开发区。

成虫（背、腹面），开发区大庙，宋明辉　2015.Ⅳ.29

（328）人纹污灯蛾 *Spilarctia subcarnea* (Walker)

别名红腹白灯蛾。体长雌蛾18～22mm，雄蛾16～21mm；翅展雌蛾42～54mm，雄蛾40～48mm。头、胸部黄白色，触角黑褐色，腹部背面除基部和端部外红色，腹面黄白色，背中、侧面和亚侧面各具1列黑点。前翅基部常具1黑点，中室端具1黑点，翅近中部后方具1列黑斑点（可减少到1点），斜生，静止状态下两前翅上的黑色斜点组成一人字形纹，翅顶有时具3个黑点。前足基节侧面和腿节上方红色，胫节和跗节黑褐色或具黑斑。

【寄主】桑、杨、榆、槐、木槿、蔷薇、月季、碧桃、十字花科蔬菜、豆类等。

【分布】开发区、丰县、沛县、铜山区、睢宁县。

成虫，开发区大庙，宋明辉　2015.Ⅵ.27　　　　成虫，丰县孙楼，刘艳侠　2015.Ⅳ.21

（329）星白灯蛾 *Spilosoma menthastri* (Esper)

别名星白雪灯蛾。成虫体长13～16mm，翅展33～46mm。头、胸部及翅白色，下唇须、触角暗褐色，足具黑带。腹部背面红色或黄色，如腹部背面为黄色，则足腿节上方黄色，如腹部背面为红色，则足腿节上方亦为红色，背、侧面各有1列黑点。前翅或多或少散布有黑点，黑点数目、大小变异大。后翅中室端点黑色，翅顶下方，M_2脉上方及Cu_2脉下方有时具亚端点。

【寄主】桑、梨、枣、木槿、悬铃木、薄荷、甜菜、蒲公英及阔叶杂草。

【分布】开发区、沛县、铜山区、睢宁县、邳州市、新沂市。

成虫，铜山棠张，周晓宇　2016.Ⅳ.8　　　　成虫，铜山新区，钱桂芝　2015.Ⅵ.4

24 苔蛾科 ｜ Lithosiidae

（330）芦艳苔蛾*Asura calamaria* (Moore)

成虫体长8～10mm，翅展24～30mm。黄色，肩角和中胸具黑点。前翅具黑色亚基点及中室端点。

【寄主】未知。

【分布】铜山区。

成虫，铜山赵疃林场，钱桂芝　2016.Ⅴ.25

（331）优雪苔蛾*Cyana hamata* (Walker)

本种异名为*Chionaema hamata* (Walker)。成虫体长9～14mm，雄蛾翅展26～34mm，雌蛾翅展26～38mm。雄蛾白色，前翅亚基线红色，向前缘扩展，内线向外折角至中室末端的红点，横脉纹具2黑点，前缘毛缨发达，其上有1红点，外线红色，在前缘下方呈点状开始，在毛缨下向内强烈折角后直达臀角，端线红色。后翅红色，缘毛白色。雌蛾前翅内线在中室向外弯，横脉纹具1黑点。

【寄主】银杏、苔藓、香榧、玉米、棉、豆类等。

【分布】邳州市。

成虫（♂），邳州港上，
孙超　2015.Ⅷ.20

（332）黄痣苔蛾*Stigmatophora flava* (Bremer *et* Grey)

别名黄痣丽苔蛾，本种异名为*Stigmatophora flavancta* (Bremer *et* Grey)、*S. flava* (Motschulsky)。成虫体长10～14mm，翅展26～34mm。体翅黄色，头、颈板和翅基片色稍深。前翅前缘区橙黄色，前缘基部黑边，亚基点黑色，内线处3个黑点、斜置，外线处6～7个黑点，亚端线的黑点数目或多或少。前翅反面中央或多或少散布暗褐色，或者无暗褐色。

【寄主】桑、香榧、玉米、高粱、牛毛毡。

【分布】沛县、铜山区、睢宁县、贾汪区。

成虫（背、腹面），贾汪青年林场，张瑞芳　2015.Ⅷ.7

（333）明痣苔蛾*Stigmatophora micans* (Bremer *et* Grey)

成虫翅展32～42mm。体翅白色，头、颈板、腹部染橙黄色；前翅前缘和端线区橙黄色。前缘基部黑边，亚基点黑色，内线斜置3个黑点，外线1列黑点，亚端线1列黑点。后翅端线区橙黄色，翅顶下方有2个黑色亚端点，有时Cu₂脉下方具有2黑点。前翅反面中央散布黑色。

【寄主】未知。

【分布】开发区、铜山区、新沂市。

成虫（背、腹面），新沂马陵山林场，周晓宇 2016.Ⅷ.9

（334）玫痣苔蛾*Stigmatophora rhodophila* (Walker)

成虫体长9~10mm，翅展22~28mm。体橙红色。前翅基部在前缘和中脉上具黑点，基部内线外方有5个暗褐色短带，内线在前缘下方折角，然后倾斜不达后缘；中线稍呈波浪形，在中室及亚中褶稍向外折角，在A脉向内折角，然后向外曲至后缘，其外在中室末端具一些暗褐色；外线为1列暗褐带位于翅脉间，在前缘下方外弯，在M₃脉下方向内弯，前缘及端区强烈染红色。

【寄主】栗、香榧、牛毛毡。

【分布】开发区、丰县、沛县、铜山区、新沂市。

成虫，新沂马陵山林场，周晓宇 2017.Ⅴ.25

25 夜蛾科 | **Noctuidae**

（335）蓖麻夜蛾*Achaea janata* (Linnaeus)

成虫，新沂马陵山林场，周晓宇 2016.Ⅷ.23

别名飞扬阿夜蛾，本种异名为*Achaea melicerta* Drury、*Phalaena melicerta* Drury。成虫体长21~23mm，翅展51~54mm。头、胸部灰黄褐色，腹部灰褐色。前翅浅灰褐色，基线黑色外斜至亚中褶；内、外线黑棕色，内线双线微波浪形外斜，中线暗褐色，外线与中线近平行，内侧有1暗褐窄带，肾纹前后端各有1黑点；亚端线灰褐色，内侧较暗，端线棕褐色，各脉上有1对棕褐点。后翅黑褐色，基部灰褐，中部有1楔形白带，外缘有3个白斑，臀角有1白色窄纹。

【寄主】蓖麻、飞扬草。

【分布】新沂市。

（336）两色绮夜蛾*Acontia bicolora* Leech

别名两色困夜蛾，本种异名*Tarache bicolora* (Leech)。成虫体长约8mm，翅展约20mm。雄蛾头部及胸部黄褐色，杂有少许黑色，腹部暗褐色；前翅外线以内黄色，外线外方黑褐色，外线自前缘近顶角处内斜至M₁脉，折向内至中室顶角再折向后至后缘中部；后翅灰褐色。雌蛾头部及胸部暗褐色，杂有少许黄色；前翅黑褐色，基部有少许霉绿黄色鳞，前缘区中部有1外斜黄斑，外区前缘有1三角形黄斑，翅外缘有隐约的黄纹；后翅缘毛端部淡黄色。

成虫（♀），开发区大庙，宋明辉　2015.V.21

【寄主】桑、扶桑。

【分布】开发区、铜山区。

（337）利剑纹夜蛾*Acronicta consanguis* Butler

成虫体长约13mm，翅展约33mm。头、胸部灰白色微带黄色和黑色，下唇须外侧有黑斑。腹部黑褐色，前后端灰黄色。后足胫节有黑纹，跗节有黑条。前翅灰白色微带黑褐色，基线黑色波浪形，仅在前缘脉及中室后明显，内线双线黑色波浪形，线间微白；基剑纹和端剑纹黑色，环纹和肾纹靠近，前者灰色黑边，后者暗褐色黑边，界限不甚清；外线双线黑色锯齿形，端线由1列黑点组成。后翅白色带黄褐色，端区稍带暗褐色，外线褐色。

【寄主】未知。

【分布】开发区、铜山区。

成虫（背、腹面，右图示腹面下唇须及后足特征），铜山新区，宋明辉　2015.VI.4

成虫，沛县大沙河林场，朱兴沛　2015.VII.22

（338）桃剑纹夜蛾*Acronicta intermedia* Warren

别名苹果剑纹夜蛾，本种异名为*Acronicta incretata* Hampson、*A. increta* (Butler)。成虫体长18～20mm，翅展40～43mm。头、胸及前翅灰色带褐，腹部灰褐色。前翅内线双线暗褐色，波浪形外斜，外线双线锯齿形；3个暗色剑状纹较明显，基剑纹树枝形，端剑纹接近或伸达外缘；中室内环纹椭圆形，黑边，肾纹较大，带黑褐色边，2纹间有黑鳞相连或相接；亚端线白色，翅外缘有1列黑点。后翅白色，外线微黑，端区带有灰褐色。

【寄主】桃、梨、梅、杏、李、柳、苹果、樱桃等。

【分布】开发区。

（339）晃剑纹夜蛾Acronicta leucocuspis (Butler)

成虫体长16～18mm，翅展39～44mm。头、胸部灰褐色，下唇须第2节有黑条，额两侧黑色，翅基片外缘、颈板中部及足胫节有黑纹，跗节有黑白条纹，腹部灰色。前翅淡灰褐色，基线仅前端可见黑色双线；基剑纹黑色，基部微上弯成距，中部微下弯成距，在中线处成叉状，内线双线不规则波浪形；环纹白色黑边，肾纹褐色有白圈，内缘黑色，环、肾纹之间有1黑线，肾纹与前缘脉之间另有1黑条；中室下角有1细黑线内斜至后缘与内线相遇，外线双线黑色，端剑纹黑色伸至翅外缘；亚端线为1列白点，端区翅脉上及各脉间有黑色短纹，端线为1列黑点，缘毛褐色，基部和端部白色。后翅淡褐色，隐约可见褐色外线，端线为1列黑点，缘毛淡黄色。

【寄主】未知。

【分布】沛县。

成虫（右图示下唇须及足特征），沛县张庄，朱兴沛　2015.Ⅶ.13

（340）桑剑纹夜蛾Acronicta major (Bremer)

成虫（背、腹面），丰县欢口，刘艳侠　2016.Ⅵ.20

别名桑夜蛾。成虫体长25～28mm，翅展60～69mm。头、胸及前翅灰白带褐色，下唇须第2节有黑环。前翅基剑纹与端剑纹黑色，前者端部分支；内、外线均双线黑色，内线前端双线相距较大，中线外斜至肾纹后不显，外线锯齿形，外1线在M_2和M_1脉间有1黑纵条与外线相交，端线为1列黑点；环、肾纹灰色黑边，前者不很完整，后者中央有1黑条，前方有1斜黑纹伸达前缘脉。后翅浅褐色，翅脉、横脉纹、外线暗褐色，端线为1列黑点。前、后翅反面浅褐色，后翅近中央有1近圆形黑斑，足和腹面与后翅色近似，足有白色绒毛，胫节侧面有黑纹。

【寄主】桑、桃、梅、李、杏、梨、山楂、臭椿、香椿等。

【分布】开发区、丰县、沛县、铜山区。

（341）梨剑纹夜蛾*Acronicta rumicis* (Linnaeus)

成虫体长14~17mm，翅展32~46mm。头、胸部暗棕色，腹部背面浅灰色带棕褐色，基部毛簇微黑。前翅暗棕间有白色，亚基线及内线双线黑色波曲；环纹灰褐色黑边，肾纹淡褐色半月形，有1黑条从前缘脉达肾纹；外线双线黑色锯齿形，在中脉处有1白色新月形纹；亚端线白色，外缘有1列三角形黑斑。后翅棕黄色，边缘较暗。老熟幼虫体长28~33mm，头部褐色，体棕褐色，背面有1列黑斑，中央有橘红色点，亚背线有1列白点，气门上线及气门线灰褐色，气门下线紫红色间黄斑，第1、8腹节背面隆起，各节有灰褐色短毛丛，胸足、腹足黄褐色。

【寄主】梨、桃、梅、杨、柳、蓼、苹果、山楂、悬钩子等。

【分布】开发区、丰县、沛县、铜山区。

成虫，沛县张寨，朱兴沛　2015.Ⅷ.16　　　　幼虫（背面），铜山柳新，　　　幼虫（侧面），沛县安国，
　　　　　　　　　　　　　　　　　　　　　　钱桂芝　2015.Ⅷ.27　　　　　赵亮　2015.Ⅹ.23

（342）果剑纹夜蛾*Acronicta strigosa* (Denis *et* Schiffermüller)

成虫，沛县鹿楼，赵亮　2015.Ⅷ.3　　　　幼虫（背面），邳州炮车，　　　幼虫（侧面），睢宁睢城，
　　　　　　　　　　　　　　　　　　　　　　宋明辉　2015.Ⅷ.26　　　　　姚遥　2016.Ⅶ.14

　　成虫体长约15mm，翅展约34mm。头、胸部暗灰色，腹部背面灰色微带褐色。前翅暗灰色，基剑纹和端剑纹为黑条，剑纹后方的翅色深暗；内线黑色双线，波浪形外斜，环纹灰色黑边，肾纹灰白色，内侧黑色；前缘脉中部至肾纹有1黑斜纹，外线双线黑色锯齿形。后翅白色略带褐色，隐约可见淡褐色横脉纹及外线。老熟幼虫体长25～30mm，头部黑色，头顶两侧有褐色圆斑，体绿色微有紫褐色，背面有1不规则形红褐色纹，胸足黄褐色，腹足绿色，端部有橙红色带，气门以上的毛棕黑色，以下的毛淡黄色，第8腹节背面稍隆起。

　　【寄主】梨、杏、梅、桃、李、山楂、苹果、樱桃。

　　【分布】云龙区、开发区、丰县、沛县、铜山区、睢宁县、邳州市、新沂市。

（343）绿斑枯叶夜蛾*Adris okurai* Okano

　　成虫翅展90～110mm。头、胸棕褐色，腹背橙黄色。前翅暗褐或褐绿色，翅面叶形，后缘中央凹陷，翅脉上有1列黑点；内线黑褐色，直而内斜，顶角至后缘凹陷处有1黑褐色斜线；环纹为1黑点，肾纹为1枚绿斑，在翅基处另有1枚较小的绿斑。后翅橘黄色，亚端区有1牛角形黑带，中、后部有1肾形黑斑。本种外形与枯叶夜蛾*A. tyrannus* (Guenée)相近，但本种前翅中央的绿斑较明显，后翅亚端区黑带离外缘较近，而后者则较远。

　　【寄主】未知。

　　【分布】云龙区、丰县、沛县。

成虫，云龙潘塘，宋明辉 2015.Ⅷ.25

（344）小地老虎*Agrotis ipsilon* (Hüfnagel)

　　本异名为*Agrotis ypsilon* (Rottemberg)。成虫体长17～26mm，翅展40～54mm。头、胸褐色至黑灰色，腹部灰褐色。触角雌蛾丝状，雄蛾双栉状，端部1/3丝状。前翅棕褐色，前缘区较黑，基线双线黑色波浪形不显，内线双线黑色波浪形；剑纹小，暗褐色黑边，环纹小，扁圆形黑边，有1个圆灰环，肾纹黑色黑边，外侧中部有1楔形黑纹伸至外线；中线黑褐色波浪形，外线双线黑色波浪形，齿尖在各脉上为黑点；亚外缘线微白锯齿形，其内缘在M_1～M_3脉间有3个尖齿内伸至外线，外侧为2个黑点，端线为1列黑点。后翅白色半透明，翅脉褐色，前缘、顶角及端线褐色。

　　【寄主】桑、梨、桃、李、柿、栗、枣、杨、柳、桐、槐、椿、楸、苹果、核桃、葡萄等林木果树及棉、玉米、小麦、马铃薯和豆类、蔬菜等农作物。

　　【分布】全市各地。

成虫（♂），铜山赵疃林场，钱桂芝 2016.Ⅹ.19

成虫（♀），沛县魏庙，朱兴沛 2015.Ⅳ.9

（345）黄地老虎*Agrotis segetum* (Denis *et* Schiffermüller)

本种异名为*Euxoa segetum* (Schiffermüller)。成虫体长14～19mm，翅展31～43mm。全体灰褐色，雄蛾触角双栉状，端部1/3丝状。前翅黄褐色，翅面散布小黑点，基线与内线均双线褐色，后者波浪形；剑纹较小，环纹中央有1黑褐点，肾纹棕褐色，均围以黑边；外线褐色锯齿形，亚端线褐色外侧衬灰色，翅外缘有1列三角形黑点。后翅白色半透明，前、后缘及端区微褐，翅脉褐色。雌蛾触角丝状，体色较雄蛾暗，翅面斑纹同雄蛾。

【寄主】杨、柳、泡桐等林木果树幼苗及棉、玉米、高粱、小麦、甜菜等。

【分布】丰县、沛县、铜山区。

成虫（♂），铜山赵疃林场，钱桂芝　2016.Ⅶ.9　　　　成虫（♀），丰县凤城，刘艳侠　2015.Ⅶ.7

（346）大地老虎*Agrotis tokionis* Butler

成虫体长20～24mm，翅展45～48mm。头、胸部褐色，腹部灰褐色。触角雌蛾丝状，雄蛾双栉状，分支达端部。前翅灰褐色，外线以内的前缘及中室暗褐色；基线褐色双线，止于亚中褶，内线黑色双线波浪形；剑纹窄小有黑边，环纹褐色黑边，圆形，肾纹大，褐色黑边，其外侧有1黑斑几达外线；中线褐色，外线褐色双线锯齿形，亚端线淡褐色锯齿形，外侧暗褐色，端线为1列黑点。后翅浅褐黄色，端区较暗。

【寄主】梨、桃、杨、柳、桐、椿、榆、槐、桑、楸、苹果、葡萄、核桃、棉花、玉米、豆类、蔬菜等。

【分布】开发区、丰县、沛县、铜山区、睢宁县。

成虫（♂），铜山赵疃林场，钱桂芝　2016.Ⅳ.8　　　　成虫（♀），开发区大庙，宋明辉　2015.Ⅹ.2

（347）银纹夜蛾*Argyrogramma agnata* Staudinger

本种异名为*Plusia agnata* Staudinger。成虫体长14～18mm，翅展31～36mm。头、胸、腹部灰褐色。前

翅深褐色，外线以内的亚中褶后方及外区带金色；翅中有1显著的"U"形银纹和1近三角形银纹，肾纹褐色；基线、内线银色，后者自前缘插入中室，在中室后内斜；外线双线褐色波浪形，亚端线黑褐色锯齿形，缘毛中部有1黑斑。后翅暗褐色，有金属光泽。

【寄主】槐、竹、桑、泡桐、海棠、棉、甘薯、白菜、油菜、萝卜、苜蓿、马铃薯及豆科、茄科、葫芦科蔬菜。

【分布】开发区、丰县、沛县、新沂市、贾汪区。

成虫，开发区大庙，张瑞芳 2015.Ⅶ.30

（348）白条夜蛾*Argyrogramma albostriata* Bremer *et* Grey

别名白条银纹夜蛾，本种异名为*Ctenoplusia albostriata* (Bremer *et* Grey)、*Plusia albostriata* Bremer *et* Grey。成虫体长12～16mm，翅展26～35mm。头、胸部褐色，颈板有黑线，胸、腹部具高耸的毛丛，腹部淡褐色。前翅暗褐色，基线、内线及外线棕黑色，内、外线间色较深；中室后缘具1褐黄白色斜条，自中室沿Cu_2脉伸至外线；肾纹黑边，较细，亚端线棕黑色锯齿形。后翅淡褐色，外半部及翅脉色较深。

【寄主】麻、菊科、十字花科蔬菜，成虫吸食梨、桃果实。

【分布】丰县、沛县、铜山区、邳州市、新沂市。

成虫，铜山邓楼果园，宋明辉 2015.Ⅷ.13

（349）斜线关夜蛾*Artena dotata* (Fabricius)

别名橘肖毛翅夜蛾、肖毛翅夜蛾，本种异名为*Lagoptera dotata* (Fabricius)。成虫体长25～27mm，翅展57～60mm。头、胸部棕色，腹部灰棕色。前翅棕色，外线至亚端线间色浓，亚端线外灰白色；内线外斜至后缘中部，环纹为1黑棕点，肾纹为2褐色圆斑，棕黑边；外线微波浪形外斜，伸至臀角内方，内、外线均衬以灰色；亚端线直，黑棕色，端线双线波浪形。后翅黑棕色，中部有1蓝白色弯带，外缘带有蓝白色，缘毛黄白色，中段带有褐色。

【寄主】板栗、竹类，成虫吸食葡萄等果汁。

【分布】新沂市。

成虫，新沂马陵山林场，周晓宇 2016.Ⅸ.8

（350）线委夜蛾*Athetis lineosa* (Moore)

成虫体长12～14mm，翅展27～40mm。头、胸部灰褐色，腹部褐灰色。前翅浅褐色，有深褐点，翅脉有暗纹；各横线均为黑色，环纹为1黑点，肾纹为1白点，前方有1白点；中线粗而模糊，亚端线不清晰，锯齿形。后翅灰褐色，缘毛黄白色。雄蛾后翅反面的前缘区有向后的鳞片丛，亚前缘脉上的鳞片列成脊状。

【寄主】未知。

【分布】开发区、丰县、铜山区。

成虫（♂，背、腹面），开发区大庙，宋明辉　2015.Ⅴ.18

（351）朽木夜蛾*Axylia putris* (Linnaeus)

成虫体长12～14mm，翅展28～32mm。头顶及颈板褐黄色，额及颈板端部黑色，胸背赭黄色杂黑色，腹背褐黄色。前翅淡赭黄色，中区布有细黑点，前缘区大部黑色；基线黑色双线，内线黑色双线波浪形，环纹、肾纹中央黑色，中室基部有2条黄白纵线不甚清晰；外线黑色双线有间断，外侧有双列黑点，端线为1列黑点，内侧中褶及亚中褶处各有1黑斑，缘毛有1列黑点。后翅淡赭黄色，端线为1列黑点。

【寄主】繁缕属、车前属、滨藜属植物。

【分布】开发区、丰县、沛县。

成虫，沛县河口，朱兴沛　2015.Ⅵ.21

（352）齿斑畸夜蛾*Bocula quadrilineata* (Walker)

别名畸夜蛾，本种异名为*Borsippa quadrilineata* Walker。成虫体长11～13mm，翅展26～30mm。全体灰褐色，前翅各横线黑褐色，基线直，达亚中褶，内线直线内斜，中线双线内弯，外线微内弯，端区具1大黑斑，约呈三角形，但前端成1短钩。后翅色略深。

【寄主】未知。

【分布】沛县、邳州市。

成虫，邳州铁富，孙超　2015.Ⅸ.10　　　　　　成虫，沛县鹿楼，朱兴沛　2015.Ⅸ.2

（353）中带三角夜蛾*Chalciope geometrica* (Fabricius)

成虫体长16~19mm，翅展39~41mm。头、胸及腹部灰褐色，触角褐色。前翅底色灰褐，中带黄色，其内侧自中室至后缘有1斜三角形黑斑，外侧有1斜长方形黑斑；外线茶褐色，带状，后端内伸，内侧衬黄色，中、外带前段均只在内缘现1暗褐色细线；外带外侧有不整齐锯齿形黑纹，其前端与顶角双齿形黑斑相连。后翅灰棕色，中带白色锥形，亚端线后半可见，缘毛白色，中段黑色。

【寄主】石榴、蓼、蓖麻、悬钩子、马林果、金雀儿，成虫吸食果汁。

【分布】开发区、铜山区、新沂市、贾汪区。

成虫，铜山赵疃林场，钱桂芝 2016.IX.14

（354）日月明夜蛾*Chasmina biplaga* (Walker)

别名日月夜蛾，本种异名*Sphragifera biplagiata* (Walker)。体长9~12mm，翅展28~38mm。全体粉白带土红色。下唇须带有褐色，额上缘有1黑横纹，触角褐色，前足胫节有2黑点。腹部背面淡褐色，基部较白。前翅白色，后半部及端区带土灰色，前缘脉基部有1褐点；中部有1赤褐斜斑达中室下角，近顶角有1赤褐弯斑纹，亚端线白色，自弯斑纹外侧至6脉折角内斜；肾纹黑褐色，白边，"8"字形，外侧有1模糊黑褐斑，端线为1列内侧衬白的黑长点。后翅微黄，外半部带褐色，缘毛端部白色。

【寄主】未知。

【分布】邳州市。

成虫，邳州八路，孙超 2015（具体日期不详）

成虫，开发区大庙，张瑞芳 2015.VIII.1

（355）稻金斑夜蛾*Chrysaspidia festata* Graeser

别名稻金翅夜蛾，本种异名为*Plusia festata* Graeser。成虫体长14~16mm，翅展30~36mm。头、胸部橘黄色带红褐色，翅基片后半及后胸红褐色，腹部黄褐色。前翅暗黄褐色，翅脉明显棕褐色，前缘区基部、后缘区外半部及端区金色并布满棕色细点；各横线褐色，内线三曲，2A至Cu_2脉间有2个浅色金斑，内1斑斜方形，前端伸入中室，外1斑近三角形；中线外斜至M_1脉折向内斜，穿过2金斑之间，外线外弯，在$M_1 \sim M_2$脉处内凹；自顶角至M_1脉有1褐线，其内侧有1金斑，亚端线褐色锯齿形，外缘另有2条褐线。后翅淡黄色，端线褐色。

【寄主】稻、弯嘴苔、宽叶香蒲。

【分布】开发区。

（356）葎草流夜蛾*Chytonix segregata* (Butler)

成虫，开发区大庙，宋明辉　2016.V.22

成虫体长9~11mm，翅展28~30mm。体灰褐色，腹部第3~7节毛簇黑褐色。前翅褐色，中央有明显的暗褐色宽带，基线灰白色，外弯至中室，内侧有1黑褐斑；内线黑色，内侧衬灰白色，外斜至亚中褶折角内斜；中线暗褐色，只前半可见并外斜至肾纹，肾纹褐色灰白边；外线黑色，外衬灰白色，前端内侧另1灰白线，在R_5、M_3脉各成1外凸齿，后半微波曲；亚端线灰白色，仅前半明显，与外线间黑色，约呈扭角形，端线黑棕色，缘毛中部1白线。后翅褐色。

【寄主】葎草。

【分布】开发区、丰县、沛县、铜山区、新沂市。

（357）柳残夜蛾*Colobochyla salicalis* (Denis *et* Schiffermüller)

别名残夜蛾。成虫体长约10mm，翅展约23mm。头、胸部灰褐色，腹部淡褐灰色。前翅褐灰色，内线暗褐色，折角于前缘脉后直线内斜；中线褐色内衬黄色，较直内斜；1褐线自顶角微弯内斜至后缘，内侧衬黄色，外侧色较褐，端线为1列黑点。后翅淡褐黄色，端区色较暗，臀角处色较分明。

【寄主】杨、柳。

【分布】丰县、沛县、铜山区。

成虫，沛县张庄，朱兴沛&张秋生　2015.Ⅳ.9

（358）三斑蕊夜蛾*Cymatophoropsis trimaculata* (Bremer)

成虫体长约15mm，翅展约35mm。头部黑褐色，胸部白色，颈板基部黑褐色。翅基片端半部及后胸褐色，足黑褐色，跗节各节间灰白色。腹部灰褐色，基部背面及腹端均带有白色。前翅黑褐色，布有黑色波曲细纹，基部、顶角及臀角各有1大斑，斑底色白，中有暗褐色，基部的斑最大，外缘波曲外弯，斑外缘毛白色，其余黑褐色，Cu$_2$脉端部缘毛有1白点。后翅褐色，横脉纹及外线暗褐色。

【寄主】杨、鼠李。

【分布】新沂市。

（359）灰歹夜蛾 *Diarsia canescens* (Butler)

别名灰地老虎。成虫体长13～15mm，翅展38～40mm。头及胸部红褐色，腹部灰褐色，端部及腹面赤褐色。前翅褐色，基线双线黑色波浪形达A脉，内线双线黑色波浪形；剑纹仅端部现1黑点，环、肾纹具不明显的灰色黑边，肾纹中有褐环，后半色深；中线粗，暗

成虫，新沂马陵山林场，周晓宇　2016.Ⅶ.22

褐色，外斜至中脉折角内斜，外线双线黑色锯齿形，内一线弱；亚端线淡褐色，外线至外缘色较暗。后翅灰褐色，无斑纹，缘毛黄褐色。翅反面淡黄褐色，前、后翅的前缘均带红褐色，外线为明显的褐带，后翅中室端有褐色斑。

【寄主】紫云英、酸模属、报春属、车前属植物及多种蔬菜。

【分布】开发区、丰县、铜山区。

成虫（背面），铜山赵疃林场，
钱桂芝　2016.Ⅴ.5

成虫（腹面），开发区大庙，
张瑞芳　2015.Ⅵ.30

（360）石榴巾夜蛾 *Dysgonia stuposa* (Fabricius)

成虫，沛县沛城，
朱兴沛　2015.Ⅷ.23

成虫，贾汪青年林场，
宋明辉　2015.Ⅷ.7

本种异名为*Parallelia stuposa* (Fabricius)。成虫体长16～20mm，翅展33～49mm。头、胸及腹部褐色或黄褐色。前翅褐色，内线棕色，在中室后微外曲，内线以内黑棕色；中线直，较模糊，内线与中线间灰白色，布褐色细点，肾纹为1黑棕色长点；外线棕色，外侧衬白色，在M_1脉处外曲，以后内曲，到M_3与Cu_1脉间微外曲至后缘；中线与外线间棕褐色，亚端线锯齿形不明显，与外线间褐色，与端线间褐灰色，其间翅脉呈灰白色；顶角有二齿形棕黑斑，端线灰白色。后翅棕褐色，从前缘中部至后缘中部有1条白色直带，沿端线有小黑点1列。

【寄主】石榴、国槐、合欢、紫薇、月季、大叶黄杨、雀舌黄杨，成虫吸食苹果、桃、梨等果实汁液。

【分布】开发区、丰县、沛县、铜山区、新沂市、贾汪区。

（361）一点钻夜蛾*Earias pudicana pupillana* Staudinger

别名一点金刚钻。成虫体长6～10mm，翅展19～23mm。头、胸部粉绿色，触角黑褐色，下唇须灰褐色。前翅黄绿色，前缘基部黄色有红晕，中室端部有1个明显的紫褐色圆斑，外缘及缘毛黑褐色。后翅灰白色，略透明，缘毛白色。腹部及足均为白色，跗节紫褐色。

【寄主】柳、杞柳、毛白杨。

【分布】开发区、丰县、沛县、铜山区、睢宁县、新沂市。

成虫，沛县魏庙，朱兴沛&张秋生　2005.Ⅷ.20　　　　成虫，丰县孙楼，
刘艳侠　2015.Ⅵ.27

（362）旋夜蛾*Eligma narcissus* (Cramer)

别名臭椿皮蛾、旋皮夜蛾。成虫体长24～28mm，翅展67～72mm。头、胸浅灰褐带紫色，下唇须外侧有黑条，端部黄褐色，额黄色有黑点，上部有1黑条，颈板有2对黑点，翅基片基部和端部各有1黑点。胸背有3对黑点，腹部杏黄色，各节背面中央有1黑斑。前翅狭长，前缘区黑色，其后缘弧形并衬白色，其余部分紫褐灰色；翅基部有4个黑点，其外方另有3个黑点，后缘近基部有1个黑点；中室端部至后缘中部有1波浪形黑线，外线双线白色，自顶角至臀角，交织成网状，亚外缘线为1列黑点。后翅大部杏黄色，端区有1条蓝黑色宽带，向后渐窄，其上有1列粉蓝色晕斑，缘毛白色，亚中褶后黄色。老熟幼虫体长39～41mm，头黑色，冠缝及额缝灰白色，头顶处有黑色颗粒状突起；身体黄色，前胸盾黑色，身体各节背面有不规则的黑色横斑，背线及亚背线由不连续的黑点组成；腹面色较淡，臀板黑色，身体刚毛较长，黄白色，毛片较体色淡，气门筛黄色，围气门片褐色，胸足淡黄色，腹足黄色，外侧有灰色斑。

成虫，新沂草桥，周晓宇　2016.Ⅶ.28

【寄主】臭椿、桃、香椿。

【分布】全市各地。

幼虫（臭椿），开发区大黄山，宋明辉 2015.X.14　　幼虫（臭椿），铜山汉王，钱桂芝 2015.IX.9　　被害状（臭椿），开发区大黄山，宋明辉 2015.IX.9

成虫，新沂马陵山林场，周晓宇 2016.VIII.12

（363）变色夜蛾*Enmonodia vespertilio* (Fabricius)

成虫体长26～29mm，翅展65～80mm。头与颈板暗褐色，胸部背面褐灰色，腹部背面杏黄色，基部几节带灰色。前翅淡褐灰色略带青色，有变化，大部密布黑棕色细点；内线黑褐色外弯，肾纹窄，黑棕色，后端外侧有3个卵形黑褐斑；中线黑棕色，波浪形外斜至M_1脉间断，自M_2脉直线内斜，外方另一棕色线，外线黑棕色波浪形，在翅脉上成黑点；亚端线灰色波浪形，外侧暗褐，顶角有1暗棕纹，内斜至外线M_2脉处，端区棕色。后翅褐灰色，中线双线棕黑色，外一线模糊，外线棕黑色波浪形，在各脉上为黑点；亚端线暗灰色波浪形，端线双线黑色波浪形；端区带青色，后缘杏黄色。

【寄主】藤、紫藤、合欢等。

【分布】沛县、邳州市、新沂市。

（364）毛目夜蛾*Erebus pilosa* (Leech)

成虫体长26～33mm，翅展58～90mm。头、胸、腹部棕褐色。雄蛾前翅黑褐色带青紫色闪光，内半部在中室后被1褐色香鳞；内线黑色达中脉，肾纹红褐色，后端成2齿，有少许银蓝色，黑边；中线半圆形外弯，绕过肾纹，内侧褐色，与肾纹之间黑色，中线外有1外弯粗暗线；外线白色，波浪形外弯。后翅端带窄，紫蓝色。雌蛾前翅内线达后缘，中线在肾纹后波浪形至后缘，后翅可见中线及白色波浪形外线。

【寄主】成虫吸食奈李等果实。

【分布】邳州市、新沂市。

成虫（♂），新沂马陵山林场，周晓宇 2016.IX.8

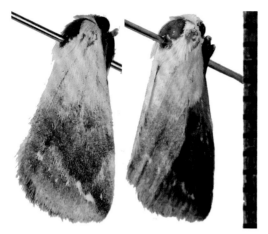

成虫，丰县孙楼，刘艳侠&周晓宇 2016.Ⅵ.3

（365）桃红猎夜蛾*Eublemma amasina* (Eversmann)

别名桃红白虫。成虫体长7～9mm，翅展17～20mm。头、胸部及前翅淡黄色，下唇须外侧桃红色，腹部淡褐黄色。前翅中线至亚端线间大部分带桃红色，中线白色，内侧衬淡褐色，亚端线白色有间断，前段有几个小黑点，桃红区前端空出1淡黄色约呈半圆形区，缘毛桃红色。后翅褐色，缘毛黄色，端部桃红色。

【寄主】菊科。

【分布】丰县。

（366）凡艳叶夜蛾*Eudocima fullonica* (Clerck)

别名落叶夜蛾，本种异名为*Ophideres fullonica* Linnaeus。成虫体长33～36mm，翅展86～96mm。头、胸及前翅赭褐色，腹部褐黄色。前翅翅脉有细黑点，基线、内线黑褐色，较直，肾纹不明显，外线微曲内斜，内线、外线之间暗褐色，亚端线微黄，自顶角直线内斜，后半不明显，中段外侧带暗褐色。后翅橘黄色，中部1黑曲条，端区1黑宽带，前端内展近翅基部，后端达Cu_2脉，内缘锯齿形，外缘与缘毛上的黑斑合成锯齿形。

【寄主】木通。成虫吸食多种水果的果汁。

【分布】新沂市。

成虫，新沂马陵山林场，周晓宇 2016.Ⅷ.1

（367）白斑锦夜蛾*Euplexia albovittata* Moore

成虫体长约16mm，翅展约42mm。头、胸黑色，下唇须2、3节端部白色，触角基部有白色鳞簇，颈板端部及胸背毛簇端部有少许白色，胫节及跗节端部白色。腹部灰黑色，基部白色。前翅白色，基部为黑色区，中室有1白点，中区有1黑带，在亚中褶处向两侧突出，尤其内侧突出较尖；环纹大，灰色，其内外缘白色，两侧各有1黑斑；肾纹大，白色，前端超出中室，外半有1黑灰点，外侧有1黑灰纹；外线前半可见双黑线，亚端线较直，在2、3脉内突，端区黑色，2～4脉间有2白纹；缘毛基部为1新月形白点，端部黑白相间。后翅基部白色，向外渐带褐色。

【寄主】未知。

【分布】沛县。

成虫，沛县鹿楼，朱兴沛 2015.Ⅴ.2

（368）棉铃实夜蛾*Heliothis armigera* (Hübner)

别名棉铃虫，本种异名为*Helicoverpa armigera* (Hübner)。成虫体长14～19mm，翅展30～38mm。体色多变，一般雌蛾红褐色，雄蛾灰绿色。前翅淡红色或淡青灰色，内线褐色波形，中线由肾纹下斜伸至后缘，末端达环纹正下方；环纹褐边，中央具1个褐点，肾纹褐边，中央具1个深褐色肾形纹；外线双线褐色锯齿形，末段达到或超过肾纹中部正下方，亚端线褐色，锯齿较均匀，与外线间成1暗褐色或霉绿色宽带，端区各脉间具小黑点。后翅黄白色或淡褐黄色，翅脉褐色或黑色，中室有1黑色短条，外缘有1黑褐色宽带。

【寄主】泡桐、木槿、月季、枸杞、李、桃、梨、苹果、葡萄、棉、茄、玉米、小麦、大豆、苜蓿等。

【分布】开发区、丰县、沛县、新沂市。

成虫（♀），开发区大庙，宋明辉　2015.IX.1

成虫（♂），丰县凤城，刘艳侠　2015.IX.14

（369）柿梢鹰夜蛾*Hypocala moorei* Butler

别名鹰夜蛾，本种异名为*Hypocala deflorata* (Fabricius)。成虫体长20～22mm，翅展40～44mm。头、胸部灰褐色杂黑色，腹部黄色，各节背面有黑横条，毛簇灰白色。前翅灰褐色，雄蛾前缘区大部及中室带红棕色；内、中、外横线均黑棕色，内线外斜至中脉折向内斜，环纹为1黑点，肾纹红棕色边；中线粗，中室后明显，外线前半二曲外弯，至肾纹后波浪形外斜，1白斜纹自顶角内斜至外线；亚端线黑色，在Cu$_1$脉处成外突齿，内侧各脉有黑短纹，外侧臀角处白色，端线黑色。后翅黄色，横脉纹黑色，端区1黑色宽带，臀角有1黄纹，亚中褶及后缘有黑棕色毛。雌蛾前翅暗褐灰色，除亚端线明显黑色外，各线纹均不明显。

【寄主】柿。

【分布】丰县。

（370）白点粘夜蛾*Leucania loreyi* (Duponchel)

别名劳氏粘虫。成虫体长12～17mm，翅展31～36mm。头、胸部及前翅褐赭色，颈板有2条黑线，腹部白色微带褐色。前翅翅脉微白，两侧衬褐色，各脉间褐色，亚中褶基部有1黑纵纹，中室下角有1白点，顶角有1隐约的内斜纹，外线为1列黑点。后翅白色，翅脉及外缘带褐色。

【寄主】稻等。

【分布】沛县。

成虫，沛县大沙河林场，朱兴沛　2016.VII.10

（371）腐粘夜蛾*Leucania putrida* Staudinger

成虫，开发区大庙，周晓宇　2015.VIII.13

成虫体长约12mm，翅展约28mm。头、胸部褐灰色，颈板中部有1黑色横线，腹部灰黄色。前翅淡黄褐色，有暗褐细点，中室后半有1黑色宽纵条，内线为几黑点，中室下角有1白点，外线黑色锯齿形，在M$_3$脉后内斜，亚端线自顶角内斜至M$_2$脉，然后外弯，其外侧黑褐色，但翅脉色淡，端线为1列黑点。后翅白色半透明，翅脉褐色，端线为1列黑点。

【寄主】小麦、玉米、水稻、穈子、芦苇、杂草。

【分布】开发区、丰县、沛县、铜山区。

（372）粘虫*Leucania separata* Walker

别名东方粘虫、粘夜蛾，本种异名为*Pseudaletia separata* (Walker)、*Mythimna separata* (Walker)。成虫体长15～20mm，翅展36～42mm。头、胸部灰褐色，腹部暗褐色。前翅灰黄褐色、黄色或橙色，变化较多；内线只几个黑点，环纹、肾纹褐黄色，界限不显著，肾纹后端有1白点，其两侧各1黑点；外线为1列黑点，亚端线自顶角内斜至M$_2$脉，在翅尖后方和外缘附近成1深灰褐色三角形暗影，端线为1列黑点。后翅暗褐色，向基部渐浅。

【寄主】稻、麦、高粱、玉米等农作物，也危害杨、柳、桃等林木果树幼苗。

【分布】泉山区、开发区、丰县、沛县、铜山区、睢宁县、新沂市、贾汪区。

成虫，开发区大庙，宋明辉　2015.VII.25

成虫，开发区大庙，张瑞芳　2015.VII.6

纹，端线为1列黑点。后翅白色微带褐色，端区色深。

【寄主】莎草科植物。

【分布】开发区、丰县、铜山区。

（374）甘蓝夜蛾*Mamestra brassicae* (Linnaeus)

本种异名为*Barathra brassicae* (Linnaeus)。成虫体长18～25mm，翅展40～50mm。头、胸部暗褐杂灰色，腹部灰褐色。前翅褐色，基线、内线均双线黑色波浪形，中线模糊；剑纹短，黑边，环纹斜圆，淡褐色黑边，肾纹黑边，纹内外侧具白斑，后半有1黑褐色小斑；外线黑色锯齿形，亚端线黄白色，在M$_3$、Cu$_1$脉呈锯齿形，端线为1列三角形黑点。后翅淡褐色，外缘色较深。

【寄主】桑、棉、麻、葡萄、甘蓝、白菜、茄子、蚕豆、豌豆、胡萝卜、马铃薯等。

（373）标瑙夜蛾*Maliattha signifera* (Walker)

别名标俚夜蛾、俚夜蛾，本种异名为*Lithacodia signifera* (Walker)。成虫体长5～6mm，翅展15～17mm。头、胸部白色杂少许黑色，腹部白色带淡褐色，背部毛簇黑色。前翅白色，前缘区基部2褐斑，内1斑后有1黑点；内线黑色波浪形外斜，肾纹白色，中央两端具黑斑，外侧1大黑斑；中线黑色，仅肾纹后可见，外线双线黑褐色锯齿形，内线与外线间大部黑褐色；亚端线白色，内侧有1列楔形黑褐

成虫，沛县张寨，朱兴沛&张秋生　2005.VII.28

【分布】开发区、丰县、沛县、铜山区、新沂市、贾汪区。

（375）宽胫夜蛾*Melicleptria scutosa* (Schiffermüller)

本种异名为*Protoschinia scutosa* (Denis *et* Schiffermüller)、*Schinia scutosa* (Goeze)。成虫体长11～15mm，翅展27～35mm。头、胸部灰棕色，腹部灰褐色。前翅灰白色，基线黑色，只达亚中褶；内线黑色波浪形，后半外斜，后端内斜；剑纹大，褐色黑边，中央有1淡褐色纵纹，环纹褐色黑边，肾纹褐色黑边，中央具1淡褐曲纹；外线黑褐色，外斜至M_3脉前折角内斜，亚端线黑色，不规则锯齿形，外线与亚端线间褐色，成1曲折宽带；中脉及Cu_2脉黑褐色，端线为1列黑点。后翅黄白色，翅脉及横脉纹黑褐色，外线黑褐色，端区有1黑褐色宽带，$Cu_2～M_3$脉端部有2黄白斑，缘毛端部白色。

成虫，铜山新区，钱桂芝　2015.Ⅵ.4

【寄主】大豆、艾属、藜属。

【分布】丰县、沛县、铜山区、新沂市。

成虫，开发区大庙，张瑞芳　2015.Ⅵ.7

（376）懈毛胫夜蛾*Mocis annetta* (Butler)

成虫体长16～18mm，翅展37～43mm。头、胸部及前翅棕色，腹部背面暗褐灰色。前翅微带紫色，基线双线达A脉，内线外斜，外侧深棕色，成1窄带；中线波曲，肾纹窄曲，棕色边；外线暗棕色，微外弯，在Cu_2脉后明显成1外凸角，前段内侧棕色；亚端线双线锯齿形，两线相距较宽，内1线前段内侧黑棕色，中段外侧有1列黑点。后翅淡褐黄色，外线、亚端线褐色，翅基部色较暗。

【寄主】大豆。

【分布】云龙区、开发区、铜山区。

（377）晦刺裳夜蛾*Mormonia abamita* (Bremer *et* Grey)

成虫体长27～30mm，翅展65～71mm。头、胸灰褐色，颈板端部毛黑褐色，腹部褐黄色。前翅灰褐色，布有细黑点，前缘脉基部至Cu_2脉基部有1黑褐斜条，内线黑褐色波浪形，自斜条后外斜；肾纹黑边，中央另1黑环，中线仅前半可见黑色，外斜至肾纹；外线黑色锯齿形，在M_2脉前后成锐齿，亚中褶处有1黑纵纹内伸至内线；亚端线灰白色锯齿形，不清晰，在M_1脉处有1黑纹伸至顶角，端线黑色，其内有1列黑点位于各脉间。后翅黄色，中带及端带黑色弯曲，

成虫，沛县沛城，朱兴沛　2005.Ⅶ.24

后者后端断为水滴状。

【寄主】未知。

【分布】沛县。

（378）大光腹夜蛾*Mythimna grandis* Butler

成虫，铜山赵疃林场，钱桂芝　2016.IX.23

别名光腹粘虫，本种异名为***Eriopyga grandis***(Butler)。成虫体长19～20mm，翅展45～47mm。头、胸部褐色杂少许黑色，腹部褐色。前翅赭褐色，布有黑细点及暗褐色细纹，内线黑色外弯，略呈括弧状，肾纹黄白色，中部微褐色，环纹不显，外线黑色，细锯齿形，端线为1列黑点。后翅赭黄色，端区带有红褐色。

【寄主】地杨梅属。

【分布】铜山区。

成虫，铜山张集，
周晓宇　2016.IV.25

（379）秘夜蛾*Mythimna turca* (Linnaeus)

成虫，铜山赵疃林场，钱桂芝　2016.V.17

别名光腹夜蛾、土光腹粘虫。成虫体长18～20mm，翅展40～43mm。头、胸部红褐色，触角干白色，腹部黄褐色，背面暗棕色，腹末有发达的浅棕色毛。前翅红褐色，散布黑色细点，内线黑色外弯，肾纹黑色窄斜，后端1白点，外线黑色，微曲内斜，端线为1列黑点。后翅红褐色，端区带有黑灰色。

【寄主】桑、杂草。

【分布】开发区、丰县、沛县、铜山区、新沂市。

（380）稻螟蛉夜蛾*Naranga aenescens* Moore

成虫（♂），丰县华山，刘艳侠　2015.V.18

别名稻螟蛉。成虫体长6～8mm，翅展16～19mm。雄蛾头、胸、腹部褐黄色；前翅金黄色，前缘基部红褐色，中部及近端部各有1红褐色斜条，2斜条近平行。后翅暗褐色，较淡，缘毛黄色。雌蛾色较淡，斜条不达前缘。

【寄主】稻、高粱、玉米、茭白、稗、茅草等。

【分布】丰县。

（381）雪疽夜蛾*Nodaria niphona* Butler

成虫体长约11mm，翅展约30mm。头、胸部黄褐色，腹部灰黄色。前翅黄褐色，内线和外线为淡褐色曲线，肾纹为1淡褐色斑点；亚端线黄白色，较直且很鲜明；其他斑纹不明显，翅尖略成直角，外缘曲度平稳。后翅灰黄色，亚端线黄白色，端线黑色。

【寄主】未知。

【分布】开发区、沛县、铜山区。

成虫，开发区大庙，宋明辉　2015.Ⅷ.18　　　　　　　成虫，沛县河口，朱兴沛　2005.Ⅶ.3

（382）瞳目夜蛾*Ommatophora luminosa* (Cramer)

别名瞳夜蛾。成虫体长约25mm，翅展约55mm。头、胸及腹部暗褐色，下唇须基部外侧1黑斑，颈板基部两侧各1黑斑。前翅褐色，基半部及前缘有紫色光泽；基线黑色波浪形达亚中褶，内线黑色波浪形外弯；肾纹新月形，粉红色，边缘黑色及白色，其外方1黑斑，中有绿影，1黑线自前缘中部外弯，环绕黑斑达肾纹后端，合成近眼形斑；外线黑色，在中褶处成外突齿，内伸至肾纹后，折向后行，在亚中褶处成外突齿，外线外侧衬粉红色，外区亦带淡褐红色；亚端线粉红色，较直内斜，前后端细锯齿形，端线双线黑色波浪形。后翅暗褐色，外半微褐红色，中线黑色外弯，外线黑色细锯齿形，亚端线双线微锯齿形，端线双线锯齿形。

成虫，沛县鹿楼，朱兴沛　2016.Ⅶ.16

【寄主】成虫吸食柑橘等果汁。

【分布】沛县。

（383）青安钮夜蛾*Ophiusa tirhaca* (Cramer)

别名安钮夜蛾，本种异名为*Anua tirhaca* Cramer。成虫体长29～35mm，翅展67～80mm。头、胸部及前翅黄绿色，触角暗赭色，腹部黄色。前翅有褐色碎纹，端区褐色；基线隐约可见，止于亚中褶，内线外斜至后缘中部；环纹为1黑点，肾纹大，褐色，外围线赭色；外线内弯，后端与内线相遇，前端内侧有1近三角形黑棕斑；亚端线暗褐色锯齿形，前段外侧有黑齿纹，端线黑褐色锯齿形。后翅黄色，亚端带黑色，宽带有变异。

【寄主】漆树、乳香，成虫吸食多种果汁。

【分布】开发区、沛县。

成虫，开发区大庙，宋明辉　2015.VIII.10

（384）鸟嘴壶夜蛾*Oraesia excavata* (Butler)

成虫体长23～26mm，翅展45～51mm。头部及颈板赤橙色，胸部赭褐色，腹部灰黄色，背面带有褐色。雄蛾触角单栉齿状，栉齿长，基节有1白斑，雌蛾触角丝状。前翅褐色带有紫色，基线黑棕色波浪形，自前缘脉至亚中褶，内线黑棕色双线，波浪形内斜；中线黑色较粗，自前缘脉双曲形外斜至中室下角，折角内斜，中室后缘黑棕色；外线细弱双线，黑棕色锯齿形，自前缘脉外斜至9脉折向内斜；亚端线黑棕色，自顶角不规则波曲至亚中褶，后半内侧另1黑棕色波曲线；1黑棕线自顶角直线内斜至3脉近基部，顶角外突成锐齿；翅外缘后半斜削，翅后缘内中部后突成1巨齿，其外方的翅后缘内凹呈弧形，臀角后突成1齿。后翅黄色，端区微带褐色。

【寄主】桃、梨、榆、苹果、葡萄、无花果，成虫吸食梨、桃、杏、柿、苹果、葡萄、枇杷、无花果等汁液。

【分布】丰县、沛县、铜山区、新沂市。

成虫（♂），铜山赵疃林场，钱桂芝　2016.VIII.2

（385）浓眉夜蛾*Pangrapta trimantesalis* (Walker)

成虫体长13～17mm，翅展30～34mm。头、胸部暗红褐色，下唇须褐灰色，腹部棕褐色。前翅浓褐色带灰色，密布黑褐色细点，基部色暗，内线黑色，波浪形外弯；环纹褐灰色，边缘黑褐色，小而圆，肾纹色似环纹，小而模糊；中线黑褐色，自前缘脉外斜至肾纹前端，自肾纹后端内斜并微波浪形；外线黑褐色，自前缘脉外斜至M_1脉，折角波曲内斜，前段外方有1近半圆形灰色大斑，后段外侧有1黑褐波浪形纹；亚端线黑褐色间断，顶角1灰白斜纹，外缘M_3脉外突成圆形外突。后翅灰褐色，各横线黑褐色，外线双线波浪形，亚端线间断。

【寄主】未知。

【分布】开发区。

成虫，开发区大庙，周晓宇　2016.V.22

（386）纯肖金夜蛾*Plusiodonta casta* (Butler)

别名肖金夜蛾。成虫体长12～14mm，翅展25～27.5mm。头、胸部黄褐色，颈板及翅基片端部白色，腹部灰黄色。前翅淡褐色，内区及亚端区有金斑，基线双线黑色，内1线粗，内侧衬白；内线3线，内2线棕色，外1线紫黑色，微波形内斜；肾纹灰色褐边及金边，中线褐色，自肾纹后端内斜；外线双线，内1线紫黑色，在各脉上有黑点，外1线棕色，前半大波曲，后半微波曲内斜；亚端区2大金斑，前1斑长而弯，中央灰色，后1斑褐边，中有1褐线；顶角有1蓝白纹，端线前半蓝白色及黑色，内侧有1双齿形黑纹。后翅淡褐色。

【寄主】蝙蝠葛。

【分布】铜山区。

成虫，铜山赵瞳林场，钱桂芝　2016.IV.26

（387）焰夜蛾*Pyrrhia umbra* (Hüfnagel)

成虫体长12~16mm，翅展32~35mm。头、胸部黄褐色，翅基片有1黑纹，腹部褐色有黄毛。前翅黄色布赤褐点，外线外方带有黑褐色；基线、内线及中线均赤褐色，基线只达亚中褶，内线大锯齿形；剑纹、环纹及肾纹均黄色赤褐边，肾纹中央1淡黑斑，中线外斜至肾纹后端折角内斜；外线黑棕色，后半与中线平行，亚端线黑色锯齿形，稍间断，端线黑褐色。后翅黄色，翅脉及横脉纹微黑，端区有1黑色大斑，端线褐色。

成虫，铜山新区，钱桂芝　2015.Ⅵ.4

【寄主】大豆、小豆、玉米、油菜、荞麦等。

【分布】铜山区。

（388）广布茄夜蛾*Rusicada fulvida* Guenée

别名超桥夜蛾，本种异名为*Anomis fulvida* (Guenée)。成虫体长13~19mm，翅展40~49mm。头、胸部棕色杂黄色，腹部灰褐色。前翅橙黄色，密布赤锈色细点，各线均紫红棕色；基线只达A脉，其后杂有灰褐色，内线波浪形外斜；环纹只现1白点，有红棕色边，中线稍直，微波浪形贴近肾纹，肾纹后半为1黑棕色圈；外线前半深波浪形，后半不显，亚端线较粗，呈不规则波浪形；翅外缘中部外突成钝齿状，缘毛橙黄色，端部白色。后翅褐色。老熟幼虫体长40~49mm，第1~3腹节常弯曲成桥形；体色常变化，棕黑色，头部有不明显褐斑，亚背区有1列黄色短纹；或体绿色带灰，背线灰黄色，亚背线黄色，气门上线由镶有白边的黄色带组成，此带在每体节上有1~2条黑色横纹，气门外围灰色，气门黑色。体腹面微带紫红色，臀板灰色，胸足与腹足灰绿色。

【寄主】木槿、棉等，成虫吸食梨、桃等果汁。

【分布】泉山区、开发区、丰县、沛县、铜山区、新沂市、贾汪区。

成虫，贾汪青年林场，宋明辉　2015.Ⅶ.20

幼虫（棕黑色，木槿），丰县孙楼，
刘艳侠　2015.Ⅶ.21

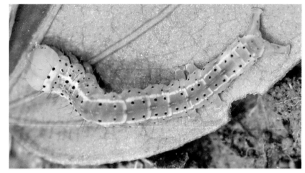

幼虫（绿灰色，木槿），铜山伊庄，周晓宇 2016.Ⅶ.11　　　　幼虫（绿灰色，木槿），铜山邓楼果园，周晓宇 2016.Ⅵ.1

蛹，铜山邓楼果园，宋明辉 2015.Ⅵ.1　　　　被害状（木槿），丰县孙楼，刘艳侠 2015.Ⅷ.26

（389）胡桃豹夜蛾*Sinna extrema* (Walker)

成虫体长10～17mm，翅展28～40mm。头、胸部白色，颈板、翅基片及前、后胸均有橘黄斑。触角丝状，基部白色，雄蛾触角有纤毛。腹部灰褐色，节间白色。前翅橘黄色，有许多白色多边形斑，外线为1曲折白带；翅尖圆，外缘曲度平稳，顶角有1大白斑，其内有4个大黑斑，外缘后半部又有3个小黑斑。后翅白色微带淡褐色。

【寄主】枫杨、胡桃、泡桐、山核桃，成虫吸食箭叶旋花、泡桐等花蜜。

【分布】云龙区、沛县、铜山区、新沂市。

成虫（♂，右图示触角纤毛），沛县沛城，赵亮 2005.Ⅶ.22　　　　成虫（♀），云龙潘塘，
周晓宇 2016.Ⅴ.19

（390）瓦矛夜蛾*Spaelotis valida* (Walker)

成虫，铜山新区，钱桂芝　2015.Ⅵ.18

别名黑纹地老虎。成虫体长约20mm，翅展33～46mm。头部和领片棕褐色，胸部和肩片黑褐色，腹部暗褐色。前翅灰褐至黑褐色，翅基片黄褐色；基线、内线及外线均为双线黑色波浪形，基线伸至中室下缘，中室下缘自基线至内线间具1黑色纵纹；中室内环纹与中室末端肾纹均为灰色具黑边，环纹略扁圆，前端开放；亚外缘线土黄色波浪形。后翅黄白色，外缘暗褐色。

【寄主】幼虫危害小麦、菠菜、生菜、甘蓝、韭菜、葱、大蒜等作物的幼根。

【分布】沛县、铜山区。

（391）环夜蛾*Spirama retorta* (Clerck)

别名旋目夜蛾，本种异名为*Speiredonia retorta* (Linnaeus)。成虫体长21～23mm，翅展60～66mm。雄蛾头、胸部及前后翅黑棕带紫色，腹部背面大部黑棕色，端部及腹面红色；前翅各线黑色，肾纹后部膨大旋曲成蝌蚪形黑斑，边缘黑、白色，黑斑尾部上旋与外线相连，凹曲处至顶角有隐约白纹；外线双线外斜至M_1脉折角内斜，前段双线较宽，亚端线及端线均双线波浪形；后翅黑棕色，端区较灰，中线、外线黑色，亚端线双线黑棕色。雌蛾头、胸部褐色，颈板黑色，胸部背面带淡赭黄色，腹部背面大部黑棕色，有淡赭黄色横纹，端部及腹面红色；前翅浅赭黄带褐色，蝌蚪形黑斑的尾部（中线）与外线近平行；外线黑色波状，其外侧至外缘还有4条波状黑色横线，其中1条由中部至后缘；内线内侧有2黑棕色斜纹，外侧有1黑棕宽斜条。后翅色同前翅，有白色至淡黄白色中带，内侧有3条黑色横带，外侧至外缘有5条波状黑色横线，各带、线间色较淡。

【寄主】合欢、泡桐，成虫吸食成熟的梨、桃、杏、李、枇杷、苹果、葡萄、番茄、木瓜等果汁。

【分布】沛县、铜山区、新沂市。

成虫（♂），新沂马陵山林场，周晓宇　2017.Ⅶ.11

成虫（♀），新沂马陵山林场，周晓宇　2016.Ⅷ.18

（392）斜纹夜蛾*Spodoptera litura* (Fabricius)

本种异名为*Prodenia litura* (Fabricius)。成虫体长14～20mm，翅展33～42mm。体暗褐色，胸背及腹背有灰白至暗褐色丛毛。前翅灰褐色，径脉和中脉基部褐黄色，基线与内线褐黄色，后端相连；环纹淡褐黄色，中央淡褐色，外斜瘦长，肾纹弓形，其中央黑色，内、外缘及前、后端均淡褐黄色，外缘内凹，前端齿形，1淡褐黄色斜纹自前缘经环、肾纹间达Cu$_1$、Cu$_2$脉基部（雄蛾不明显，与环纹形成1条阔带）；外线与亚端线淡褐黄色，2线间带有紫灰色（雌蛾则不明显带紫灰色），亚端线内侧有1列尖黑纹，端线黑色较粗，内侧有1淡黄色细线，均由淡褐黄色翅脉所间隔，缘毛白褐相间成锯齿形。后翅白色半透明，翅脉及端线褐色。

【寄主】杨、柳、榆、柿、桑、枣、李、桃、梨、泡桐、枇杷、海棠、苹果、石榴、银杏、刺槐、紫薇等林木果树及棉、小麦、高粱、玉米、甘薯、豆类、瓜类等400多种植物，成虫喜食糖醋和发酵物。

【分布】全市各地。

成虫，开发区大庙，宋明辉　2015.Ⅷ.23

成虫（♀），沛县敬安，朱兴沛　2015.Ⅷ.21

（393）庸肖毛翅夜蛾*Thyas juno* (Dalman)

别名毛翅夜蛾、肖毛翅夜蛾，本种异名为*Lagoptera juno* (Dalman)、*Dermaleipa juno* (Dalman)。成虫体长30～33mm，翅展70～90mm。头部赭褐色，胸部背面褐色，腹部洋红色，背面中央灰褐色（雄蛾全为褐色）。前翅赭褐或灰褐色，布满细黑点，后缘除基部外棕色，基线、内线、外线及亚外缘线棕褐色；基线达亚中褶，内线前端微曲，自中室上缘起直线外斜（雄蛾较曲）；环纹只1小棕黑点，肾纹褐色，后半中央有1圆形黑点，或前半1黑点，后半1黑斑；外线直线内斜，前后端微向内弯，亚外缘线自顶角内弯至臀角，亚外缘线与外缘线间色较紫褐，隐约可见1暗褐纹；外缘线波浪形，在各脉上有1较小的新月形紫棕点。后翅基部2/3黑色，端部1/3土红色，基部及后缘有褐色毛，近翅中央有粉蓝色倒弯钩形纹，外缘中段有密集黑点，各脉间有1黑点。

【寄主】木槿、李、桃、苹果、葡萄，成虫吸食梨、桃、李、苹果等果汁。

【分布】全市各地。

（394）陌夜蛾*Trachea atriplicis* (Linnaeus)

别名白戟铜翅夜蛾。成虫体长19～20mm，翅展44～52mm。头、胸黑褐色，颈板有黑线及绿纹，翅基片基部及内缘绿色，腹部暗灰色。前翅棕褐带铜绿色，尤其内线内侧、亚前缘脉及亚端区更显，除亚端线绿色外其余各横线均黑色；基线在中室后双线，环纹中央黑色，有绿环及黑边，后方1楔形白纹沿Cu$_2$脉外斜，肾纹绿色带黑灰有绿环，后内角有1三角形黑斑；外线在翅脉上间断，后端与中线相遇，亚端线后半微白，在Cu$_1$～M$_3$脉间及R$_5$脉处成大折角，亚中褶成内突角，与外线间另有1黑褐线。后翅基部白色，外半暗褐，Cu$_2$脉端有1白纹。

成虫，开发区大庙，宋明辉　2015.Ⅷ.10

【寄主】食性杂，榆及蓼、酸模、地锦、二月兰、杠板归等植物。

【分布】开发区、丰县、铜山区、邳州市、新沂市。

（395）丽木冬夜蛾*Xylena formosa* (Butler)

成虫，铜山赵疃林场，钱桂芝　2016.Ⅳ.10

别名台湾木冬夜蛾。成虫体长约25mm，翅展54~58mm。头部及颈板淡黄色，额及下唇须红褐色，后者外侧有黑条纹，颈板近端部有赤褐色弧，胸部棕褐色，腹部褐色。前翅淡褐灰色，翅脉暗褐色；基线双线黑棕色，波浪形达亚中褶，内线双线黑棕色波浪形外斜；环纹黑边，中央有3个黑斑，中线黑棕色，前半波曲，肾纹大，灰黑色；外线锯齿形，在各脉上为黑点，亚端线内侧衬黑棕色，在R₅脉上成1齿，端线双线黑色，内1线间断为点列。后翅淡褐色。

【寄主】多种果树、艾属、牛蒡、豌豆、博落回、羊蹄、虎杖等。

【分布】铜山区。

26　毒蛾科 | **Lymantriidae**

（396）肾毒蛾*Cifuna locuples* Walker

别名大豆毒蛾、豆毒蛾。成虫体长17~19mm，翅展雄蛾34~40mm，雌蛾45~50mm。触角干褐黄色，栉齿褐色，下唇须、头、胸及足深黄褐色，腹部褐黄色，后胸及第2、3腹节背面各有1黑色短毛簇。前翅内线为1褐色宽带，带内侧衬白色细线，横脉纹肾形，褐黄色，深褐色边；外线深褐色，微向外弯曲，亚端线深褐色，在R₅脉与Cu₁脉处外突，两线间黄褐色；端线深褐色衬白色，在臀角处内突，缘毛深褐色与褐黄色相间。后翅淡黄褐色，横脉纹、端线色较暗，缘毛黄褐色。雌蛾比雄蛾色暗。

【寄主】柿、柳、榉、榆、樱、海棠、大豆、紫藤、苜蓿、小豆、绿豆、蚕豆、豌豆。

【分布】开发区、沛县、铜山区、睢宁县、新沂市。

成虫（♂），开发区大庙，张瑞芳　2015.Ⅸ.9

成虫（♀），开发区大庙，张瑞芳　2015.Ⅶ.22

（397）线茸毒蛾*Dasychira grotei* Moore

体长雄蛾18.5~22mm（雌蛾26~27.5mm），翅展雄蛾40~49mm（雌蛾66~80mm）。头、胸部白灰色带浅褐色，触角干白色，栉齿棕色；腹部灰棕色（雌蛾灰色），腹末灰褐色；体腹面及足灰棕色（雌蛾灰色）。

前翅浅棕白色散布黑褐色鳞，亚基线黑褐色（雌蛾不明显）；内线双线黑褐色，其内侧1线呈S形弯曲（雌蛾弧形），外侧1线不规则波状（雌性不显），横脉纹新月形浅棕色，黑褐色边；外线黑褐色波浪形，Cu₁脉后内拱，亚端线白色波浪形，与外线平行，两线间黑褐色，端线为1条黑褐细线（雌蛾2条）。后翅棕黄色（雌蛾灰白带浅褐色），横脉纹和外缘灰棕褐色（雌蛾黑褐色），缘毛白色。卵圆球形，黄褐色，近孵化时灰黑色。幼虫体色有暗红褐色、黄色和灰黄色，第1～4、8腹节背面均具黄色毛刷，第1、2腹节背面交界处有大黑斑，胸足、腹足黄色。茧质薄，蛹棕黄色。

【寄主】杨、柳、樟、榉、榆、泡桐、朴树、月季、樱花、花椒、悬铃木、重阳木。

【分布】全市各地。

成虫（♂），铜山大许，钱桂芝　2015.Ⅵ.16　　　　　成虫（♂），丰县梁寨，刘艳侠　2015.Ⅷ.10

幼虫（杨树），铜山大许，　　　　幼虫（杨树），铜山单集，　　　　幼虫（花椒），丰县凤城，
钱桂芝　2015.Ⅶ.16　　　　　钱桂芝　2015.Ⅶ.1　　　　　刘艳侠　2015.Ⅷ.11

 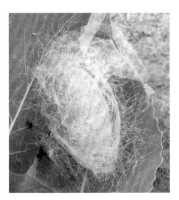 

卵，铜山大许，　　　　　茧，铜山大许，　　　　　　蛹，沛县湖西农场，
钱桂芝　2015.Ⅶ.21　　　　钱桂芝　2015.Ⅵ.11　　　　赵亮　2015.Ⅷ.14

（398）小黄毒蛾*Euproctis pterofera* Strand

成虫翅展约20mm。下唇须橙黄色，外侧涂棕色，头、胸部及足赭黄色，腹部黄色。前翅鲜艳的赭黄色，中带棕色，微弓形向外弯曲，其宽约1mm，中带不达翅前缘和后缘，带的两侧各衬1条白色窄带。后翅浅赭黄色，其基部色浅。前翅反面除后缘浅赭黄色外色较深，呈浅棕黄色，尤其前缘突显棕色，后翅反面浅赭黄色。

【寄主】不详。

【分布】开发区、铜山区、新沂市。

成虫（背、腹面），铜山新区，宋明辉　2015.Ⅵ.18

（399）舞毒蛾*Lymantria dispar* (Linnaeus)

雌雄异型。雄蛾体长17～21mm，翅展30～47mm。全体黄褐色，复眼黑色，触角暗褐色双栉齿状，下唇须、胸背和腹背黄棕色。前翅浅黄至深棕色，布褐棕色鳞，斑纹黑褐色；基线M脉上、下各有1黑褐色点，中室中央有1黑褐色点，中室端有开口向外的"＜"形黑褐色纹；亚基线、内线、中线波浪形，外线、亚端线锯齿形，亚端线以外色较暗，缘毛棕黄与黑色相间。后翅黄褐色，中室端横脉纹"＜"形，亚端线棕色不清晰。雌蛾体长22～30mm，翅展60～80mm。全体白色稍黄，缘毛白色有棕黑色点。前翅黄白色，中室横脉纹明显具1个"＜"形暗褐色斑纹，其他斑纹与雄蛾近似，前、后翅外缘每2脉间有1黑褐色斑点。腹部肥大，末端有黄褐色毛丛。

成虫（♂），铜山赵疃林场（灯诱），钱桂芝　2016.Ⅶ.22

【寄主】桑、柿、杏、杨、李、桃、柳、栗、梨、苹果、山楂、板栗、海棠、核桃、樱桃等500余种植物。

【分布】铜山区。

（400）侧柏毒蛾*Parocneria furva* (Leech)

成虫体长10～12mm，翅展19～34mm。体灰褐色。雌蛾触角短栉齿状，灰白色；前翅浅灰色，鳞片薄，略透明，翅面有不显著的齿状波纹，近中室处有1个暗色斑点，外缘较暗，有若干黑斑。雄蛾触角羽毛状，体色较雌蛾深，前翅花纹模糊，但在Cu_2脉下方近中室处的暗色斑点较显著。老熟幼虫体长20～30mm。头灰黑色，体绿灰色，各节毛瘤棕白色，上生黄褐和黑色刚毛；背线黑绿色，第3、7、8、11节背面发白，亚背线从第4～11节间有1条黑绿色纵带，亚背线与气门线间有白斑。

【寄主】侧柏。

【分布】全市各地。

成虫（♂），铜山新区，钱桂芝 2015.Ⅵ.3　　　成虫（♀），铜山新区，钱桂芝 2015.Ⅵ.18　　　幼虫，铜山汉王，
钱桂芝 2015.Ⅳ.15

（401）黑褐盗毒蛾 *Porthesia atereta* Collenette

雄蛾翅展26～32mm，雌蛾翅展32～37mm。触角干浅黄色，栉齿黄褐色，头部和颈板橙黄色，胸部黄棕色，腹部暗褐色，基部黄棕色，肛毛簇浅橙黄色，体下面和足黄褐色带浅黄色，胸下前面带橙黄色。前翅棕色散布黑色鳞片，外缘有3个浅黄色斑，第1个在翅顶，第2个在M$_1$脉和M$_2$脉间，第3个在Cu$_1$脉后方，外缘有银白色斑。后翅黑褐色，外缘和缘毛浅黄色。

【寄主】泡桐、核桃、悬铃木、板栗等。

【分布】鼓楼区、开发区、丰县、沛县、铜山区、睢宁县、新沂市。

成虫，开发区大庙，张瑞芳 2015.Ⅸ.13　　　成虫，铜山汉王，
宋明辉 2015.Ⅸ.16

（402）戟盗毒蛾 *Porthesia kurosawai* Inoue

别名黑衣黄毒蛾，本种异名为*Euproctis pulverea* (Leech)。成虫体长8～12mm，翅展雄20～22mm，雌30～33mm。触角干橙黄色，栉齿褐色。下唇须和头部橙黄色，胸部灰棕色，腹部灰棕带黄色，腹部末端橙黄色，体腹面及足黄色。前翅赤褐色布黑色鳞片，前缘和外缘黄色；赤褐色部分在R$_5$与M$_1$脉间和M$_3$与Cu$_1$脉间向外突出，赤褐色部分外缘带银白色斑，近翅顶有1棕色小点；内线黄色，不清楚。后翅黄色，基半部棕色。

【寄主】榆、桃、茶、刺槐、苹果等。

【分布】开发区、丰县、沛县、铜山区、睢宁县。

成虫，开发区大庙，张瑞芳　2015.IX.14　　　　　　成虫，铜山伊庄，周晓宇　2016.IV.18

（403）盗毒蛾 *Porthesia similis* (Fueszly)

别名黄尾毒蛾、桑毛虫，本种异名 *Euproctis similis* (Fueszly)。成虫体长10～15mm，翅展28～45mm。触角干白色，栉齿棕黄色，下唇须白色，外侧黑褐色，头、胸、腹基半部及足白色微带黄色，腹部其余部分和肛毛簇黄色。前、后翅白色，前翅后缘有2个褐斑，有的个体内侧褐斑不明显。前、后翅反面白色，前翅前缘微带褐色。老熟幼虫体长28～33mm，头黑色，体黑褐色，前胸背板黄色，具2条黑色纵线，体背面有橙黄色带，带在第1、2和8腹节中断，正中有1红褐色间断线。亚背线黑色，布不规则小白点，气门线红黄色，各节有不甚规则的橘红色斑点；前胸两侧各有1个向前突出的红色瘤，上生黑色长毛束，腹部第1～8节各节背线两侧有1对黑色瘤，上生黑褐色长毛和白色羽状毛，尤以第1、2、8节上向内的1对显著的大，第9腹节背面有红色瘤4个。

【寄主】杨、柳、枣、柿、李、桑、梨、桃、杏、泡桐、梧桐、海棠、蔷薇、山楂、苹果、樱桃、刺槐等。

【分布】全市各地。

成虫（背、腹面），开发区大庙，张瑞芳　2015.VIII.12

成虫（示触角背面特征），开发区大庙，张瑞芳　2015.VIII.12　　　　幼虫，铜山汉王，宋明辉　2015.IX.16　　　　幼虫，沛县沛城，赵亮　2015.VII.21

（404）杨雪毒蛾*Stilpnotia candida* Staudinger

别名杨毒蛾、柳毒蛾、褐柳毒蛾，本种异名为*Leucoma candida* (Staudinger)。雄蛾体长14~18mm，翅展35~42mm，雌蛾体长18~23mm，翅展45~60mm。头白色，全身被白绒毛，复眼和下唇须黑色。雌蛾触角栉齿状，雄蛾羽状，触角主干黑色，有白色或灰白色环节，栉齿黑褐色。胸、腹部白色，足黑色，胫节、跗节具有白色的环纹。前、后翅白色，有光泽，鳞片宽排列紧密，不透明。幼虫体长40~50mm，头棕色，有2个黑斑，体黑褐色，亚背线橙棕色。瘤蓝黑色，翻缩腺浅红棕色。

【寄主】杨、柳、白蜡。

【分布】开发区、沛县、邳州市。

成虫（♀，背、腹面），开发区大庙，周晓宇　2016.Ⅳ.21

（405）雪毒蛾*Stilpnotia salicis* (Linnaeus)

别名柳毒蛾、柳叶毒蛾、杨毒蛾，本种异名*Leucoma salicis* (Linnaeus)。成虫体长11~20mm，翅展33~55mm。全体着生白绒毛，复眼圆形黑色，下唇须黑色。雌蛾触角短双栉齿状，触角干白色，雄蛾触角羽毛状，触角干棕灰色。头、胸及腹部白色微带浅黄色，足胫节和跗节有黑白相间的环纹。前翅白色，鳞片较狭窄，排列稀疏，微透明带光泽，有时前缘和基部微发黄。后翅白色。本种与杨雪毒蛾*S. candida*十分相似，很难区分，但幼虫和蛹的形态上有显著差别。幼虫体长35~50mm，头灰黑色，体黄色，亚背线黑褐色。瘤棕黄色，翻缩腺粉褐色。

【寄主】杨、柳。

【分布】丰县、沛县、铜山区、邳州市。

成虫（♂，背、腹面），铜山赵疃林场，钱桂芝　2016.Ⅷ.6

成虫（♀，背面），铜山张集，周晓宇 2016.Ⅳ.25

成虫（♀，腹面），沛县鹿楼，
朱兴沛 2015.Ⅵ.8

27 凤蝶科 ｜ **Papilionidae**

（406）麝凤蝶*Byasa alcinous* (Klug)

成虫翅展76~82mm。翅黑色（雄）或灰褐色（雌），后者的脉纹都呈黑色。前翅脉纹两侧灰色或灰褐色，具脉间纹，中室有4条黑褐色纵纹。后翅一般都比前翅色深，脉纹不明显，外缘波状有尾突，外缘区及臀角有7个红色或浅红色月牙形斑。反面前翅如正面，后翅黑色，亚外缘红色斑纹更明显，臀角红斑被翅脉分割。

【寄主】马兜铃、木防己。

【分布】全市各地。

成虫（正），沛县沛城，赵亮 2016.Ⅳ.13

成虫（反），铜山柳泉，钱桂芝 2015.Ⅳ.16

（407）青凤蝶*Graphium sarpedon* (Linnaeus)

别名樟青凤蝶。成虫翅展70~85mm。翅黑或浅黑色，前翅只有1列与外缘平行的青蓝色方斑而形成的蓝色宽带，从顶角内侧开始斜向后缘中部，从前缘向后缘逐斑递增。后翅外缘区有1列新月形青蓝色斑纹，外缘波状无尾突，后翅反面基部有1条红色短线，中后区有数条红色斑纹，其余与正面相似。初龄幼虫体暗褐色，4龄时转为绿色。胸部每节各有1对圆锥形突起，到末龄时中胸突起变小而后胸突起变为肉瘤，中央出现淡褐色纹而呈眼状斑，体上出现1条黄色横线与之相连。气门淡褐色，气门上线较细，气门下线较粗，呈黄色，臭角淡黄色。

　　【寄主】香樟、月桂、肉桂等。

　　【分布】全市各地。

成虫（正），沛县沛城，赵亮　2015.Ⅷ.17

成虫（反），矿大南湖校区，宋明辉　2015.Ⅸ.19　　　　　末龄幼虫（香樟），开发区大庙，周晓宇　2016.Ⅺ.2

（408）碧凤蝶*Papilio bianor* Cramer

成虫（♂，正、反），新沂马陵山林场，王菲&张瑞芳　2017.Ⅶ.20

成虫翅展90～135mm。雄蝶体翅黑褐色密布金绿色鳞片，在脉纹间更集中，表现出金绿色带；前翅在cu₂～m₃室有天鹅绒状的性标，后翅顶区附近金蓝绿鳞集中，或形成边界不清的斑，亚外缘具紫红色斑，臀角斑"C"形，外缘波状具尾突；翅反面基半部黑褐色散布草黄色鳞，前翅端半部有灰黄或灰白色宽带，由后缘向前缘放射，越接近前缘越宽，色越淡；后翅亚外缘区红色月牙形或钩形斑纹十分明显。雌蝶翅底色较浅，正面金绿色鳞稀疏，后翅正面红斑发达清晰。

成虫（♀，正），新沂马陵山林场，周晓宇　2017.Ⅵ.13

【寄主】漆树、山花椒、樗叶花椒、光叶花椒、楝叶吴茱萸等。

【分布】开发区、丰县、沛县、铜山区、睢宁县、邳州市、新沂市。

（409）金凤蝶*Papilio machaon* Linnaeus

别名黄凤蝶、茴香凤蝶。成虫翅展90～120mm。体黄色，从头部至腹末具1条黑色纵纹。翅黑褐至黑色，斑纹黄色或黄白色；前翅基1/3黑色散布黄鳞，中室端半部有2个横斑；中后区有1纵列斑，除第3和最后1斑外，大致逐斑递增大，外缘区有1列小斑。后翅基半部被脉纹分隔的各斑占据，亚外缘区有不十分明显的蓝斑；亚臀角有红色圆斑，外缘区有月牙形斑；外缘波状，尾突长短不一。翅反面基本被黄色斑占据，蓝斑比正面清楚。

【寄主】茴香、柴胡、芹菜、胡萝卜、香根芹等。

【分布】鼓楼区、泉山区、开发区、沛县、铜山区、睢宁县。

成虫（正、反），沛县沛城，赵亮　2016.Ⅸ.6

（410）玉带美凤蝶*Papilio polytes* Linnaeus

别名玉带凤蝶。成虫翅展95～115mm。雌雄异型。雄蝶体翅黑色，前翅外缘有1列白斑，由前缘向后缘逐斑递增；后翅中、后区有1列白斑，外缘波状有短尾突；翅反面后翅亚外缘具稀疏灰蓝色鳞和1列橙色新月形斑，其余与正面相似。雌蝶多型，有白带型（后翅外缘斑与雄蝶后翅反面相似）、白斑型（在后翅中部有2～5个白斑）和赤斑型（后翅无白斑），后两个类型前翅端半部色淡，基半部及后翅色深，呈黑至黑褐色，后翅亚外缘区各翅室有红色月牙形斑纹，臀区有红斑，臀角有红色环状纹；翅反面与正面大致相似。

【寄主】枸杞、光叶花椒、山椒。

【分布】开发区、沛县、铜山区、睢宁县、邳州市、新沂市。

成虫（♂，正、反），新沂唐店，张瑞芳&王菲　2017.Ⅷ.15

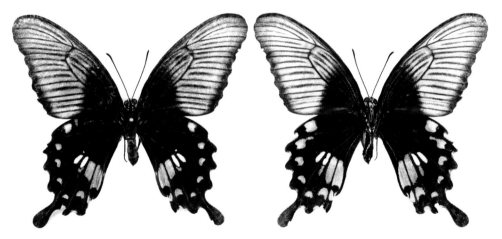

成虫（白斑型♀，正、反），铜山赵疃林场，宋明辉　2015.Ⅷ.18

（411）柑橘凤蝶*Papilio xuthus* Linnaeus

别名花椒凤蝶。成虫翅展90～110mm。体翅颜色随季节而变化，春型色淡呈黑褐色，夏型色深呈黑色，翅上花纹黄绿或黄白色，排列春夏型一致，只是夏型雄蝶后翅前缘多1个黑斑。前翅中室基半部有4～5条放射状斑纹，端半部有2个横斑；外缘区有1列新月形斑纹，中后区有1列纵向斑纹，外缘排列整齐而规则；cu_2室有1条从翅基伸出的纵带，带中间呈角状弯曲，端部呈折钩形，沿后缘还有1条细纵纹。后翅基半部斑纹都是顺脉纹排列，在亚外缘区有1列蓝色斑，外缘区有1列弯月形斑纹，臀角有1环形红色斑。翅反面色稍淡，前后翅亚外区斑纹明显。初龄幼虫头部黑色，胴部暗褐色；成长幼虫第6、7两节上有黄白色斜纹带；5龄幼虫头部黄绿色，体背侧面草绿色有横条纹，第4、6节后缘具1大黑纹，足基部有黄纹，第4及7～9节有橙黄点，第1节具橙色臭丫腺1对，老熟幼虫长约40mm。蛹体长约30mm，淡绿稍呈暗褐色，头部两侧各有1个显著的突起。

【寄主】樗叶花椒、光叶花椒、枸杞、黄檗、吴茱萸、肉枝干、野花椒、山椒等。

【分布】全市各地。

成虫（春型，正、反），鼓楼九里，张瑞芳　2015.IX.10

成虫（夏型♂，正），鼓楼九里，
张瑞芳　2015.VI.11

幼虫（花椒），沛县朱寨，
赵亮　2016.IV.29

幼虫及蛹（花椒），开发区大庙，
宋明辉　2015.IX.9

（412）丝带凤蝶*Sericinus montelus* Gray

成虫（♂，正），泉山金山街道，王菲　2015.IV.10

成虫（♂，反），泉山金山，王菲　2015.IV.10

　　成虫翅展50~60mm。雌雄异型。雄蝶翅淡黄白色，翅面具有黑色斑纹；后翅有1条中横带，中间错位后与臀角大黑斑相连接，大黑斑中有红色横斑，红斑下有蓝斑，尾突常短于或等于雌蝶。雌蝶翅黑色，具许多白色至浅黄色的线状斑纹；后翅具带状红斑，红斑外具有蓝斑，尾突长，黑色，末端黄白色。翅反面与正面相似。幼虫体黑色，有白色次生毛，胸、腹部每节有4个枯黄色的圆锥状突起，其上生有刚毛，其中前胸两侧1对特别长，呈触角状。老熟幼虫体长约25mm。

　　【寄主】马兜铃、青木香。

　　【分布】云龙区、鼓楼区、泉山区、开发区、沛县、铜山区、睢宁县、新沂市、贾汪区。

成虫（♀，正），泉山金山，徐辉筠　2015.Ⅵ.17

成虫（♀，反），泉山金山，徐辉筠　2015.Ⅵ.17

幼虫，泉山金山，周晓宇　2016.Ⅳ.28

幼虫，泉山金山，宋明辉　2015.Ⅴ.9

28 粉蝶科 | **Pieridae**

（413）黄尖襟粉蝶*Anthocharis scolymus* Butler

　　别名黄襟粉蝶。雄蝶体长16~18mm，翅展40~45mm。前翅白色狭长，中室端有1个肾形黑斑；顶角尖出略呈钩状，顶角区域在前缘处有稍宽的黑色带，外缘处有1个黑斑，其余部分为橙黄色；反面也有中室端斑，顶角处前缘和外缘为绿色云状斑，中间区域白色。后翅正面白色，能透视反面斑，前缘中部有1

不规则绿色斑，翅脉端部各有1个小外缘斑；反面密布云状斑，基半部绿褐色，端半部棕黄色。雌蝶体长15～18mm，翅展42～50mm。翅正、反面均如雄蝶，只是前翅正面顶角区域的橙黄色部分为白色。

【寄主】油菜、芥菜、碎米荠、诸葛菜等十字花科植物。

【分布】云龙区、泉山区、睢宁县。

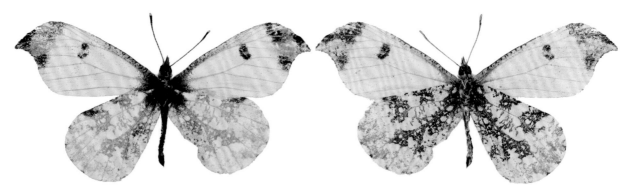

成虫（♂，正、反），泉山森林公园，张瑞芳　2015.Ⅳ.10

（414）迁粉蝶*Catopsilia pomona* (Fabricius)

根据成虫翅反面银斑的有无，可分为有纹型和无纹型两大类。有纹型雌蝶体长20～22mm，翅展55～58mm，雄蝶体长24～26mm，翅展66～72mm。触角桃红色。雄蝶翅正面基半部黄色，端半部白或黄色，前缘顶角和外缘棕色；反面微绿黄色，前翅中室端脉上有1个眼斑，后翅中室外方有2个眼斑，斑心有银白色闪光。雌蝶翅正面土黄色，中室端脉上有明显的褐斑，反面深黄色。无纹型翅反面无眼斑，触角黑色，雌、雄个体均小于有纹型。雄蝶翅正面基本似有纹型，但前翅前缘、顶角及外缘为黑色，后翅中室的基上部有1个月牙形黄白色斑；反面黄或浅黄色，前翅后缘基半部有1列黄色长毛。雌蝶翅正面黄或仅基半部黄色，前翅前缘和外缘呈黑带或黑锯齿状带，后翅外缘有1列黑斑或呈黑带状。

【寄主】铁刀木、腊肠树等。

【分布】云龙区、睢宁县、邳州市。

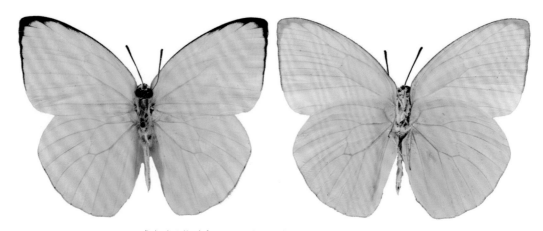

成虫（无纹型♂，正、反），邳州八路，宋国涛　2015.Ⅳ.10

（415）橙黄豆粉蝶*Colias fieldii* Ménétriès

成虫翅展43～58mm。雌雄异型。翅橙黄色，前翅中室端有1个黑圆斑，后翅基部有淡黄色性标，前、后翅外缘有黑色宽带，雌蝶在带中有1列橙黄色的斑纹，雄蝶则无斑纹，但黑带内侧边缘较雌蝶整齐；翅反面颜色较淡，前翅前缘、外缘，后翅前缘、外缘、臀缘线粉红色，前、后翅中室端斑瞳点白色，亚端有1列暗色斑。

　　【寄主】苜蓿、野豌豆等豆科植物。

　　【分布】泉山区、铜山区、睢宁县。

成虫（♂，正），睢宁岠山，姚遥　2016.Ⅶ.12　　　成虫（♀，反），矿大南湖校区，
宋明辉　2015.Ⅹ.13

（416）东亚豆粉蝶*Colias poliographus* Motschulsky

　　雄蝶体长17～20mm，翅展44～55mm，雌蝶体长15～18mm，翅展46～59mm。头胸部密被灰色长茸毛，头及前胸茸毛端部红褐色；胸部被黄色鳞片和灰白色短毛，腹面色较淡；触角红褐色，足淡紫色。翅色变化较大，一般为黄色或淡黄绿色，前翅中室端部有1黑斑，外缘为1黑色宽带，带中总是有1列形状不规则的淡色斑，Cu_1与Cu_2脉间色斑较大，M_3与Cu_1脉间缺淡色斑。后翅中室端部有1橙色斑，端带黑色模糊。成虫有普通型（♂）、橙色型（♂）、黄色型（♀）和淡色型（♀）4个型，最为常见的普通型（♂）和淡色型（♀），前者翅面黄色，前翅黑色外缘带内饰，有1列大小不等、排成弧形的黄色斑，后翅外缘带于翅脉间间断，其内方散布黑色鳞片较少，翅反面深黄色；后者翅斑与前者相似，但翅面及端带中色斑为淡黄绿色，翅反面淡黄色，前翅顶角和后翅黄色较深。

　　【寄主】车轴草、野豌豆、大豆、苜蓿属、百脉根属植物。

　　【分布】全市各地。

成虫（普通型，♀♂交配），沛县沛城，赵亮　2016.Ⅴ.20　　　成虫，新沂马陵山林场，
周晓宇　2017.Ⅴ.24

成虫（普通型♂，正、反），矿大南湖校区，徐辉筠 2015.Ⅴ.26

成虫（淡色型♀，正、反），铜山汉王，张瑞芳 2016.Ⅴ.20

（417）宽边黄粉蝶*Eurema hecabe* (Linnaeus)

别名宽边小黄粉蝶。雌蝶体长13.6～18.6mm，翅展36.2～51.6mm；雄蝶体长12.5～17.6mm，翅展35.5～49.2mm。翅深黄色至黄白色，前翅外缘从前缘直到后角有宽的黑色带，其内侧在M_3脉与Cu_1脉处向外呈"M"形凹入；后翅外缘黑带窄而界限模糊，或仅有脉端斑点。前翅反面布满褐色小点，中室内有2个斑，中室端脉上有1个

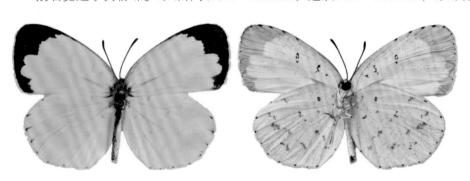

成虫（♂，正、反），新沂马陵山林场，王菲 2017.Ⅷ.11

肾形斑；后翅反面有分散的小点，中室端有1枚肾形纹。雄蝶色深，前翅反面中室下缘翅脉上有白色长形性标。

【寄主】合欢、皂荚、黑荆、云实、决明、胡枝子、山扁豆、铁刀木等。

【分布】沛县、铜山区、睢宁县、邳州市、新沂市。

成虫（♀，正），邳州运河，孙超 2015.Ⅷ.11

（418）尖角黄粉蝶Eurema laeta (Boisduval)

成虫翅展30~40mm。体背面黑色，腹面黄色。翅面黄色，前翅外缘几乎平直，顶角呈方形，外缘区黑褐色纹并不延续至后缘，后翅后缘中段略带角度。前翅反面中室端仅有1个斑，后翅反面的黑褐色线纹更明显。雄蝶前、后翅在相叠的区域各具1桃红色性标；雌蝶颜色较淡，翅两面散布较多黑褐色鳞片，尤以基部最为明显。

【寄主】含羞草决明等。

【分布】泉山区、铜山区、睢宁县。

成虫（正、反），泉山金山街道，王菲 2015.X.13

（419）东方菜粉蝶Pieris canidia (Sparrman)

成虫翅展45~60mm。体背黑色，腹面白色，头胸部被白色绒毛。触角端部匙形。翅面白色，前翅前缘脉黑色；顶角有三角形黑斑，并与外缘的黑斑相连而延伸到Cu_2脉以下，黑斑内缘呈锯齿状，亚端在m_3室及cu_2室各有1个黑斑，后翅前缘中部有1黑斑，这3个黑斑均较菜粉蝶P. rapae大而圆；后翅外缘各脉端均有三角形黑斑。翅反面白色或乳白色，除前翅2枚黑斑尚存外，其余斑均模糊。雌蝶斑纹较明显，反面基部的黑鳞区较雄蝶宽。

【寄主】白菜、萝卜、芥菜、白花菜等十字花科、白花菜科植物。

【分布】沛县、睢宁县、新沂市、贾汪区。

成虫（♂，正），沛县沛城，赵亮 2015.XI.2

成虫（♂，反），贾汪大泉，张斌&张威 2015.VII.21

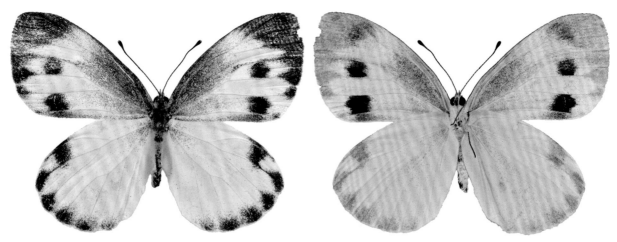

成虫（♀，正、反），新沂草桥，周晓宇　2016.Ⅶ.28

成虫，云龙彭城，宋明辉　2015.Ⅴ.10

（420）黑纹粉蝶*Pieris melete* Ménétriès

别名黑脉粉蝶。成虫翅展50～65mm。雄蝶翅白色，脉纹黑色。前翅前缘及顶角黑色，外缘M脉各支末端有黑点，亚外缘有1个明显大黑斑及1个模糊黑斑，后翅前缘外方有1个黑色牛角状斑。前翅反面顶角淡黄色，亚外缘下方的黑斑更明显，其余同正面。后翅反面具黄色鳞粉，基角处有1个橙色斑点，脉纹褐色明显。雌蝶翅基部淡黑褐色，黑色斑及后缘末端的条纹扩大，脉纹明显比雄蝶粗，后翅外缘有黑色斑列或横带，其余同雄蝶。

【寄主】十字花科植物。

【分布】云龙区、睢宁县。

（421）菜粉蝶*Pieris rapae* (Linnaeus)

成虫（♂，正），开发区徐庄，宋明辉　2015.Ⅴ.13

成虫（♂，反），沛县沛城，赵亮　2016.Ⅵ.28

成虫体长12～20mm，翅展29～55mm。雄蝶前翅白色长三角形，近基部散布黑色鳞片；顶角区有1枚三角形大黑斑，外缘白色；亚端在m_3室及cu_2室各有1枚黑斑，后者常趋退化或消失。后翅白色略呈卵圆形，基部散布黑色鳞，Rs末端饰有1枚黑斑。前翅反面大部分白色，顶角区密被淡黄色鳞，亚端的黑斑色较翅正面为深。后翅反面布满淡黄色鳞，脉间疏布灰黑色鳞，在中室下半面最为密集醒目。雌蝶体型较雄蝶略大，翅正面淡灰黄色，斑纹排列同雄蝶，但色深浓，特别是cu_2室的黑斑显著发达，并在其下方另有1条黑褐色带状纹，沿着后缘伸向翅基。翅反面斑纹与雄蝶相同，但黄鳞色更深浓，极易与雄蝶区别。

【寄主】甘蓝、萝卜、白菜、芹菜、油菜、花椰菜、板蓝根等。

【分布】全市各地。

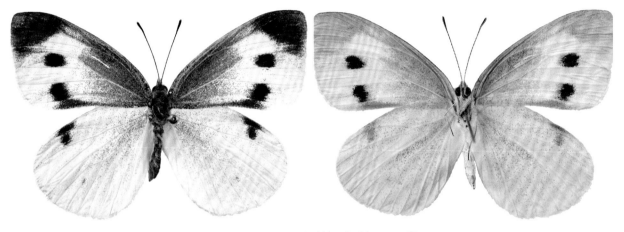

成虫（♀，正、反），云龙潘塘，宋明辉 2015.V.15

（422）云粉蝶*Pontia edusa* (Fabricius)

成虫翅展35～55mm。雄蝶前翅白色，有1个大的黑色中室端斑，顶角到Cu_1脉有宽黑带，其上有3～4个小白斑，顶角处的白斑有1条白线连到翅缘；反面中室基半部覆黄绿色鳞粉，其余斑纹都与正面相似，颜色为黄绿色，cu_2室中域有1个浅棕色斑。后翅正面前缘中部有1个黑斑，反面黄绿色，从前缘经外缘到内缘有9～10个近圆形的短白斑，中域有1条白带，中室内有1个圆形的白斑。雌蝶前翅正面基部和前缘的基部到中室端斑处都密布黑褐色鳞粉，cu_2室中域有1个深黑褐色斑，其余斑纹与雄蝶相似；反面与雄蝶相似，m_3室的外缘斑为深褐色。后翅正面亚外缘有1条褐色带，并逐渐变浅，部分脉端部也有褐色斑；后翅反面与雄蝶同。

【寄主】木犀草属、旗杆芥属、大蒜芥属、欧白芥属、庭芥属植物。

【分布】沛县、铜山区、睢宁县、新沂市、贾汪区。

成虫（♂，正、反），铜山张集，宋明辉 2015.IX.17

成虫（♀，正、反），新沂马陵山林场，王菲&张瑞芳　2017.Ⅷ.14

29 蛱蝶科 | Nymphalidae

（423）柳紫闪蛱蝶*Apatura ilia* (Denis *et* Schiffermüller)

　　成虫翅展55～72mm。体翅有暗黄褐色和黑褐色两种。前翅沿外缘有黄褐色斑，中室内有4个呈方形排列的小黑斑；中室端与顶角间有2斜列黄白斑或白斑（黑色型为白斑），中室后3个白斑，第3个近后缘很小，有的极不显著；近臀角有2个黑斑，其中cu_1室1个具黄褐环，圆形而明显。前翅反面淡黄褐色（黑色型为黄褐微绿），斜带白色，黄点明显。后翅正面具黄白或白色中带，外缘较平；亚端带褐色，cu_1室有1个同样的带黄褐环的黑斑；黑褐色端带内侧有1淡黄褐色带纹（黑色型为斑列）。后翅反面淡紫褐色，亚端区有1列不十分显著的黄褐色斑纹，cu_1室有1带黄环的黑斑，斑中央具青蓝色鳞。雌蝶体型大于雄蝶，雄蝶前后翅背面均有强烈的蓝色或紫色闪光，雌蝶无，性别较易区分。幼虫绿色，头部左右各有1个白色长角状突起，端部2分叉，红色；头的后面连胸部有2条黄色纵纹，腹侧具黄色斜纹，尾端尖形，侧面黄色。蛹长约26mm，浅绿色，纺锤形，头部有2个角。

　　【寄主】杨、柳、垂柳。

　　【分布】开发区、沛县、铜山区、睢宁县、邳州市、新沂市。

成虫（黑色型♂，正、反），邳州八路，宋国涛　2015.Ⅳ.10

成虫（暗黄型♀，正、反），邳州运河，孙超　2015.Ⅴ.11

幼虫（杨树），开发区大庙，周晓宇　2016.Ⅶ.28

蛹，铜山柳泉，钱桂芝　2016.Ⅶ.25

（424）斐豹蛱蝶*Argyreus hyperbius* (Linnaeus)

成虫（♂，正），铜山伊庄，张瑞芳　2015.Ⅹ.12

成虫（♂，反），鼓楼九里，
郭同斌　2015.Ⅸ.10

　　成虫翅展65～72mm。雌雄异型。雄蝶翅橙黄色，前翅色较深，翅面有黑色圆点，中室内具4条黑色横纹，基部1条小，中部2条连成环，端部1条粗大，中室端横斑形如蝌蚪，后翅外缘黑色，具蓝白色细弧纹。雌蝶前翅端半部紫黑色，顶角内有几个小白点，内侧有1条宽的白斜带。翅反面斑纹和颜色与正面差异很大：前翅顶角暗绿色，内有2个大眼斑，斑心具青白点；后翅斑纹暗绿色，亚外缘内侧有5个银白色小点，围有绿色环，中区斑列内侧或外侧具黑线，此斑列内侧的1列斑多近方形，基部有3个围有黑色的圆斑，中室的1个内有白点。

【寄主】竹、柳、木槿及三色堇、梨头草、紫花地丁等堇菜科植物。

【分布】鼓楼区、开发区、沛县、铜山区、睢宁县、邳州市、新沂市、贾汪区。

成虫（♀，正、反），新沂马陵山林场，周晓宇　2017.Ⅶ.20

（425）白带螯蛱蝶*Charaxes bernardus* (Fabricius)

成虫（♀，正、反），邳州八路，宋国涛　2015.Ⅴ.23

成虫翅展60～84mm。触角黑色，复眼紫褐色，喙黄褐色，下唇须腹面被白色鳞毛。翅正面红棕色或黄褐色，反面棕褐色。雄蝶前翅有很宽的黑色外缘带，中区有白色横带；后翅亚外缘有黑带，自前缘向后逐渐变窄，M_3脉突出成齿状；反面前翅中室内有3条短黑线，后翅在1列小白点的外侧有小黑点，斑纹同正面，但颜色浅。雌蝶前翅正面白色宽带延伸到近前缘，外侧多1列白点；后翅中域前半部也有白色宽带，黑色宽带内有白点列，M_3脉突出成棒状；翅反面中线内侧有许多细黑线。幼虫体色深绿色，角突绿色，色斑褐色。

【寄主】香樟。

【分布】睢宁县、邳州市。

幼虫（香樟），邳州八路，
孙超　2015.Ⅴ.23

（426）黑脉蛱蝶*Hestina assimilis* (Linnaeus)

成虫翅展70～93mm。复眼红褐色。喙鹅黄色。前足退化。翅正面淡蓝绿色，脉纹黑色。胸、腹及4翅布满黑色粗线纹，留出淡蓝绿的底色酷似斑纹。前翅有多条横黑纹，留出淡绿色部分成斑状。后翅亚外缘后半部有4～5个红色斑，斑内有黑点，外缘有淡黑色月牙斑。翅反面与正面斑纹相似，后翅翅脉颜色较淡。

【寄主】朴树。

【分布】铜山区、睢宁县、邳州市、新沂市。

成虫（正、反），邳州运河，孙超 2015.Ⅷ.6

（427）琉璃蛱蝶*Kaniska canace* (Linnaeus)

成虫翅展51～72mm。翅正面深蓝黑色，前翅亚顶端部有1个白斑。两翅外中区贯穿1条蓝色宽带，带在前翅呈"丫"状，在后翅有1列黑点。前翅外缘自顶角至M_1脉端突出，Cu_2脉端至后角突出，两者之间刻入呈波纹圆弧状，后翅外缘M_3脉端突出呈齿状。翅反面基半部黑褐色，端半部褐色，后翅中室有1个白点。

【寄主】竹、菝葜、杜鹃、百合科植物。

【分布】云龙区、鼓楼区、睢宁县。

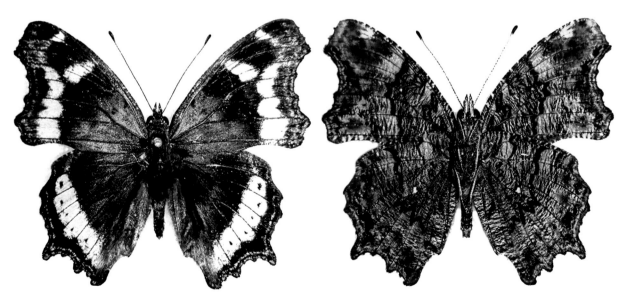

成虫（正、反），云龙彭城，孙瑞 2015.Ⅷ.23

（428）斗毛眼蝶*Lasiommata deidamia* (Eversmann)

成虫翅展45～58mm。翅正面黑褐色，前翅近顶角处有1个黑色眼斑，瞳点白色，斑环黄褐或黄白色，不规则形，眼斑下方斜向有2条淡色带。后翅cu$_1$和cu$_2$室各有1个和前翅同样但较小的眼斑。翅反面较正面色稍淡，前翅斑纹同正面；后翅亚外缘有6个眼斑，第3个最小，第6个斑心有2个白色瞳点，眼斑内侧有1条黄白色弧形条纹。

【寄主】鹅观草、野青茅、糠穗等禾本科植物。

【分布】云龙区、鼓楼区、泉山区、开发区、铜山区、睢宁县、贾汪区。

成虫（正、反），泉山金山街道，张瑞芳　2015.Ⅳ.24

（429）金斑蝶*Limnas chrysippus* Linnaeus

本种异名为*Danaus chrysippus* (Linnaeus)、*Anosia chrysippus* Linnaeus。成虫翅展70～80mm。头、胸部黑色，带白色斑点和线纹，腹部背面橙色，腹面灰白色。翅橙红或橙黄色，前翅前缘至顶角附近黑褐色，其中央有1道白色斜带；前、后翅外缘带黑边，内有1～2列白色斑点，后翅中室端部翅脉带3个黑斑点。翅反面斑纹大致相同，但白色斑点较发达，前翅顶角白色斜带外侧呈橙褐色。雄蝶后翅正面Cu$_2$脉近基部处有1黑斑，即其香鳞区，反面的香鳞斑中间白色。

【寄主】牛皮消、白薇、徐长卿等萝藦科植物。

【分布】铜山区。

成虫（♂，正、反），铜山汉王，钱桂芝　2016.Ⅸ.22

（430）华北白眼蝶*Melanargia epimede* (Staudinger)

成虫翅白色，前翅正面近顶角及中部具2条黑色不规则斜带，外缘带黑褐色，后翅亚外缘带黑褐色齿状，较发达。后翅反面亚外缘有6个棕褐色眼斑。本种与白眼蝶*M. halimede* Menetries近似，但区别明显：本种底色更为纯白，翅正面黑色斑纹较白眼蝶发达，尤以后翅外缘更为发达；翅反面亚外缘的白色斑块明显较窄，后翅无明显的中线，而白眼蝶具明显的黑棕色中线。

【寄主】竹。

【分布】鼓楼区、睢宁县。

成虫（正、反），鼓楼九里，郭同斌 2010.Ⅶ.16

（431）稻眉眼蝶*Mycalesis gotama* Moore

成虫翅展43～45mm。翅褐色。前翅亚外缘有2个黑色眼斑，其中cu_1室的很大；反面小眼斑上下各有相连的1个更小眼斑，中线灰白色，自前缘直达后缘。后翅正面cu_1室的眼斑通常不明显，反面亚外缘有6～7个黑色眼斑，其中cu_1室的眼斑最大，中室前面脉纹显著膨大。雄蝶后翅正面中室基部近前缘有1簇黄白色长毛（性标）。

【寄主】竹、麦、水稻。

【分布】开发区、丰县、沛县、睢宁县、新沂市、贾汪区。

成虫（♂，正，右图放大示后翅的性标），开发区徐庄，宋明辉 2015.Ⅸ.7

成虫（♀，正），贾汪青年林场，宋明辉 2015.IX.6

成虫（反），新沂踢球山，周晓宇 2017.V.13

（432）蒙链荫眼蝶 *Neope muirheadii* (Felder)

成虫翅展58～70mm。翅正面褐色，中域外侧通常具1列黑斑。翅反面色较浅，具灰褐色和深褐色细纹，中域通常有1条白色或黄色的纵带，前、后翅在中域外侧分别具4个和8个黑色眼斑，均有黄白色环和白色的中心。雌蝶翅端部色较淡，前、后翅各有4个大而明显的黑斑；雄蝶个体略小，仅后翅在横脉纹外有黑斑2枚。

【寄主】竹子，成虫吸食椿花蜜，桑、构树、草莓等的成熟果、果皮及人畜粪便等。

【分布】邳州市。

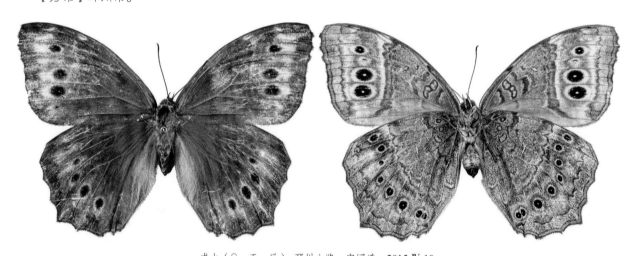

成虫（♀，正、反），邳州八路，宋国涛 2015.IV.10

幼虫，丰县赵庄，刘艳侠 2015.VII.30

（433）黄钩蛱蝶 *Polygonia c-aureum* (Linnaeus)

成虫翅展47～57mm。体翅黄褐色。前、后翅外缘黑褐，亚缘均有1黑褐色波纹；前翅中部弧形内凹，后翅中部角状外凸。前翅有9个黑斑，其中中室内3个与中室端1长方形斑排成"品"字形，近顶角处1个，中室下外方4个，靠臀角的黑斑内具粉蓝色鳞。后翅有8～9个黑斑，靠外侧3个黑斑内具粉蓝色鳞，翅基至臀角的翅褶线上密生黄褐色长毛。翅反面暗黄褐色，近中部有1深黄褐色宽带，两翅外线上有1列小黑点，后翅中央有1银白色"L"形纹。幼虫头部漆黑色，有光泽，顶上具短突起1对；胴部暗褐色，每节后面具横线2～3条；中、后胸各具4枚，腹部前8节各具7枚，最末2节各具2枚黄褐色棘状突起，每枚突起具黑色长分枝10～15个。

【寄主】榆、桑、梨、大麻、亚麻、葎草等。

【分布】全市各地。

成虫（正），铜山汉王，钱桂芝　2015.IX.9

成虫（反），鼓楼九里，
宋明辉　2015.IX.10

（434）猫蛱蝶*Timelaea maculata* (Bremer *et* Grey)

成虫翅展44～51mm。翅橘黄色，密布黑色斑纹。前翅沿外缘有2列大小不等的圆斑，中室内有6个斑，基部1斑狭长，4个近圆形斑的中间有1方形斑，后缘和2a室基半部各有1条长黑纹。后翅基部白色，沿外缘有3列黑斑，内侧1列最大。翅反面斑纹同前翅，前翅前缘、顶角区有模糊白斑，后翅有较大区域白色或浅黄色。

【寄主】榆属，紫弹树、朴树等朴属植物。

【分布】邳州市。

成虫（正、反），邳州八路，宋国涛　2015.VII.10

（435）小红蛱蝶*Vanessa cardui* (Linnaeus)

成虫体长16～21mm，翅展54～68mm。前翅黑褐色，顶角附近有几个小白斑，翅中央有红黄色不规则的横带，基部与后缘密生暗黄色鳞片。后翅基部与前缘暗褐色，密生暗黄色鳞，其余部分红黄色，沿外缘有3列黑斑，内列圆形最大，中室端有1褐色横带。前翅反面与正面相似，但顶角为青褐色，中部的横带为鲜红色。后翅反面基部多灰白色线纹围成深浅不同、不规则的褐色斑，外缘有1淡紫色带，其内侧有4～5个中心具青鳞的眼状斑。

【寄主】榆、艾、大麻、苎麻、黄麻、荨麻、豆类、牛蒡、刺儿菜等。

【分布】全市各地。

成虫（正），矿大南湖校区，宋明辉　2015.IX.16

成虫（反），鼓楼九里，张瑞芳　2015.VI.11

（436）大红蛱蝶*Vanessa indica* (Herbst)

成虫体长19～25mm，翅展45～65mm。翅黑褐色，外缘波状。前翅M$_1$脉外伸成角状，顶角有几个小白点，亚顶角斜列4个白斑，中央有1条红色不规则宽带。后翅暗褐色，外缘红色，内有1列黑斑，内侧还有1列黑斑列。前翅反面除顶角茶褐色，中室端黑斑中具青蓝色鳞外，其他斑纹同正面。后翅反面有茶褐色云状斑，外缘有4～5枚模糊的眼斑。

【寄主】榆、榉、麻、苎麻、葎草等。

【分布】丰县、沛县、睢宁县、邳州市、贾汪区。

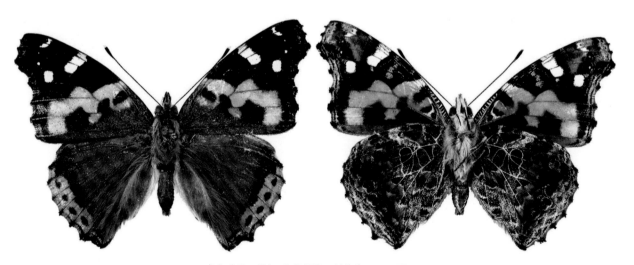

成虫（正、反），丰县凤城，刘艳侠　2015.IX.28

30 灰蝶科 ｜ **Lycaenidae**

（437）琉璃灰蝶*Celastrina argiola* (Linnaeus)

　　成虫翅展29～34mm。雄蝶翅粉蓝色微紫，前翅外缘及后翅前缘带黑边，缘毛黑白相间，后翅亚外缘有1列模糊黑斑。翅反面底色白色，斑纹灰褐色，外缘具点列和波浪形线纹，前翅亚外缘点列排成直线，后翅cu$_2$室的灰褐色纹断为两截。雌蝶前翅正面黑边明显较阔，中央呈灰蓝色，后翅亚外缘的黑斑更明显。

　　【寄主】葛、蚕豆、山绿豆，刺槐、冬青、鼠李、李、苹果、山楂、紫藤、苦参、山茱萸、胡枝子等。

　　【分布】鼓楼区、泉山区、开发区、丰县、沛县、铜山区、睢宁县、新沂市、贾汪区。

成虫（♂，正、反），鼓楼九里，宋明辉　2015.V.15

（438）蓝灰蝶*Everes argiades* (Pallas)

　　成虫翅展20～28mm。雌雄异型，又有春、夏型之分。雄蝶翅蓝紫色，前翅外缘、后翅前缘与外缘褐色。雌蝶翅黑褐色，仅在前翅基部及后翅外缘具青蓝色鳞片（春型），或后翅近臀角有2～4个橙黄色斑及黑色圆点（夏型）。翅反面灰白色，前翅中室短纹淡褐色，近亚外缘有1列黑斑，外缘有2列淡褐色斑。后翅近基部有2个黑斑，中后部黑斑排列不规则，外缘有2列淡褐色斑，近臀角2个较大清晰，上面有橙黄色斑。后翅有小尾突，白色，中间呈黑色。

成虫，丰县凤城，刘艳侠　2015.Ⅵ.12

　　【寄主】葎草、大豆、豌豆、豇豆、苜蓿、紫云英等豆科植物的芽蕾、果实。

　　【分布】云龙区、鼓楼区、泉山区、丰县、睢宁县、新沂市、贾汪区。

成虫（♂，正、反），新沂马陵山林场，王菲　2017.V.24

成虫（夏型♀，正），云龙潘塘，张瑞芳　2015.Ⅴ.27

成虫（♀，反），鼓楼九里，
宋明辉　2015.Ⅸ.10

成虫（♀），睢宁，姚遥　2015.Ⅸ.26

（439）**亮灰蝶*Lampides boeticus* (Linnaeus)**

　　成虫翅展28～35mm。雄蝶翅紫褐色，仅外缘有极细的黑边，后翅具尾突，近臀角处有1个黑点。雌蝶前翅基后半部与后翅基部青蓝色，其余暗灰色；后翅臀角处2个黑斑清晰，外缘各室淡褐色斑隐约可见。翅反面灰白色，有许多白色细线与褐色带组成波状纹，在中室内有2个波纹，后翅亚外缘1条宽白带醒目，臀角处有2个浓褐色黑斑，黑斑内下面具绿黄色鳞片，上内方橙黄色。

【寄主】扁豆、蚕豆、豌豆、野百合。

【分布】云龙区、泉山区、睢宁县。

（440）**红珠灰蝶*Lycaeides argyrognomon* (Bergsträsser)**

　　别名珠灰蝶。成虫翅展28～33mm。雌雄异型。雄蝶翅蓝色至深蓝色，外缘黑边较细，后翅沿外缘黑斑列明显。翅反面灰白色，前、后翅均有黑色中室端斑（中室内无黑斑），亚外缘有橙红色斑带，翅中分布着大量黑色斑点，前翅cu₁室的黑斑横椭圆形，后翅外缘分布1列圆形较大的斑，斑中（尤其后4个）饰有青蓝色鳞，端线黑色，脉端黑色点明显，缘毛白色较长。雌蝶翅棕色，外缘黑斑与橙黄色斑发达而明显；反面色灰褐而深于雄蝶，斑纹较雄蝶发达，其分布与雄蝶近似。

【寄主】大豆、木兰、大花野豌豆等豆科植物。

【分布】泉山区、沛县、铜山区、睢宁县、贾汪区。

成虫（♂，正、反），贾汪塔山，张彬&张威　2015.Ⅴ.21

成虫（♀，正、反），贾汪大泉，张彬&张威　2015.Ⅵ.10

成虫（♂），泉山金山街道，
宋明辉　2015.Ⅴ.12

成虫（♀），泉山金山街道，
宋明辉　2015.Ⅴ.12

成虫（♀），泉山金山街道，
宋明辉　2015.Ⅴ.12

（441）红灰蝶*Lycaena phlaeas* (Linnaeus)

成虫翅展28～32mm。前翅橙红色，周缘有黑色带，中室的中部和端部各有1个黑斑，中室外自前至后有3、2、2三组黑点。后翅黑褐色，外缘自m_2室至臀角有1条橙红色带，其外侧有黑点。前翅反面色较淡，斑纹同正面。后翅反面灰褐色，基部、中域、中域外侧有小黑斑，外缘带红色，带外侧有小黑点。尾突微小，端部黑色。

【寄主】皱叶酸模、羊蹄、何首乌、蓼科植物。

【分布】泉山区、开发区、铜山区、新沂市。

成虫（正），铜山汉王，钱桂芝　2015.Ⅹ.12

成虫（反），新沂马陵山林场，张瑞芳　2017.Ⅶ.20

（442）豆灰蝶*Plebejus argus* (Linnaeus)

成虫翅展27~33mm。雌雄异型，外形与红珠灰蝶相似。雄蝶翅蓝紫色，外缘端带暗黑色，脉间有黑色小斑，后翅端带内脉间小斑较前翅的大而明显。翅反面灰白色，基部青绿色，外缘1列黑色圆点和1列黑色新月形点，中间夹橙黄色斑；前翅中室有1小黑斑，中室端斑弯月形，中室外1列斑中cu$_1$室的内靠圆大；后翅近基部4黑斑排成1直线，外缘圆点列无青蓝色鳞。雌蝶翅黑褐色，外缘黑斑与橙黄斑明显，反面色灰褐，斑纹与雄蝶近似。

【寄主】大豆、苜蓿、紫云英、黄芪等豆科植物及大蓟、小蓟、牛蒡、艾等菊科植物。

【分布】沛县。

成虫（♂，正、反），沛县沛城，朱兴沛&赵亮　2015.Ⅵ.7

（443）蓝燕灰蝶*Rapala caerulea* (Bremer *et* Grey)

成虫翅展34~36mm。雌雄斑纹相似，翅较宽，后翅有细长尾突。翅正面褐色，常有橙色纹，雄蝶有蓝紫色金属光泽。翅反面底色灰白或黄褐色，前、后翅均有两侧镶浅色线的褐色带纹，于后翅在臀角处反折成橙红色的"W"形纹；前、后翅中室端各有1条镶浅色线的短条，沿外缘有2道暗色带，后翅臀角附近有眼状斑。雄蝶前翅反面后缘具长毛，后翅正面近翅基处有灰色性标。

【寄主】葛、野蔷薇、鼠李科、豆科胡枝子属及八仙花科溲疏属等植物。

【分布】睢宁县。

成虫，睢宁双沟，姚遥　2015.Ⅳ.24

（444）东亚燕灰蝶*Rapala micans* (Bremer *et* Grey)

成虫翅展28~36mm。翅黑褐色，前翅基半部及后翅大部具紫蓝色闪光，有时在中室外有红色斑纹，后翅有细长尾突。翅反面底色褐色或浅褐色，前、后翅各有1条线纹，外侧为模糊白线，中间为暗褐色线，内侧为橙色线，于后翅后侧反折呈"W"形；前、后翅中室端有模糊暗褐色重短条，沿外缘有2道暗色带，后翅臀角附近有镶有橙色的眼状斑，其下方有个布满白色鳞片的斑纹。雄蝶后翅正面前缘近基部具1块长椭圆形灰色毛丛（性标），雌蝶无此毛丛。春型翅反面灰褐色，而夏型黄褐色。

【寄主】枣等，成虫栖息于阔叶林（林地）。

【分布】云龙区。

成虫，云龙彭城，郭同斌　2017.Ⅲ.29

（445）酢酱灰蝶*Zizeeria maha* (Kollar)

本种异名*Pseudozizeeria maha* (Kollar)。成虫翅展22～30mm。复眼上有毛。触角每节上有白环。雄蝶翅面淡青色，闪淡蓝色金属光泽，前翅外缘及后翅前缘都有黑褐色边，翅室端部有黑褐色斑点，黑边，黑点在低温时有消退甚至消失的迹象。雌蝶翅暗褐色，在翅基有青色鳞片，低温期较多，而高温时亮鳞则减退或消失。前、后翅近外缘均有1列小斑点。翅反面灰褐色，具许多围有淡色环纹的黑色或黑褐色斑点。无尾突。

【寄主】酢浆草。

【分布】鼓楼区、丰县、睢宁县、邳州市。

成虫（♂，正），泉山森林公园，宋明辉　2015.Ⅹ.13

成虫（反），鼓楼九里，周晓宇　2016.Ⅷ.14

成虫（♀，正），丰县凤城，刘艳侠&杨晶　2015.Ⅵ.18

成虫（反），丰县凤城，刘艳侠　2015.Ⅷ.6

31 弄蝶科 ｜ **Hesperiidae**

（446）河伯锷弄蝶*Aeromachus inachus* (Ménétriès)

成虫翅展20～23mm。翅深褐色，前翅外横带有7～8个小白斑，排列弧形，中室端常具1个小白斑，后翅正面无斑纹。翅反面呈褐色，翅脉淡褐色；前翅有外横带和亚缘带白点列，后翅脉间散生许多淡黄色或黑色三角斑。

【寄主】芒等禾本科植物。

【分布】铜山区。

（447）直纹稻弄蝶*Parnara guttata* (Bremer *et* Grey)

别名直纹稻苞虫。成虫翅展 28～40mm。翅正面褐色，反面黄褐色，翅面斑点呈白色半透明状。前翅具6～8个呈弧状排列的斑点，下边1个最大；后翅中央有4个斑点，排列成1整齐的斜列。

成虫（正），铜山赵疃林场，钱桂芝 2015.Ⅷ.18

成虫（反），铜山赵疃林场，钱桂芝 2015.Ⅷ.22

翅反面被有黄粉，斑纹与正面相似。雄蝶前翅中室端的2个斑大小基本一致，而雌蝶上方1个长而大，下方1个多退化成小点或消失。

【寄主】竹类、白蜡、芦苇、狗尾草、水稻、玉米、大麦、茭白等。

【分布】泉山区、丰县、沛县、铜山区、睢宁县、邳州市、新沂市。

成虫（♂，正），泉山金山街道，宋明辉 2015.Ⅸ.19

成虫（♂，反），新沂棋盘，王菲 2017.Ⅷ.15

成虫（♀，正、反），沛县沛城，赵亮 2015.Ⅺ.2

（448）隐纹谷弄蝶*Pelopidas mathias* (Fabricius)

别名隐纹稻弄蝶、隐纹稻苞虫。成虫翅展33～36mm。翅黑褐色，被有黄绿色鳞片。前翅上有8个半透明白斑，排成不整齐环状，雄性有1条灰色斜走线状性标，即香鳞区。后翅黑灰色，无斑纹。翅反面前翅斑纹与正面相似，后翅亚外缘中室外具5个小白点，排成弧形，中室基部有1小白点。

【寄主】竹、白蜡、水稻、玉米、高粱、谷子、芒草、白茅。

【分布】泉山区、铜山区、睢宁县。

成虫（♂，正、反），云龙彭城，孙瑞　2015.Ⅸ.26

（449）中华谷弄蝶*Pelopidas sinensis* (Mabille)

成虫翅展40～43mm。翅深褐色，翅面白色斑点较发达，前翅具8个弧形排列的白斑，雄蝶前翅正面2a室有斜走白线状性标，后翅正面有4个小白斑排成1列。后翅反面除与正面相似的4个白斑外，另在m$_1$室和中室各有1白斑。雌蝶斑纹较大，基本与雄蝶一致，前翅性标位置取代为2个小白斑，后翅中室内有明显的银白斑。

【寄主】水稻等禾本科植物。

【分布】泉山区、铜山区。

成虫（♀），泉山金山街道，宋明辉　2015.Ⅹ.13

（450）花弄蝶*Pyrgus maculatus* (Bremer *et* Grey)

成虫翅展27～30mm。翅黑褐色，雄蝶前翅前缘有前缘褶，从前缘褶末端向内侧斜下方有1列白斑，亚顶角处白斑3枚排列整齐，下方白斑7枚，后翅中域及外侧白斑2列，春型白斑更明显。前翅反面顶角红褐色或灰褐色，斑纹基本同正面，后翅红褐色或灰褐色，中域有白斑带。

【寄主】绣线菊、草莓、蛇莓、黑莓、龙牙草（野梅）。

【分布】鼓楼区、泉山区、铜山区。

成虫（正、反），铜山汉王，宋明辉　2015.Ⅶ.3

四、直翅目Orthoptera

01 锥头蝗科 | Pyrgomorphidae

（451）短额负蝗*Atractomorpha sinensis* I. Bolivar

别名中华负蝗、尖头蚱蜢。雌成虫体长28～35mm，较雄虫（19～23mm）大。体绿色（夏型）或褐色（秋冬型）。复眼卵形褐色，位于头的中部。雄虫触角长，雌虫短，明显短于头及前胸长之和。由头部至中胸背板两侧缘各有1条粉红色线和1列浅黄色疣突，前胸背板前缘平直，后缘钝圆，有横纹4条。前翅狭长，超出后足腿节末端部分为全翅长的1/3，翅尖略尖；后翅基部玫瑰色，端部淡绿色。后足腿节外侧下缘常有1条粉红色线，胫节向端部逐渐扩大。若虫草绿稍带黄色，全身布满颗粒状突起，5龄形似成虫，翅芽增大到盖住腹部第3节或超过。

【寄主】柳、柿、竹、乌桕、泡桐、梧桐等林木，月季、蔷薇、黄杨等园林植物及水稻、小麦、甘薯等农作物。

【分布】鼓楼区、开发区、丰县、沛县、铜山区、睢宁县、邳州市。

成虫（夏型），丰县华山，刘艳侠 2015.Ⅶ.23

成虫（夏型♀），丰县华山，刘艳侠 2016.Ⅸ.19

成虫（秋冬型♀），沛县沛城，赵亮 2015.Ⅺ.2

若虫，丰县华山，刘艳侠 2015.Ⅵ.23

02 斑腿蝗科 | Catantopidae

（452）短角异斑腿蝗*Catantops brachycerus* Willemse

别名短角外斑腿蝗，本种异名*Xenocatantops brachycerus* (C. Willemse)。雌虫体长24～29mm，雄成虫体长15～22mm。体黄褐或暗褐色。触角丝状，不达前胸背板后缘。前胸背板具细颗点，前缘平直，后缘直角形，3条横沟明显，均割断中隆线，后胸前侧片有1条黄白色斜纹。前翅褐色，其长度超过腹部末节。后足腿节外侧黄色，具2个黑褐或黑色横斑纹，腿节及胫节侧缘橙红色，胫节刺顶端黑色。体色随环境而改变，但后足腿节黑斑较稳定。雄虫尾须圆锥形，顶端较尖。

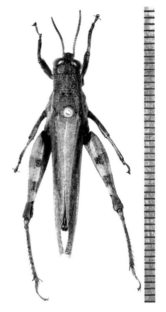

成虫（背面），铜山汉王，
张瑞芳 2016.Ⅳ.13

成虫（侧面），铜山伊庄，
宋明辉 2015.Ⅹ.12

【寄主】水稻、小麦、甘薯、肉桂、板栗、桃等。

【分布】开发区、丰县、沛县、铜山区、睢宁县、邳州市。

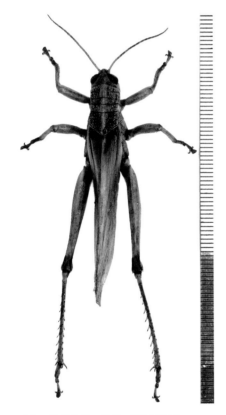

成虫，邳州铁富，孙超 2015.Ⅵ.10

（453）棉蝗*Chondracris rosea rosea* (De Geer)

别名大青蝗。雄虫体长48～56mm，雌56～81mm，体黄绿色，后翅基部玫瑰色。头大，较前胸背板长度略短。触角丝状，向后到达后足股节基部。前胸背板有粗瘤突，中隆线呈弧形拱起，有3条明显横沟切断中隆线，后横沟位于中部之后，沟前区长度稍长于沟后区长度，前缘呈角状凸出，后缘直角形凸出。前胸腹板突长圆锥形，向后极弯曲，顶端几达中胸腹板。中、后胸侧板生粗瘤突。前翅发达，长达后足胫节中部，后翅与前翅近等长。后足股节内侧黄色，胫节、跗节红色；胫节外侧具刺2列，刺基部黄端部黑色，但无外端刺。雄腹部末节背板中央纵裂，肛上板三角形，基半中央有纵沟。雌肛上板亦为三角形，中央有横沟，产卵瓣短粗。

【寄主】刺槐、竹类、樟树、棕榈、棉花、水稻、玉米、大豆、绿豆、花生等。

【分布】开发区、沛县、铜山区、邳州市。

（454）中华稻蝗*Oxya chinensis* (Thunberg)

雄虫体长15～33mm，雌虫体长28～41mm。体黄绿色或黄褐色。头宽大，头顶前端向前突出，颜面隆起宽，两侧缘近平行，具纵沟。复眼卵圆形，触角丝状。前胸背板后横沟位于中部之后，两侧各有1条深褐色纵条纹，与头部条纹相连。前翅超过后足股节顶端甚远。后足股节、胫节黄绿色，膝褐色，胫节顶端具外端刺和内端刺，上侧内缘具刺9～11根，刺端部黑色。雌虫前翅前缘具弱刺，腹部第2、3节背板下角具齿突，第2节较大。

【寄主】桃、竹、泡桐、棕榈、稻、麦、茭白、玉米、花生、油菜、棉花、豆类、芦苇等。

【分布】鼓楼区、沛县、邳州市、新沂市。

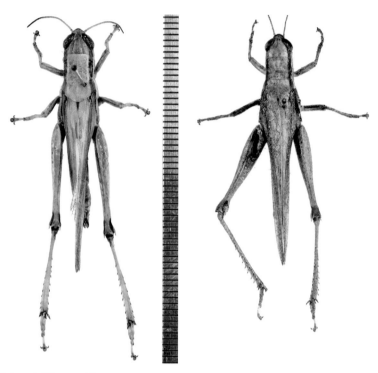

成虫，邳州新河，孙超　2015.Ⅶ.13　　　　成虫，新沂马陵山林场，周晓宇　2016.Ⅷ.18

03　剑角蝗科 ∣ **Acrididae**

（455）中华剑角蝗*Acrida cinerea* (Thunberg)

成虫（♂，背面），鼓楼九里，　　　　成虫（♂，侧面），铜山伊庄，　　　　若虫，丰县凤城，
宋明辉　2015.Ⅹ.10　　　　　　宋明辉　2015.Ⅷ.17　　　　　刘艳侠　2015.Ⅵ.23

　　别名中华蚱蜢。雌虫体长36～48mm，雄虫51～85mm。体绿色或褐色。头前伸呈锥形，长于前胸背板，中隆线明显。触角剑状，基部数节较宽。复眼后下方具2个淡红色纵条纹，靠近复眼的1个较粗长，明显。前胸背板中隆线、侧隆线较明显，侧片上缘沿侧隆线之下有较宽浅色纵条纹；中、后胸常有向下倾斜到足基部的浅色倾斜条纹。前翅超过后足腿节端部，翅端尖削。后足腿节及胫节褐色或绿色细长，外侧上下膝侧片顶端均具有锐刺。

　　【寄主】白菜、甘薯、豆类、萝卜、茄子、花生、小麦、玉米、水稻、棉花、马铃薯等作物及禾本科杂草。

　　【分布】云龙区、鼓楼区、泉山区、丰县、沛县、铜山区、睢宁县、新沂市。

04 蚱科 ｜ Tetrigidae

（456）日本蚱 *Tetrix japonica* (Bolivar)

　　雌虫体长9～13mm，雄虫8～10mm。灰黑色、土黄色、黄褐色，密生小颗粒。头小，头顶中隆线明显，单眼之下具人字形隆起纹。复眼近圆形。触角丝状，长于前足腿节。前胸背板前缘平直，背板后突达腹部末端，但不超过后足腿节顶端，中隆线和侧隆线明显；背板侧片后缘具2个凹陷，上面1个凹陷容纳前翅的基部；背板上常有2个黑斑或无。前翅极小，鳞片状；后翅发达，略短于前胸背板后突。中足腿节宽度大于前翅可见部分的宽度，腿节下缘直或呈不明显的波形。后足腿节粗壮，长度约为最宽处的2～3倍，上隆线具极小细齿，上隆线在膝部前中断，胫节与腿节近等长。雄虫下生殖板短锥形，顶端具2齿突；雌虫上产卵瓣和下产卵瓣的外缘具细齿。

　　【寄主】地衣、苔藓、苦菜、蔬菜、车前草。

　　【分布】开发区、铜山区。

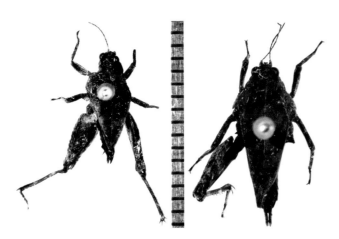

成虫（左：♂，右：♀），铜山邓楼果园，宋明辉　2015.Ⅶ.7

05 蟋蟀科 ｜ Gryllidae

（457）南方油葫芦 *Gryllus testaceus* Walker

　　别名油葫芦。雄虫体长18～23mm，雌虫体长20～24.5mm。体黑褐色有油光，头部与前胸等宽，头顶黑色，头及两颊黄褐色，头部两复眼内上方具黄色短条纹。触角丝状，比体长。前胸背板黑褐色，中央有1斜纵沟，上有黄褐色短毛，中部两侧各有1个明显的月牙纹，此处光亮无毛。雄虫前翅黑褐色，斜脉4条；雌虫前翅有黑褐和淡褐2型，背面可见许多斜脉，两性前翅均达腹端，后翅黄褐色，发达，超过腹端而形似尾须。后足胫节有刺6对。尾须特长，几乎与腿节等长。雌产卵管褐色，微曲细长。

　　【寄主】刺槐、泡桐、杨树、柏、柳、榆、棉、水稻、玉米、甘薯等。

　　【分布】开发区、丰县、沛县、铜山区、睢宁县、邳州市、新沂市。

成虫（♀），沛县鹿楼，
朱兴沛&赵亮　2015.Ⅶ.5

（458）多伊棺头蟋*Loxoblemmus doenitzi* Stein

别名棺头蟋蟀。体长13～22mm。头顶黑褐色，后头区有6条黄色纵纹，额突近前缘有1黄色横纹。雄虫头大，头顶向前呈半圆形突出，复眼下方两侧向外延伸，呈三角形突起，颜面扁平，向唇基部倾斜，整个头部形似棺材的前部；雌虫颜面亦扁平，但复眼下方两侧不呈三角形突起，仅在头顶呈圆形突起。前翅达腹端，后翅超过腹端似长尾状或无尾。足黄褐色散布不规则黑斑，后足胫节背面有刺5对。尾须约等长于后足股节。

【寄主】玉米、谷子、高粱等。

【分布】沛县、铜山区、新沂市。

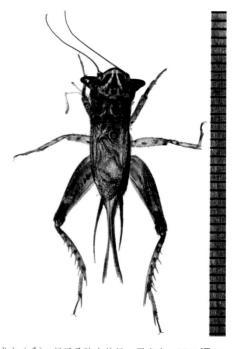

成虫（♂），新沂马陵山林场，周晓宇　2016.Ⅷ.17

（459）日本钟蟋*Meloimorpha japonica* (De Haan)

别名马蛉，本种异名为*Homoeogryllus japonicus* (De Haan)。成虫体长12～15mm。黑色，总体形状很像1颗饱满的阔西瓜子。触角甚长，除第1、2两节黑色外其余皆白色。前胸背板前部较狭，近似马鞍状。前翅Sc脉分支较多；雄性前翅甚宽，具5～7条斜脉，镜膜较大，基部呈角状，端部弧形，内具2条分脉；雌性前翅翅脉较乱，后翅较长。后足胫节背面具刺，刺间具2～3枚背距，外端距非常短，内侧中端距最长。尾须细长。雌性产卵瓣矛状。

【寄主】未知。

【分布】沛县。

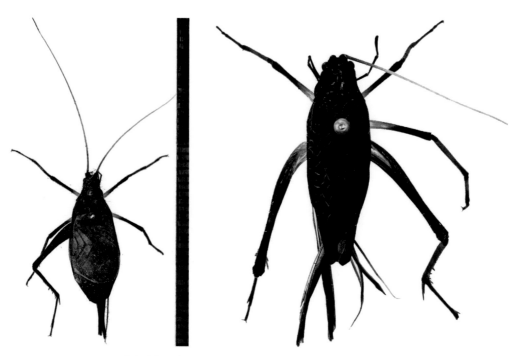

成虫（左：♂，右：♀），沛县湖西农场，朱兴沛　2015.Ⅶ.2

06　树蟋科 | **Oecanthidae**

（460）中华树蟋 *Oecanthus sinensis* Walker

　　别名竹蛉。体长约15mm，触角鞭节丝状，长25～30mm。通体浅绿色或黄绿色。前胸背板长是宽的1.5倍。前、后翅均薄如纸，透明。后足胫节背方有2列齿，端部2枚长刺，跗节4节。雄虫似琵琶形，前翅前狭后宽，发音膜大而明显，椭圆形，内有2条横脉，尾须两根，端部微弯，布满绒毛；雌虫似梭形，前翅狭长，产卵器平直，剑状，超过尾须，末端有3枚黑褐色钝齿。

　　【寄主】成虫栖息于果树及灌木丛中，因生活于树上而得"树蟋"之名。

　　【分布】鼓楼区。

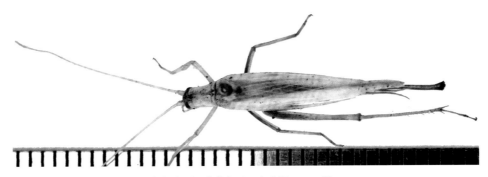

成虫（♀），鼓楼九里，宋明辉　2015.IX.10

07　螽斯科 | **Tettigoniidae**

（461）长瓣草螽 *Conocephalus exemptus* (Walker)

　　本种异名为 *Conocephalus gladiatus* (Redtenbacher)。雄虫体长15～17.5mm，雌虫体长16～21mm。体淡褐色。头顶突出，顶端狭圆；从头顶至前胸背板后缘深栗色，侧缘线淡黄色，形成1条渐扩宽的褐色宽纵带。前胸背板侧片绿色，前窄后宽。前翅超过后足股节端部，发音器发达，近长方形。后翅超过前翅，与前翅同色。后足股节外侧中下部有1深褐色纵条带。腹节末节背板中部向后突出呈角状。雌虫产卵器长而直，呈针形，产卵瓣长25～30mm，基部和端部深褐色。

　　【寄主】未知。

　　【分布】开发区。

成虫（♀），开发区徐庄，张瑞芳　2015.IX.7

（462）悦鸣草螽*Conocephalus melaenus* (Haan)

成虫体长雄15~17mm，雌14~17.5mm。复眼后方具1条较宽的黑褐色纵带，向后延伸至后翅顶端；触角基部2节、各足腿节和胫节间为黑色，胫节端与跗节亦为黑色，腿节前端绿色；后足膝部黑色，胫节腹面具刺。前胸背板侧片长与高几乎相等，下缘向后较强地倾斜。雌虫产卵管长度约达翅末端，产卵管呈稍带弯的平直状。

【寄主】取食多种瓜花、细嫩叶菜、水果及细嫩毛豆等植物性食物，也爱取食蚜虫及小蛾类的幼虫。

【分布】铜山区。

成虫（♀），铜山伊庄，宋明辉　2015.Ⅹ.12

（463）日本条螽*Ducetia japonica* (Thunberg)

别名青螽斯。雄虫体长35~42mm，雌虫体长37~46mm。体黄绿色，狭长。头顶尖角状，夹于触角第1节，具明显纵沟。前胸背板无侧隆线，侧板长明显大于高，肩部凹陷不深。自后头至前翅末有1暗红褐色纵带，复眼后渐狭，到前胸背板后缘最宽，向后逐渐弯狭，至翅末不甚明显，雄虫此纵带为灰白色。前翅发达，超过后足股节端部，后翅明显长于前翅。前足基节具小刺，后足股节下侧具明显的刺。

【寄主】果树、桑、瓜、豆类、蔬菜、杂草等叶片，也捕食一些小昆虫。

【分布】鼓楼区、泉山区、铜山区、邳州市、贾汪区。

成虫，泉山金山街道，宋明辉　2015.Ⅹ.13

成虫，泉山金山街道，苏娜娜
2015.Ⅶ.3

（464）短翅鸣螽 *Gampsocleis gratiosa* Brunner von Wattenwyl

别名优雅蝈螽。成虫体长28～50mm，体形粗壮，中等偏大，雌性较雄性更为粗壮，超大个体雌性接近70mm。体绿色或褐色。头大，前胸背板宽大，前缘平直，后缘宽圆形，似马鞍形，侧板下缘和后缘镶以白边。雄虫前翅较短，仅到达腹部一半，翅端宽圆，后翅极小，靠摩擦翅基部的发音器鸣叫以吸引雌性；雌性翅退化，仅有翅芽，有较长的产卵管。产卵瓣与后足腿节约等长。腹部肥大，后足强健，行动敏捷，善于爬行跳跃。

【寄主】常见于灌木、农田、草地环境，嗜食植物茎叶和蔬果。

【分布】铜山区。

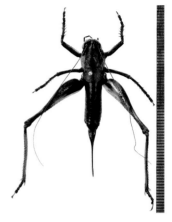

成虫（♀），铜山伊庄，
张瑞芳　2016.Ⅶ.5

（465）素色似织螽 *Hexacentrus unicolor* Serville

雄虫体长20～22mm，雌虫体长21～23mm。体黄绿色。头顶向前突出，呈尖状。前胸背板背面具褐色纵带，在沟后区较强地扩宽，沿边缘镶黑线。雄性前翅发音部具褐色。前胸腹板具1对圆锥状的长刺。前足基节具明显的刺，前、中足胫节的内、外侧下侧各具6个强大的刺，刺的长度自基部向端部渐次趋短。前翅顶端远超后足股节端部，后翅与前翅近等长。雄虫尾须呈刺状，向内弯曲。雌虫产卵器直，较长，其长度与腹部之长几乎相等。

【寄主】多种杂草、灌木。

【分布】新沂市。

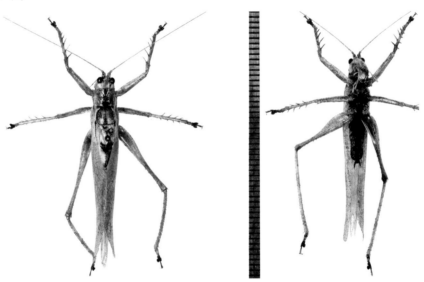

成虫（♂，背、腹面，右图示腹面弯钩状尾须），新沂马陵山林场，周晓宇　2016.Ⅷ.18

（466）纺织娘 *Mecopoda elongata* (Linnaeus)

别名长翅纺织娘。雄成虫体长30～32mm，雌成虫体长45～60mm。体色有绿色或枯黄色两种。头相对较短，头顶甚宽，颜面垂直。前胸背板前狭后宽，前横沟、中横沟略向后呈弧形，两沟间有1"V"字形浅沟。前翅宽阔，形似一片扁豆荚，前翅侧缘通常具数条深褐色斑纹，其长超过腹端，甚至超过后足股节端。发音区非常发达，长度15～16mm。前足基节具长刺，后足腿节基部极度膨大，甚长。

【寄主】桑、柿、杨、桃、核桃等的叶片及南瓜、丝瓜的花瓣，也捕食其他昆虫。

【分布】开发区、沛县、铜山区、邳州市、新沂市、贾汪区。

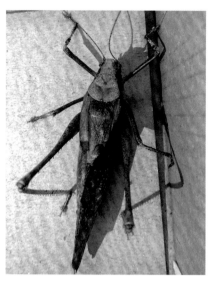

成虫，沛县沛城，赵亮　2015.Ⅷ.26　　　　　　　成虫，铜山赵疃林场，钱桂芝　2015.Ⅷ.18

（467）黑胫钩额螽*Ruspolia lineosa* (Walker)

　　成虫体长24～31mm。体绿色或淡黄褐色。头部呈圆锥形，头顶显著前突，顶端钝圆。触角须状，淡黄棕色，须长近体长。前翅细长，绿色或黄棕色，翅超过腹部，后翅不长于前翅，褐色型前翅散布纵向的黑褐色斑点。前足和中足股节腹面缺刺，后足股节腹面具刺；前足胫节听器为封闭型，前足和中足胫节腹刺较短小；后足胫节背面内、外缘各具19～22个刺。雄虫尾须粗壮，端部具2枚指向内侧的齿；雌虫尾部产卵器棕褐色针状，产卵瓣中部不扩宽，明显长于后足腿节（长约20mm）。

　　【寄主】未知。

　　【分布】开发区、新沂市。

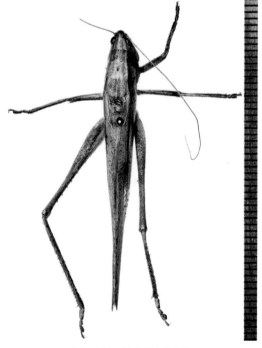

成虫（♂），新沂马陵山林场，　　　　　　　　成虫（♀），开发区徐庄，
周晓宇　2016.Ⅷ.18　　　　　　　　　　　　宋明辉　2015.Ⅸ.7

08 蝼蛄科 | **Gryllotalpidae**

（468）东方蝼蛄*Gryllotalpa orientalis* Burmeister

成虫体长29～35mm，前胸宽6～8mm。浅茶褐色，全身密布细毛。头圆锥形，触角丝状。前胸背板卵圆形，中间具1凹陷明显的暗红色长心脏形斑，长4～5mm。前翅灰褐色，较短，仅达腹部中部；后翅扇形较长，超过腹部末端。腹末具1对尾须。后足胫节背面内侧有能动的棘3～4个，别于华北蝼蛄。

【寄主】杨、柳、榆、杉、桑、桃等林木苗木，甘薯、瓜类、蔬菜及禾谷类植物等。

【分布】全市各地。

成虫，沛县鹿楼，朱兴沛　2015.Ⅵ.20

五、双翅目Diptera

01 瘿蚊科 | **Cecidomyiidae**

（469）梨卷叶瘿蚊*Contarinia pyrivora* (Riley)

本种异名*Dasyneura pyri* Bouche。成虫体长1.3～2.3mm。雌虫头、胸部灰黑色，腹部红棕或橘黄色。头小，复眼大，触角念珠状。前翅被黑色卷毛，平衡棒被黑色长毛，胸足棕黄色，几为体长2倍，腹末有伪产卵器。雄虫体黑褐色，腹部末端向上弯曲，末节黄褐色，钩状。幼虫长纺锤形，似米粒大小，蛆状，具14个体节，无足，可蠕动，共4龄。初龄幼虫乳白至黄白色，3龄粉红色，末龄橘红色，具鱼鳞状突起，头部乳头状缩入胸内，头顶有2条银白色突起，腹部背面散生白色小瘤状突起。幼虫危害新梢、嫩叶，被害叶呈双筒状，由叶缘向叶片正面中间方向纵卷，多形成2个虫瘿。

【寄主】梨属。

【分布】铜山区、睢宁县。

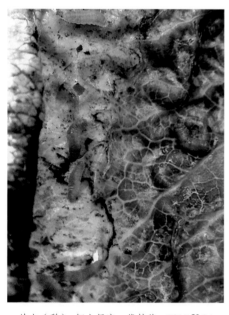

幼虫（梨），铜山伊庄，钱桂芝   2015.Ⅴ.24

被害状（梨），铜山三堡，钱桂芝   2015.Ⅳ.24

（470）桑橙瘿蚊*Diplosis mori* Yokoyama

成虫体长2.5mm，翅展5.25mm。淡橙黄色。触角14节，鞭节淡褐色，雌虫各鞭节呈长圆筒形，具柄，在前后部各着生2圈毛环。胸背中央有2条暗褐色纵带。前翅匙形，略带淡黄色，翅面着生黑色细毛，近翅基有淡暗灰色具金属光泽的宽横带，平衡棒淡黄褐色。足细长，各节密生短毛。幼虫蛆状，"Y"形胸骨片较凹，尾部有4个尾突。初孵幼虫无色透明有暗红色背线，次日呈乳白色半透明状，暗红色背线消失，吸吮桑汁后变成天蓝色，2～3天后老熟变成橙黄色。雨后受害的桑芽腐烂，老熟幼虫入土作茧成为休眠体。

【寄主】桑。

【分布】铜山区、睢宁县。

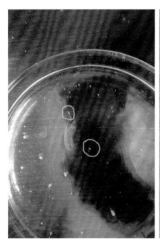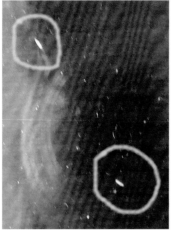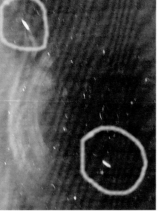

幼虫（桑），铜山棠张，钱桂芝　2015.Ⅷ.11　　　　被害状（桑芽），铜山棠张，钱桂芝　2015.Ⅷ.10

（471）柳瘿蚊*Rhabdophaga salicis* (Schrank)

成虫体长2.5～3.5mm。紫红色或黑褐色。腹部各节着生环状细毛。触角灰黄色，念珠状，16节，各节轮生细毛，雄成虫轮生毛较长。前翅膜质透明，菜刀形，翅基渐狭窄，有3条纵脉，翅面生有短细毛。足细长。

【寄主】旱柳、垂柳。

【分布】全市各地。

被害状（柳），矿大南湖校区，钱桂芝　2015.Ⅷ.25　　　　被害状（柳），沛县沛城，赵亮　2015.Ⅶ.29

02 大蚊科 | Tipulidae

（472）黄斑大蚊*Nephrotoma scalaris terminalis* (Wiedemann)

别名谷类大蚊。成虫体长15～19mm。鲜黄色，具黑色斑纹。头部橙黄色，头顶三角形，中央具三角形黑斑。复眼黑色，触角丝状，基部2节黄色，鞭部黑褐色，各鞭节基部均轮生刚毛。胸部鲜黄色有光泽，前胸背板具黑色纵纹3条，中间1条宽长，中胸背板具2条斜向内方的黑纹，小盾板浅褐色稍透明，后小盾板中有较小黑纵纹1条。腹部两侧鲜黄色，具黑褐色细纵纹，背面中央黑纹大些，每节中部近菱形。前翅狭长，烟灰色透明，缘纹的外半部及脉纹黑褐色，Sc脉末端有1明显的黑痣，平衡棒基部暗褐，末端鲜黄色。足细长，暗褐至黑褐色。

　　【寄主】杨苗及玉米、小麦、花生、西瓜、蔬菜等作物。

　　【分布】开发区。

成虫（背面），开发区大庙，周晓宇　2016.Ⅳ.7

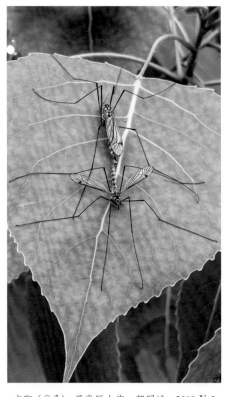

交配（♀♂），开发区大庙，郭同斌　2019.Ⅴ.5

03 毛蚋科 ∣ **Bibionidae**

（473）黑毛蚋*Bibio tenebrosus* Coquiuett

　　别名暗黑毛蚋。成虫体长6～16mm。体黑色，翅黑色透明，前胸背板略隆起，侧看具金属光泽。雌虫体型较大，头部较小，细长，复眼较小，分离；雄虫体较雌虫小，头部较圆且大。与红胸毛蚋区别，后者胸部红褐色。

　　【寄主】未知。

　　【分布】沛县、铜山区。

成虫（♂，背、腹面），沛县鹿楼，朱兴沛　2016.Ⅷ.10

六、膜翅目Hymenoptera

01 叶蜂科 ｜ **Tenthredinidae**

（474）杏丝角叶蜂*Nematus prunivorous* Xiao

成虫体长8～13mm，黑色，具紫蓝色光泽。触角黑色，丝状。翅黄色透明，翅痣黑色。足黑色，基节尖端、转节、腿节及胫节基端黄白色，跗节黑褐色。卵长椭圆形，长1～1.5mm，初产淡红色，孵化前呈淡黄色。幼虫共5～6龄，初孵幼虫乳白色，12h后除头部变成黑色，臀节淡黄色外，其余均为绿色；2龄后期除第5腹节至腹末淡黄色，其余均为深绿色；4龄起体呈三色，头部、前中胸及1～4腹节黑色，前中胸背腺及后胸乳白色，第5腹节后淡黄色；老熟幼虫体长20～25mm，体黑褐色，第5腹节至体末淡黄色，胸足明显，顶端具1褐色爪。

【寄主】杏。

【分布】铜山区。

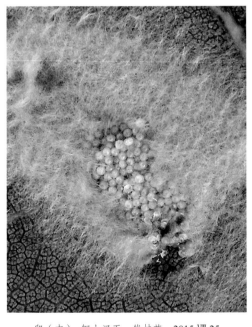

卵（杏），铜山汉王，钱桂芝　2015.Ⅷ.25

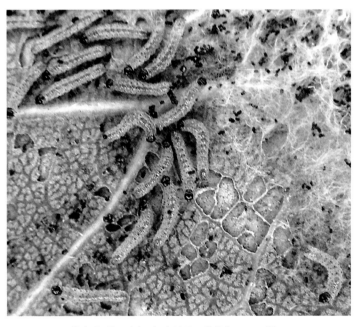

幼虫（1龄，杏），铜山汉王，钱桂芝　2015.Ⅷ.25

（475）柳虫瘿叶蜂*Pontania pustulator* Forsius

国内文献报道的垂柳瘿叶蜂*P. dolichura* Thomson和柳厚壁叶蜂*P. bridgmannii* Cameron均为本种的误订。成虫体长5～7mm，翅展13～16mm。体橙黄色有黑色斑纹，头顶具黑色大斑。触角丝状黄褐色，基部2节粗短。中胸盾片中央有矩形黑斑，两侧后各具1近棱形黑斑，后方具1对三角形黑斑。翅膜质透明，翅脉褐色，翅面具微毛，后翅臀叶发达，折叠于臀前区下面。足橙黄色，但胫节端部及跗节褐色。幼虫体弯曲，头部褐色。初孵幼虫乳白色，老熟幼虫浅灰色，长10～15mm，腹足7对，位于第2～7和第10腹节，前6节腹足每足各具刚毛4根。虫瘿肾形或长椭圆形，位于叶片主脉和叶脉间并上下隆起，直径8～15mm，壁厚

1.5～2.3mm，前期绿色或绿中带红，后期绿色，每叶1～6个瘿，1瘿者居多。

【寄主】旱柳、垂柳。

【分布】云龙区、开发区、丰县、沛县、铜山区、睢宁县。

| 幼虫及其虫瘿（柳），铜山房村，钱桂芝　2015.Ⅵ.3 | 虫瘿（柳），沛县沛城，赵亮　2016.Ⅳ.21 | 虫瘿（柳），铜山房村，钱桂芝　2015.Ⅴ.15 |

（476）杨扁角叶爪叶蜂 *Stauronematus compressicornis* (Fabricius)

别名杨扁角叶蜂、杨直角叶蜂。雌虫体长7～8mm，雄虫5～6mm。黑色有光泽，被稀疏白色短绒毛。触角褐色，侧扁，第3～8节端部下面加宽，呈角状。前胸背板、翅基片、足黄色，后胫节及跗节尖端黑色，爪内外齿平行，基部膨大为1宽基叶。翅透明，翅痣黑褐色，翅脉淡褐色。末龄幼虫体长9～11mm，鲜绿色。头黑褐色，头顶绿色，胸部每节两侧各有4个黑斑，胸足黄褐色，身体上有许多不均匀的褐色小圆点。蛹体长6～7.5mm，灰褐色，口器、触角、翅、足乳白色，腹部第1～8节背面后缘绿色。茧长4～8mm，初为乳白色，后为茶褐色。

【寄主】杨树。

【分布】全市各地。

| 成虫，睢宁王集，宋明辉　2015.Ⅴ.16 | 成虫，丰县华山，赵文娟&刘艳侠 2015.Ⅵ.10 |

幼虫（杨），铜山张集，宋明辉　2015.Ⅸ.23

预蛹，开发区大庙，郭同斌　2015.Ⅸ.7

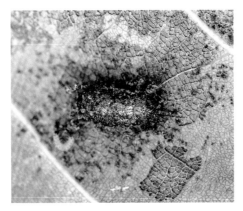

茧（蛹），开发区大庙，宋明辉　2015.Ⅸ.7

被害状（杨），泉山金山街道，宋明辉　2015.Ⅸ.16

02　三节叶蜂科 | Argidae

（477）榆三节叶蜂*Arge captiva* (Smith)

别名榆叶蜂、榆红胸三节叶蜂，本种异名为*Arge flavicollis* (Cameron)。雌虫体长8.5～11.5mm，翅展16.5～24.5mm，雄虫较小。体具金属光泽。头部蓝黑色，唇基上区具有明显的中脊。触角黑色，圆筒形，约等于头、胸部之和。胸部部分橘红色，其中中胸背板全为橘红色，小盾片有时蓝黑色。足蓝黑色，腹部蓝黑色，具蓝紫色光泽。翅透明，烟褐色。老熟幼虫体长21～26mm，淡黄绿色，头部黑褐色。体各节具3排横列的褐色肉瘤，两侧近基部各有1个大的褐色肉瘤。臀板黑色。

成虫，铜山棠张，周晓宇　2016.Ⅳ.8

幼虫，丰县大沙河，刘艳侠
2015.Ⅷ.17

【寄主】榆。

【分布】丰县、铜山区、贾汪区。

03　茎蜂科 ｜ **Cephidae**

（478）梨茎蜂*Janus piri* Okamoto *et* Muramatsu

　　成虫体长约10mm，触角和体均为黑色。前胸背板两侧后角、中胸侧板前部黄色。足黄色，基节基部、腿节端部黑色，腿节基部、胫节端部和距、跗节褐色。翅透明。雌虫第7～9节腹面中央有1纵沟，内有1锯状产卵器。老熟幼虫体长11～12mm，乳白或黄白色，头淡褐色，体稍扁，尾端上翘，胸足3对，极小，无腹足。

　　【寄主】梨。

　　【分布】丰县、睢宁县。

幼虫及其被害状（梨），睢宁王集，姚明&姚遥　2015.Ⅴ.6

04　瘿蜂科 ｜ **Cynipidae**

（479）栗瘿蜂*Dryocosmus kuriphilus* Yasumatsu

　　别名板栗瘿蜂。成虫体长2.5～3mm。体黑褐色具金属光泽。头横阔，与胸腹等宽。触角丝状，14节，每节各生稀疏细毛。胸部光滑，背面近中央有2条对称的弧形沟。小盾片近圆形，表面有不规则刻点并被疏毛。翅白色透明，翅面有细毛，前翅翅脉褐色，无翅痣。腹部光滑，背面近椭圆形隆起，腹面斜削，产卵管褐色。足黄褐色，后足发达。老熟幼虫体长2.5～3mm，乳白色，近老熟时为黄白色。体光滑，两端细尖，口器茶褐色，胴部12节，节间明显。幼虫危害芽，形成虫室，虫室边缘组织肿胀，形成虫瘿。

　　【寄主】板栗。

　　【分布】邳州市、新沂市。

幼虫（板栗），新沂邵店，周晓宇　2016.Ⅶ.21

虫瘿（板栗），新沂马陵山，周晓宇　2017.Ⅴ.25

05 木蜂科 ｜ Xylocopidae

（480）黄胸木蜂*Xylocopa appendiculata* Smith

雌蜂体长24～25mm，雄蜂19～26mm。黑色，粗壮，具金属光泽。雌蜂头顶后缘、胸部及第1节背板前缘密被黄色长毛，中胸背板中盾沟可见，腹部背板光滑，末端被黑毛。翅褐色狭长，端部色较深，稍闪紫光，前翅具3个亚缘室。触角第1鞭节短于鞭节第2～4之和。足粗，被黑毛，前足胫节外侧毛黄色，后足胫节表面覆盖密的刷状黑毛。雄蜂唇基、额、上颚基部及触角前侧鲜黄色，腹部第5～6节背板被黑色长毛，各足第1跗节外缘被黄褐色长毛。

【寄主】荆条、木槿、樱花、紫荆、紫藤、贴梗海棠、楂木石楠、苜蓿、油菜等，成虫访花。

【分布】全市各地。

成虫，鼓楼九里，
周晓宇　2016.Ⅶ.14

成虫，泉山金山街道，王菲　2015.Ⅳ.24

成虫，沛县沛城，赵亮　2016.Ⅳ.12

（481）长木蜂*Xylocopa tranquabarorum* (Swederus)

本种异名为*Xylocopa attenuata* Perkins。雌蜂体长23～26mm。体黑色，毛黑色。头宽大于长，触角黑褐色，第1鞭节长等于2+3+4节。中胸背板中央光滑闪光，被少量刻点，四周细密。胸部四缘、侧板及腹部臀板上被黑绒毛。翅深褐色，基部近黑色，端部有紫红色的闪光。足被黑褐色毛，中足、后足胫节及跗节被长的红黑褐色毛，腹部背板光滑，几无毛。雄蜂体长17～27mm，唇基（除前缘外）、颜面及额均黄色，中单眼被2新月形黄斑包围。中胸背板、侧板及腹部第1节背板被黄褐色毛，其他部分被黑毛。后足腿节粗大。

【寄主】国槐、女贞、蔷薇、紫荆、紫藤、椤木石楠及蚕豆、油菜等，成虫访花。

【分布】鼓楼区、泉山区、开发区、丰县、沛县、铜山区、睢宁县。

成虫（左：♂，右：♀），鼓楼九里，张瑞芳&宋明辉　2016.Ⅶ.14

（482）竹木蜂*Xylocopa nasalis* Westwood

　　雌蜂体长23～24mm，雄蜂27～28mm。似长木蜂。雌蜂体黑色，唇基及颜面刻点密且规则，颅顶及颊刻点浅而不均匀。体毛少，均为黑色，颜面毛稀少，颊上毛较长，中胸背板前缘、侧缘及侧板密被绒毛，腹部各节背板两侧及足被长而硬的黑毛。中胸背板中央光滑闪光，四缘刻点小而密，腹部各节背板刻点少而均匀，第5～6节背板上刻点较密。翅闪蓝紫色光泽，翅基片黑色。雄蜂中胸背板前、后缘及侧板中部混杂灰白色毛。

【寄主】竹子、紫云英、荞麦、瓜类等。

【分布】沛县。

成虫，沛县沛城，赵亮　2016.Ⅳ.12

06　树蜂科｜**Siricidae**

（483）烟角树蜂*Tremex fuscicornis* (Fabricius)

　　别名烟扁角树蜂。雌蜂体长16～40mm。触角中间几节，尤其是腹面暗褐色至黑色。前胸背板、中胸背板中央大部、中胸盾片及小盾片红褐色，其余部分和中胸侧板为黑色。腹部背板第1节黑色，第2、3节黄色（有时第3节后缘黑色），4～6节前缘很狭一部分黄色，其余为黑色，第7节前部黄后部黑色，第8节前缘黄色，中间黑色，第9节前部两侧黑色，后部黄色。翅淡黄色透明，翅脉黄褐色。足红褐色，基节、转节和中、后足腿节黑色，前足胫节基部黄褐色，中、后足胫节基半部及后足跗节基半部黄色。产卵管鞘黄褐色至红褐色。雄蜂11～17mm，黑色具金属光泽，有些个体触角基部3节红褐色，胸部与雌虫相似，但全为黑色。腹部黑色，各节呈梯形。足第5跗节红褐色。翅淡黄褐色透明，以1r$_1$和2r$_1$室色最深。

【寄主】杨、柳等。

【分布】沛县。

成虫（♀），沛县沛城，朱兴沛　2015.Ⅴ.21

七、蜚蠊目Blattaria

01　地鳖蠊科 | Corydiidae

（484）中华真地鳖*Eupolyphaga sinensis* (Walker)

　　雌雄异型。雄成虫有翅，体长约28mm，前翅长约26mm；体面被微毛，前胸背板横椭圆形，深黑褐色，表面密被微毛，前缘具明显的浅褐色带，中、后胸背板深褐色，暴露在前翅外的中央三角区黑色。前翅淡黄色，膜质半透明，脉纹清晰，表面具网状褐色斑纹。后翅宽大，膜质透明，仅前缘稍加厚，脉纹淡褐色。足细长，前足胫节特短，具8根端刺，1根中刺，腿节端部下方1根刺。雌虫无翅，体长约29mm，黑褐色，扁平椭圆形，背部稍隆起似锅盖。前胸背板前、后缘具黄色带，背面密布小颗粒及赤褐色短毛。

　　【寄主】仓库害虫，或为中药材（名为苏士元），刺槐林下阴暗潮湿、腐殖质丰富、稍偏碱性的松土中活动。

　　【分布】开发区、沛县、铜山区、睢宁县、邳州市、贾汪区。

成虫（♂），开发区大庙，张瑞芳　2015.Ⅶ.8　　　　　成虫（♀），贾汪青年林场，郭同斌　2015.Ⅷ.6

八、缨翅目Thysanoptera

01 蓟马科 | Thripidae

（485）茶黄蓟马*Scirtothrips dorsalis* Hood

别名茶黄硬蓟马。成虫体长约0.9mm，体橙黄色。触角8节，暗黄色，第1节灰白色，第4、5节基部均具1细小环纹。复眼暗红色。前翅橙黄色，近基部有1小淡黄色区。腹部背片第2～8节有暗前脊，但第3～7节仅两侧存在，前、中部约1/3暗褐色。头宽约为长的2倍，短于前胸。初孵若虫乳白色，2龄若虫淡黄色，体长约0.8mm，形状与成虫相似，缺翅。

【寄主】银杏、石榴、葡萄等。

【分布】开发区、邳州市、新沂市。

若虫（银杏），开发区大庙，郭同斌　2016.Ⅶ.07

九、蜱螨目Acariformes

01 叶螨科 | **Tetranychidae**

（486）朱砂叶螨*Tetranychus cinnabarinus* (Boisduval)

别名棉红蜘蛛。雌螨体长0.42～0.56mm，锈红色或深红色，纺锤形略平，前圆后细，体背两侧往往具褐色污斑。足2对，基节不光滑，具短条饰纹。背盾板有前叶突，背纵线虚线状，构成非独立室；环纹不光滑，有锥状微突。尾端有短毛2根。幼螨淡黄色，行动迟缓。若螨分前若螨和后若螨，前者黄绿色，背部两侧具褐斑，后者体色由黄绿色渐变为淡红褐色。

【寄主】柳、桑、枣、桃、刺槐、枫香、构树、栾树、樱花、樟树、蔷薇、月季、大叶黄杨、万寿菊、棉花、小麦、玉米、大豆、茄等，以及一些杂草。

【分布】丰县、铜山区、贾汪区。

成螨（樱花），丰县凤城，刘艳侠　2015.Ⅵ.4

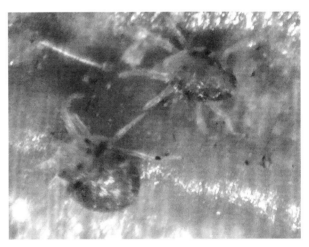

幼螨（大叶黄杨），丰县凤城，刘艳侠　2015.Ⅶ.5

（487）二斑叶螨*Tetranychus urticae* Koch

别名棉叶螨。雌成螨体长0.42～0.59mm，椭圆形，体背有刚毛26根，排成6横排。生长季节为白色、黄白色，体背两侧各具1块黑色长斑，取食后呈浓绿、褐绿色；当密度大或种群迁移前体色变为橙黄色，在生长季节绝无红色个体出现。滞育型体呈淡红色，体侧无斑。与朱砂叶螨极相似，最大区别为在生长季节无红色个体。雄成螨体长0.26mm，近卵圆形，前端近圆形，腹末较尖，多呈绿色。与朱砂叶螨难以区分。

【寄主】枣、桃、梨、李、柳、榆、桑、菊、构树、苹果、迎春、棉花、草莓等140科1100多种植物。

【分布】丰县。

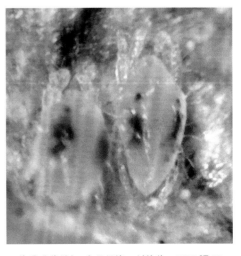

幼螨（苹果），丰县凤城，刘艳侠　2015.Ⅶ.22

02 瘿螨科 | Eriophyidae

（488）柳刺皮瘿螨*Aculops niphocladae* Keifer

　　成螨体长0.19~0.25mm，蠕虫形，体色为淡白色，赤褐色或黄褐色。足2对，基节不光滑，具短条饰纹，背盾板有前叶突，背纵线虚线状，构成非独立室。环纹不光滑，有锥状微突。第1若螨体长0.06~0.16mm，生殖器和生殖毛尚未形成；第2若螨体长0.17~0.19mm，在形态上与成螨很相似，1对生殖毛出现，但外生殖器尚未形成。柳刺皮瘿螨主要在柳树嫩梢、幼芽部危害叶片，叶背面受瘿螨口针刺激后产生退绿斑点，几天后下陷，正面隆起成圆形虫瘿。虫瘿前期黄绿色、鹅黄色，后期体积固定，变成大红、紫红色，直径2~4mm，内含瘿螨108~204头。每张受害叶有虫瘿24~80个，被害嫩梢、叶片及芽皱缩，纵向扭曲成棒状，生长受到严重抑制。

　　【寄主】杨柳科。

　　【分布】丰县、沛县、铜山区、睢宁县。

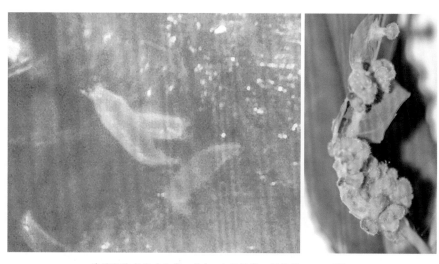

幼螨及被害状（虫瘿，柳），丰县凤城，刘艳侠　2015.Ⅶ.5

虫瘿（柳），铜山棠张，钱桂芝　2015.Ⅷ.10

虫瘿（柳），沛县沛城，赵亮　2016.Ⅴ.30

第二部分

天敌昆虫

一、寄生性天敌昆虫

（一）膜翅目Hymenoptera

01 青蜂科 | **Chrysididae**

（489）上海青蜂*Praestochrysis shanghaiensis* (Smith)

本种异名*Chrysis shanghaiensis* Smith。成虫体长9～13mm。雌蜂全体具绿、紫、蓝色金属光泽，腹面蓝绿色。颜面、头顶中央至后头绿色有光泽。单眼棕黄色，单眼座紫黑色，向后延伸呈三角形，复眼赭色。触角基部绿色，余黄褐色。前胸背板绿色，中胸盾片中央深紫色，侧叶内缘紫色，外缘绿色。腹部第2背板基部和第3背板大部有紫色纹，后缘绿色。翅带黄色，翅脉黑褐色，翅基片黑色有金属光泽。足有绿色金属光泽，但跗节黄褐色。产卵管明显伸出，伸出部分黄褐色。头、胸部具粗刻点。触角鞭状，13节。中胸盾纵沟明显，小盾片及后小盾片突出。腹部背面3节，密布小刻点，第3背板后缘有5个小齿。雄蜂腹部大部分呈紫蓝色，余同雌蜂。

【寄主】黄刺蛾茧内幼虫。

【分布】鼓楼区、泉山区。

成虫（♀，黄刺蛾），鼓楼九里，周晓宇　2015.Ⅷ.24

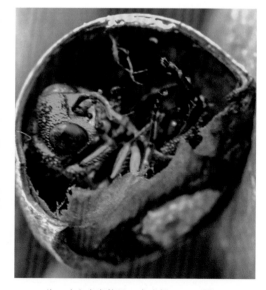

茧，矿大南湖校区，宋明辉　2015.Ⅵ.17

02 姬蜂科 | **Ichneumonidae**

（490）黑足凹眼姬蜂*Casinaria nigripes* Gravenhorst

别名黑侧沟姬蜂。成虫体长9～10mm。体黑色，上颚齿红褐色，下唇须黄色。复眼在触角窝处明显凹陷。前足腿、胫、跗节和中足腿节末端、胫、跗节及后足胫节中段均为黄褐色，后足胫节基部黄白色，足其余部分黑褐色。并胸腹节比中胸盾片长，多长毛，中央有明显纵凹槽，第2节背板近后缘和第3、4节赤褐色。翅透明，翅痣及翅脉黑褐色。前翅小翅室为近三角形的四边形，上有短柄。腹部向末端呈棒状，但稍侧扁。产卵器短，不伸出腹端。茧长圆筒形，两端钝圆，长6.5～10mm，径3～5mm，灰白色，两端黑色，近两端1/4处各有许多黑斑形成的环状斑。

【寄主】美国白蛾、赤松毛虫等幼虫。

【分布】沛县、铜山区。

成虫（美国白蛾），铜山大许，
钱桂芝　2016.Ⅴ.3

成虫（美国白蛾），沛县张庄，
郭同斌　2015.Ⅵ.4

茧（蛹），铜山大许，
钱桂芝　2016.Ⅳ.20

（491）舞毒蛾黑瘤姬蜂*Coccygomimus disparis* (Viereck)

成虫体长9～18mm。体黑色；触角梗节端部赤褐色，前中足腿节、胫节及跗节、后足腿节（除末端黑）赤褐色，后足胫节与跗节黑褐色；翅基片黄色，翅脉及翅痣黑褐色，翅痣两端角黄色。体密布刻点和白色细毛。后头脊细而完全，额凹陷较深、平滑，复眼内缘近触角窝处稍凹陷。前翅小翅室近菱形，后小脉在中央上方曲折。腹部扁平无柄，近筒形；产卵管褐色，鞘黑色，鞘长为后足胫节的0.82倍。

【寄主】美国白蛾、舞毒蛾、雪毒蛾、侧柏毒蛾、杨扇舟蛾、杨小舟蛾、大蓑蛾、樗蚕、柑橘凤蝶、菜粉蝶、臭椿皮蛾、丝棉木金星尺蛾、赤松毛虫、梨小食心虫、黄翅缀叶野螟、桃蛀螟等40余种害虫蛹。

【分布】全市各地。

成虫（♀）及其产卵器放大（美国白蛾），开发区大庙，
周晓宇　2015.Ⅳ.18

（492）斜纹夜蛾盾脸姬蜂*Metopius (Metopius) rufus browni* (Ashmead)

成虫体长约11mm，前翅长8～9.3mm。体黑褐色。触角稍长于前翅，茶褐色，柄节下方黄色。前胸后上缘、中胸侧板上方的大小2斑纹、小盾片后半及基侧方的脊、后盾片、并胸腹节后方侧纹、腹部第1节背板大部分、第2～7节背板后缘均黄色。足茶褐色，前、中足腿节末端及胫节、跗节黄色，中足胫节仅有1个距。翅透明，稍带淡黄色，翅尖有褐色晕斑，翅痣黄褐色。产卵器不伸出腹端。

【寄主】斜纹夜蛾、粘虫和稻苞虫，从寄主蛹羽化，单寄生。

【分布】铜山区。

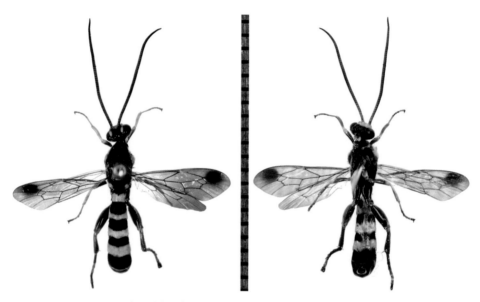

成虫（背、腹面），铜山张集，宋明辉　2015.IX.23

03　茧蜂科｜**Braconidae**

（493）酱色刺足茧蜂*Zombrus siortedti* (Fahringer)

成虫体长6～16mm。体橙红色，被黄色长毛。触角、复眼、中后足、前足股节与跗节及产卵管鞘黑色，产卵管红褐色。触角丝状与体长略等。单眼呈三角形紧密排列。翅烟褐色，翅脉和翅痣黑褐色；前翅R脉全部骨化，在第1肘室上方及肘脉第1段附近有透明斑。前胸背板具粗刻条，中胸盾片的刻点大而稀，中叶隆起，盾纵沟"V"形，小盾片平滑。腹部长纺锤形，长约为头胸之和，第1～2节背板有多条纵刻纹，产卵管鞘自腹末伸出，长2～5mm（略短于腹长），产卵管剑形。后足基节背面有2刺，上刺长而弯，下刺短而直，上刺长约为下刺的3倍。

【寄主】家茸天牛幼虫。

【分布】沛县。

成虫（右图示腹面后足基节的刺），沛县沛城，赵亮&周晓宇　1992.VI.10

04　小蜂科 | **Chalcididae**

（494）广大腿小蜂*Brachymeria lasus* (Walker)

雌蜂体长4.5～7mm。全体黑色。触角黑褐色。各足基节至腿节黑色，但腿节端部黄色；胫节黄色，跗节黄褐色，但后足胫节基部及内缘黑或红黑色；中、后足胫节腹面中部的黑斑有或缺。翅基片黄或淡黄色，基部暗红褐色。翅透明，翅脉红褐或黑褐色。体长绒毛银白色。胸部背面具粗大圆刻点。小盾片侧面观较厚，末端稍成两叶状。前翅缘脉长为痣后脉的3倍，痣后脉长不及痣脉的2倍。后足基节强大，端部前内侧具1小突起；腿节长为宽的7/4倍，腹缘具7～12个齿，第2齿有时很小。雄蜂体长3.5～4.5mm，后足基节内侧腹面不具突起。

【寄主】美国白蛾、柳毒蛾、侧柏毒蛾、杨扇舟蛾、杨小舟蛾、桑尺蠖、竹蝗等蛹，偶尔寄生上述食叶害虫初寄生者（如寄蝇）上。

【分布】全市各地。

成虫（背面，美国白蛾蛹），开发区大庙，周晓宇　2016.Ⅷ.29　　　　成虫（侧、腹面，美国白蛾蛹），开发区大庙，郭同斌　2018.Ⅷ.25

05　姬小蜂科 | **Eulophidae**

（495）白蛾周氏啮小蜂*Chouioia cunea* Yang

成虫（♀），开发区大庙，郭同斌&周晓宇　2017.Ⅷ.2

雌蜂体长1～1.3mm。红褐色稍带光泽，但头部、前胸及腹部色深，尤其是头部及前胸几乎成黑褐色。并胸腹节、腹柄节及腹部第2背板色淡，带黄色。触角11节，各节褐黄色。上颚、单眼褐红色。胸部侧板、腹板浅红褐色带黄色。3对足及下颚、下唇复合体均为污黄色。翅透明，翅脉褐黄色。腹部圆形，长宽相等，明显宽于胸部，长比胸部略小。雄蜂体长约1.4mm。近黑色略带光泽。触角、唇基及足基节黄褐色，足其余各节为污黄色。触角12节。腹部卵圆形，长与宽明显小于胸部。

【寄主】美国白蛾蛹。

【分布】全市各地。

（496）白蛾黑基啮小蜂*Tetrastichus nigricoxae* Yang

雌蜂体长1.2～2.3mm。头、胸部及腹部第1背板黑色带蓝绿色金属光泽，腹部其他部分深褐色。触角柄节黄白色，梗节与环状节烟黄色，其余各节黑褐色。足基节同体色，但前、后足基节端部、有时中足基节和各足爪为褐色，且无蓝绿色金属光泽，足其余各节均为污黄色。翅基片黄褐色，翅透明，前翅中部浅烟色，翅脉污黄色。雄蜂体长1.2～1.8mm，触角除棒节为黑色外，其余各节均为烟黄色，各足基节均为黑褐色，前后足基节上有时具蓝绿色金属光泽，各足基节端部及其余各节黄色略带烟色。卵肾型，卵壳光滑、闪亮。初孵幼虫体壁薄而透明，呈瓜子形，中期体色为淡绿色，后期体色变成黑褐色。蛹为裸蛹，长椭圆形，初期蛹白色透明，中期可见单眼、翅芽和胸足，腹部分节，复眼变为红色，后期翅芽伸出，足和翅露于体外，复眼和体色变为黑色。

【寄主】美国白蛾、杨小舟蛾、杨雪毒蛾、家蚕等蛹。

【分布】全市各地。

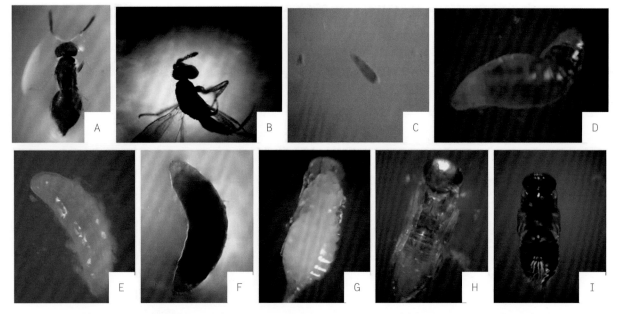

（A：♀蜂，B：♂蜂，C：卵，D：初孵幼虫，E：中期幼虫，F：后期幼虫，G：早期蛹，H：中期蛹，I：后期蛹），开发区大庙，郭同斌　2007

06　赤眼蜂科 ｜ Trichogrammatidae

（497）舟蛾赤眼蜂*Trichogramma closterae* Pang *et* Chen

雄蜂体长约0.5mm。体黄色。前胸背板和中胸盾片褐色，腹部深褐色。触角上最长的毛约为鞭节最宽处的2倍。前翅较宽，臀角上的缘毛长度约为翅宽的1/7。雄性外生殖器的阳基背突呈三角形，端部钝圆，有明显超过半圆的侧叶，侧叶的外缘向腹面掀起，末端伸达D（腹中突基部至阳基侧瓣末端的长度）的1/2。腹中突为锐三角形，两边呈直线，末端尖锐，其长度可达D的1/2。阳茎稍长于内突，两者全长大约相当于阳基的长度，而短于后足胫节。雌蜂体长约0.6mm，体色同雄蜂。腹部深褐色，中央具黄色横带。产卵管的长度相当于后足胫节的1.25倍。

【寄主】杨小舟蛾卵。

【分布】全市各地。

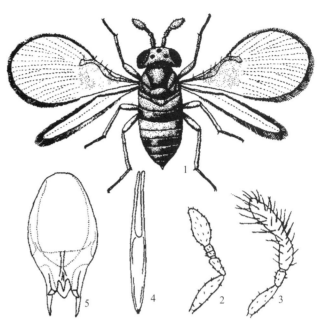

（图片来源于网络，1、2为雌蜂及触角，3为雄蜂触角，4、5为雄性外生殖器的阳茎和阳基，候伯鑫绘）

（498）松毛虫赤眼蜂*Trichogramma dendrolimi* Matsumura

雄蜂体长0.5～0.7mm。体黄色，腹部黑褐色。触角仅3节，端节长，具众多长的黑褐色感毛，最长的相当于鞭节最宽处的2.5倍。前翅臀角上的缘毛长度为翅宽的1/8。外生殖器阳基背突有明显的宽圆的侧叶，末端达D的3/4以上，腹中突的长度相当于D的3/5～3/4，中脊成对，向前伸至中部而与1隆脊连合，此隆脊几乎伸达阳基的前缘，钩爪伸达D的3/4；阳茎与其内突等长，两者全长相当于阳茎的长度，短于后足胫节。雌蜂体长0.5～1.4mm。体黄色，体色随温度而有变化，低温时色深，高温时色浅。15℃下培养出的成虫体黄色，中胸盾片淡黄色，腹基及末端褐色；25℃以上培养出的成虫全体黄色，仅腹部末端及产卵器末端部分为褐色。触角5节，端节大而长。

【寄主】杨小舟蛾、杨扇舟蛾、美国白蛾卵。

【分布】全市各地。

（图片来源：国家林业和草原局森林和草原病虫害防治总站）

07 缘腹细蜂科 | Scelionidae

（499）杨扇舟蛾黑卵蜂 Telenomus (Acholcus) closterae Wu et Chen

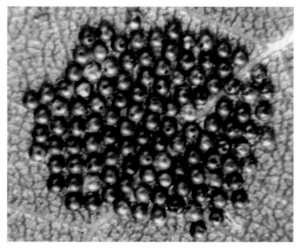

被寄生的杨小舟蛾卵块（已出蜂），铜山张集，郭同斌　1998

雌蜂体长0.75～0.9mm。体黑色，触角、足黑褐色，足转节、胫节两端及1～4跗节黄褐色。头宽为长的5倍，略宽于胸。触角10节，第1节长为宽的5.7倍，为第2节的3倍，第5节圆形，端部5节棒状，触角窝附近具横网纹。头顶具脊，后头弯，头顶具网纹。胸部隆起，具粗刻点。小盾片光滑，四周具稀刻点。胸比腹短，约等宽。腹部近椭圆形，第1～2节背板基部各具约10条纵脊沟，产卵管伸出于尾端外。雄蜂体长0.75～0.8mm。体色似雌蜂，但触角及足色浅。触角12节，第2节比第3节短，第4节稍长于第3节，短于第5节，第6节以后逐渐变细，呈念珠状。

【寄主】杨小舟蛾、杨扇舟蛾等卵。

【分布】全市各地。

成虫（♂），铜山大许，
郭同斌　2018.Ⅷ.28

成虫（♀，背、侧、腹面），铜山大许，郭同斌　2018.Ⅷ.28

（二）双翅目 Diptera

01 寄蝇科 | Tachinidae

（500）日本追寄蝇 Exorista japonica (Townsend)

成虫体长6～13mm。复眼裸，与额等宽（雄性额宽为复眼宽的2/3）。触角黑色，侧额被稀疏黑色短毛，颊被细长黑毛。胸部黑色，覆灰黄粉被，背面具5个黑纵条，中间1条较细，在盾沟前不明显；小盾片基半部黑褐色，端半部暗黄色。翅灰色透明，前缘脉刺发达，其长度大于径中横脉(r–m)，前缘脉第4脉段基部4/5被小刺。足黑色，中胫节具3根前背鬃；腹部全部黑色，覆灰白色粉被，沿腹部背中线被中断，形成1条黑色纵条，第2和第3背板各具1对中缘鬃，第4背板具1行缘鬃，第5背板后方具多数排列不规则的心鬃和1行缘鬃。

　　【寄主】美国白蛾、杨扇舟蛾、杨小舟蛾（幼虫–蛹）。

　　【分布】全市各地。

成虫（美国白蛾，右图示发达的前缘脉刺和前缘脉第4脉段基部小刺），铜山房村，郭同斌　2018.Ⅷ.26

（三）鞘翅目Coleoptera

01 穴甲科 ｜ Bothrideridae

（501）花绒寄甲*Dastarcus helophoroides* (Fairmaire)

　　别名花绒坚甲、花绒穴甲等，本种异名为*Dastarcus longulus* Sharp。成虫体长3.2～11mm，宽1.1～4.1mm。深褐色或铁锈色，体壁坚硬。头大部分凹入前胸背板下，复眼黑色，卵圆形。触角短小，11节，端部几节膨大呈扁球形，基节膨大。头及前胸背板密布小刻点。腹板7节，基部2节愈合。鞘翅上有1个椭圆形深褐色斑纹，尾部沿中缝有1个粗"十"字斑，每翅表面有明显的深纵沟4条，沟脊由粗刺组成。足跗节4节，有爪1对。

　　【寄主】星天牛、光肩星天牛、锈色粒肩天牛、桑天牛、云斑白条天牛、松墨天牛、刺角天牛及黄胸木蜂等。

　　【分布】沛县。

成虫（背面），沛县鹿楼，朱兴沛&周晓宇　2015.Ⅶ.12

成虫（背、腹面），沛县鹿楼，朱兴沛&周晓宇　2015.Ⅶ.17

二、捕食性天敌昆虫

（一）半翅目Hemiptera

01 蝽科 ｜ Pentatomidae

（502）蠋蝽*Arma chinensis* (Fallou)

别名蠋敌。成虫体长10～14.5mm，宽5～7mm。黄褐或黑褐色，腹面淡黄褐色，密布深色细刻点。触角5节，红褐略带黄色，第3、4节黑或部分黑色。前胸背板前侧缘具细齿及很狭的白边，白边内侧具黑色刻点。前翅革片侧缘刻点浓密，黑色，侧接缘淡黄白色，节缝处黑色，各节前、后端常各有1个小黑斑。各足淡褐色，胫、跗节略现浅红色。1龄若虫体长0.8～1mm，头、胸部和腹部各节侧接缘、第1～6腹节中央褐色，其余各部淡黄色；3龄若虫体长约5mm，头、前胸侧缘褐色，其余各部淡黄色，腹背臭腺孔褐色；5龄长约10mm，全体褐色具深黑刻点，翅芽伸达腹部第3节。

【寄主】蚜虫及美国白蛾、雪毒蛾、侧柏毒蛾、杨雪毒蛾、杨小舟蛾、刺蛾、棉铃虫等鳞翅目幼虫。

【分布】云龙区、开发区、铜山区。

成虫及若虫，开发区大庙，郭同斌&颜学武　2018.XI.13

（503）益蝽*Picromerus lewisi* Scott

成虫体长11~16mm。暗黄褐色，具黑色刻点。头部侧叶和中叶等长，自中叶基端起有1淡色正中线直达小盾片后缘。触角红黄色，第3~5节端半部黑色。喙4节，浅褐色，第1节粗壮，端节色暗。前胸背板中线两侧各具1浅色点，侧缘具微波锯齿，侧角发达尖长，末端不成二叉状。小盾片基角凹陷，黑色，各具1浅色斑。足浅棕色，胫节中部色浅，跗节端部淡黑色。腹部侧接缘黄黑相间明显，腹面第3~6腹节中间有大黑斑。

【寄主】超桥夜蛾等鳞翅目幼虫。

【分布】丰县、铜山区、贾汪区。

成虫，铜山利国，钱桂芝 2015.Ⅳ.23　　　　成虫捕食超桥夜蛾*Rusicada fulvida* Guenée幼虫，丰县凤城，刘艳侠 2015.Ⅶ.2

（504）蓝蝽*Zicrona caerulea* (Linnaeus)

别名纯蓝蝽，本种异名*Cimex caerulea* Linnaeus。成虫体长6~9mm。体椭圆形，蓝色、蓝黑或紫蓝色，有光泽，密布同色浅刻点。头略呈梯形，中叶与侧叶等长。复眼及触角黑色，触角5节，喙4节，伸达中足基节。前胸背板前侧缘几平直，边缘稍翘，侧角稍外突，末端圆钝。小盾片三角形，基部微隆，两基角处凹陷，端部圆。前翅膜片暗褐色，末端稍过腹末。侧接缘几不外露，足及腹部腹面同体色。

【寄主】松毛虫、菜粉蝶、粘虫、斜纹夜蛾等鳞翅目幼虫。因其若虫吸食水稻、薄荷等植物汁液，因此，本种既有益处，也有一些害处。

【分布】丰县、沛县、铜山区、睢宁县。

成虫，睢宁古邳，周晓宇 2016.Ⅶ.12　　　　交配（♀♂），沛县沛城，赵亮 2016.Ⅴ.20

02 猎蝽科 | **Reduviidae**

（505）暴猎蝽*Agriosphodrus dohrni* (Signoret)

别名多氏田猎蝽。成虫体长21~25mm。体黑色光亮，密被较长直立的黑褐色刚毛。喙第2~3节黑褐至黑色，复眼褐色至黑色。前胸背板前叶圆鼓，中央具深凹窝，前叶约为后叶长的1/2，后叶后缘近平直。前翅超过腹末，雄虫前翅一般超过2mm。各足基部色泽变化较大，全部黑色或全为红色或仅前足基节为红色，有时也可见到基节为黄色的个体。腹部侧接缘向两侧强烈扩展，各节中部背面圆隆，第2~4节端半部及第5~7节外缘及端半部土黄色或暗白色，腹面各腹板的两侧中部具1白霜点。

【寄主】叶甲幼虫，如核桃扁叶甲；鳞翅目幼虫，如斑蛾科幼虫。

【分布】云龙区、泉山区、沛县、铜山区。

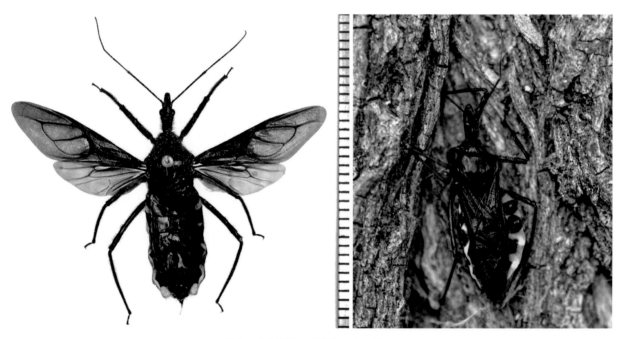

成虫，云龙潘塘，郭同斌　2015.Ⅴ.15

（506）黑光猎蝽*Ectrychotes andreae* (Thunberg)

成虫（♂，背、腹面），铜山邓楼果园，郭同斌　2016.Ⅳ.25

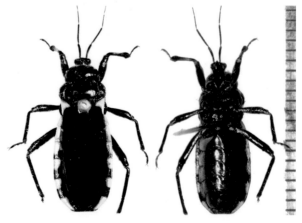
成虫（♀，背、腹面），鼓楼九里，郭同斌　2015.Ⅸ.10

本种异名*Ectrychotes crudelis* (Fabricius)。成虫体长12～15mm，宽4.5～5.5mm。黑色，具蓝紫色光泽。触角4节，全黑有光泽，具直立长毛，第2节最长，第3节分为2个小节，第4节分为4个小节，雌性个体触角毛较短且稀少。前翅基部、前足腿节内侧端半部纵条、胫节内外两侧纵纹、腹部侧接缘外缘及气门周缘均为黄色；各足转节、前中足腿节基部、后足腿节基半部、腹部侧接缘内缘、腹面第3～6节中央及两侧大部均为红色。腹部第2节、各节间、雄虫第6节亚侧域、第7节及生殖节均为黑色，第5～7节侧接缘末端具黑斑。雌虫各斑稍有不同，腹部腹面亚侧域及第7腹节均为黑色。前胸背板圆鼓，前半部具横缢，其横缢中间终断，前叶后部及后叶前半部中央具纵沟，后缘弧形，后叶长于前叶。小盾片三叉状两端突较直，中间突起小。雄虫前翅稍越过腹部末端，生殖节半球形，腹面具若干长毛，后缘中部稍突出；雌虫前翅不达腹末。

【寄主】未知。

【分布】鼓楼区、铜山区。

（507）黑红赤猎蝽*Haematoloecha nigrorufa* (Stål)

别名二色赤猎蝽、黑红猎蝽。成虫体长11.5～13mm。触角第1节最短，2节最长，3、4节细而短。前胸背板光泽强，中央有十字沟，近后侧角有纵沟。小盾片端部延伸成两叉状突起。前翅几达腹端无光泽。前足腿节较膨大。除前胸背板、革片前缘与膜片交界附近、侧接缘各节前半部、体下周缘朱红或血红色外，全体黑或黑褐色，色斑变化可分为普通型（翅基部黑斑与膜区黑斑仅小部分相连）、红色型（两黑斑不相连）及黑色型（黑斑相连区域大，前翅大部分区域黑色，仅革片前缘、爪片基部红色）。

【寄主】棉铃虫等鳞翅目幼虫、棉蚜等半翅目及鞘翅目昆虫。

【分布】沛县、铜山区、贾汪区。

成虫（红色型），铜山新区，钱桂芝　2015.IX.27　　成虫（黑色型），贾汪青年林场，周晓宇　2016.IV.21

（508）短斑普猎蝽*Oncocephalus confusus* Hsiao

成虫体长16～17.6mm。体褐黄色，具褐色斑纹，头顶后方1斑点、头两侧眼的后方、小盾片、前翅中室内斑点及膜片外室内的斑点均为显著褐色。触角第1节端部，喙第2、3节，腿节的条纹，胫节基部的2个环纹及顶端均浅褐色。触角第1节背面无毛。前胸背板前、后叶约等长，前角成短刺状向外突出，前叶侧缘具1列顶端具毛的颗粒，侧角尖锐，越过前翅前缘。小盾片向上鼓起，端刺粗钝，向上弯曲。前翅不达腹部末端。膜片外室内黑短斑约占翅室中部的1/3。前足腿节腹面具12个小刺，前、中足的腿节与胫节等长。

【寄主】棉蚜等多种小型昆虫。

【分布】丰县、沛县、铜山区。

成虫，沛县大沙河林场，朱兴沛　2015.Ⅳ.9　　　　　　成虫，铜山赵疃林场，钱桂芝　2016.Ⅶ.23

（509）黄纹盗猎蝽*Peirates atromaculatus* (Stål)

　　成虫体长12.5~13.5mm，腹部宽3.4~3.6mm。体黑色光亮。前翅革片中部具纵走黄色带纹，膜片内室内部具1小斑，外室具1大斑，均为深黑色。触角第2~4节、各足胫节端部及跗节黑褐色。头前部渐缩，向下倾斜。触角第1节超过头的前端，第2节与前胸背板前叶约等长。前胸背板前叶具纵斜印纹，后叶短于前叶。雄虫前翅一般超过腹末，雌虫前翅短，不超过腹末。

【寄主】棉铃虫、造桥虫、叶蝉等。

【分布】沛县、铜山区。

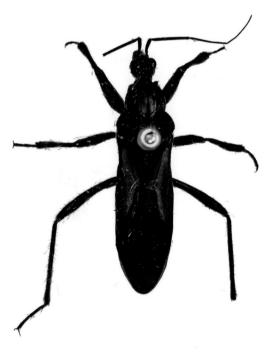

成虫（♂），铜山赵疃林场，钱桂芝　2016.Ⅵ.25　　　　成虫（♀），沛县栖山，朱兴沛　2015.Ⅳ.30

（510）红彩瑞猎蝽*Rhynocoris fuscipes* Fabricius

别名红彩真猎蝽，本种异名为*Harpactor fuscipes* (Fabricius)。成虫体长14～16mm，腹宽4～5mm。体红色。头部眼前、后区等长，背面于复眼后部有三角形黑色斑纹，复眼黑色，单眼2枚着生于黑斑内。触角4节，均黑色，第1、4节等长，2、3节长度之和等于第4节长。前胸背板后叶长于前叶，前侧角有小突起，前缘有黑色"T"形沟，小盾片三角形。前翅达到或长过腹端。头顶两眼间、头两侧、前胸背板前叶大部分及后叶后缘与两侧、小盾片端部、革片前缘、有时喙基节一部分、侧接缘大部分、腹下各节前缘及尾节中央、各节侧面除后缘外，足基节及转节大部分均为橘红色；前胸背板前缘、头下面及足股节的条纹玉黄或灰黄色，其余均为黑色。

【寄主】松毛虫幼虫、稻虱短翅型成虫和若虫等。

【分布】铜山区、邳州市。

成虫（背、腹面），铜山伊庄，周晓宇　2016.V.4　　　　成虫，邳州八路，孙超　2015.V.20

03 蝎蝽科 ｜ **Nepidae**

（511）卵圆蝎蝽*Nepa chinensis* Hoffman

本种异名为*Laccotrephes griseus* (Guerin-Meneville)。成虫体长37～40mm，宽10～11mm。体型扁平，深褐至灰褐色。头小，复眼球形，外突，黑色。前胸背板宽于头部。翅整齐地覆盖在腹部背面，前翅膜片黑色，有网状脉纹。前足发达，为捕捉足，中、后足为步行足。腹部腹面中央隆起，产卵瓣三角形。腹部末端有细长的呼吸管，长达38mm，与体长接近。

【寄主】成、若虫捕食水蚤、蚊幼、椎实螺、扁卷螺、蜻蜓及豆娘的稚虫、负子蝽成虫等，成虫可追捕刚孵化不久的鱼苗和小蝌蚪，属益害兼有的昆虫。

【分布】邳州市。

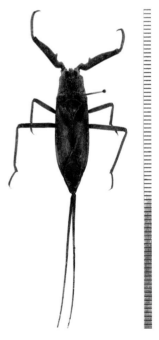

成虫，邳州八路，孙超　2015.IX.5

04 负子蝽科 | Belostomatidae

成虫，开发区大庙，宋明辉　2015.Ⅶ.2

（512）褐负蝽*Diplonychus rusticus* (Fabricius)

别名负子蝽，本种异名为*Sphaerodema rustica* Fabricius。成虫体长15～17mm，宽9～10mm。体褐色，卵圆形，背面平坦，腹面稍突起，形如船底。头尖，钝三角形。复眼红色。前胸背板显著宽于头。小盾片三角形，较大。前足特化为捕捉足，中、后足较细，具有排状游泳毛，其末端有2爪。腹部第1对气孔特大，在腹部背方同样生有许多避水毛丛，可形成大型的储气构造，在水中活动呼吸。腹部第8节气孔外围特化为1对可自由伸缩的呼吸管。

【寄主】成、若虫淡水生活，捕食小型水生动物，如蚊幼虫、半翅目水生若虫、豆娘及蜻蜓稚虫、节肢动物丰年虫，也捕食小鱼苗。

【分布】开发区、丰县、铜山区、邳州市、新沂市、贾汪区。

（513）狄氏大田鳖*Kirkaldyia deyrolli* (Vuillefroy)

别名大田鳖、桂花负蝽、日本大田鳖，本种异名*Lethocerus deyrolli* Vuillefroy。成虫体长45～65mm，宽约26mm。体长圆形，扁阔，灰黑褐色。头小，略呈三角形，喙短。前胸背板发达，梯形，中央有1纵纹，2/3处有1横沟。小盾片三角形，较大。前足发达，腿节特别粗大，中、后足胫节及跗节具游泳毛。前翅革质，发达，呈镰刀状，后翅膜质，色淡黄。腹部腹面中央突起，两边平坦，腹部末端有1根短呼吸管。

【寄主】虾、蛙类、蝌蚪、蝾螈、螺、水生昆虫及鱼苗等。

【分布】邳州市。

成虫，邳州新河，
孙超　2015.Ⅷ.16

（二）鞘翅目Coleoptera

01 叩甲科 | Elateridae

（514）莱氏猛叩甲*Tetrigus lewisi* Candèze

成虫体长21～34mm，宽5～10mm。体狭长，黑褐色，触角和足栗褐色，全身被有均匀的黄褐色绒毛。头凸，密布刻点，额前缘几乎平直。触角栉齿状，第1节粗长，2、3节小，圆锥形；4～10节各侧生有1狭片状叶片，雄性叶片较雌性长；末节长，狭片状。前胸背板宽大于长，基部最宽，向前变狭，前部高凸，向基部倾斜，背面密布刻点；后角长尖，指向后方，有明显的隆基，呈对角线走向。小盾片长舌状。鞘翅长，背面凸，两侧平行，从后部1/3处开始变狭，端部呈齿状突出，左右鞘翅不相切合，背面有明显的细沟纹，沟纹中排列有粗刻点，沟纹间隙平，密布细颗粒，雌性较雄性大得多。

【寄主】核桃，其幼虫捕食松墨天牛、松幽天牛幼虫等。

【分布】沛县。

成虫（♂），沛县大沙河林场，
朱兴沛&张秋生　2015.Ⅶ.18

02 步甲科 | Carabidae

（515）射炮步甲 *Brachinus explodens* Duft.

成虫体长5～15mm。头、胸部及足浅红黄色，鞘翅深蓝、黑或蓝绿色，常带金属光泽。触角11节，丝状。上颚一般发达。前胸背板发达，具背侧缝。小盾片三角形。鞘翅顶点边缘的细毛很短，金黄色。体表光洁，有不同形状的微细刻纹。后足基节向后延伸，将第1腹板切为两个部分，后足基节固定在后胸腹板上，不能活动；有6个可见腹板，第1腹板中央完全被后足基节窝分割开。

【寄主】小型昆虫及蚯蚓、钉螺、蜘蛛等软体动物。

【分布】开发区、铜山区。

成虫（背、腹面），开发区大庙，宋明辉 2015.Ⅵ.27

（516）中华广肩步甲 *Calosoma maderae chinense* Kirby

别名中华金星步甲、中华星步甲。成虫体长25～35mm，宽9～13mm。体黑色，背面色暗，有铜色光泽。鞘翅上的凹刻星点闪金光或金铜光泽。头及前胸密被细刻点，头部前端两侧有纵凹洼，后端微背拱。触角短，不及体长之半，第1～4节光亮，5～11节被绒毛，2节短，约为3节长的1/3。前胸背板横宽，两侧缘在中部膨出呈弧形，后角端部叶状，向后稍突出。鞘翅近长方形，肩胛方形，自基部微向后加宽，最宽处在翅后端1/3处；凹刻星点3行，行间为分散的微小粒突。中、后足胫节弯曲，雄虫更显，雄虫前足跗节基部3节膨大，前足胫节内端有毛刷。

【寄主】柳毒蛾、斜纹夜蛾、银纹夜蛾、大地老虎、小地老虎、黄地老虎等鳞翅目幼虫。

【分布】沛县、铜山区。

成虫（♂），沛县河口，
朱兴沛 2015.Ⅶ.8

成虫（♀），沛县河口，
朱兴沛 2015.Ⅵ.30

（517）大星步甲*Calosoma maximowiczi* Morawitz

别名黑广肩步甲。成虫体长19~33mm，宽8~14mm。体色暗，黑色或紫黑色，背面稍带铜色光泽，鞘翅两侧缘绿色。头被刻点和粗糙的皱褶。触角长达体长之半，第1~4节光洁，5~11节被棕色细毛；雌虫触角第3节长度明显大于第1、2节之和。下唇齿较短，下颚须端节长度与亚端节近相等。前胸背板侧缘自前角至后角呈规则的圆弧形，中部最宽，盘区隆起，背中线细，基部两侧有纵凹注，表面密被细刻点。鞘翅宽阔，肩后扩展较明显，翅面有条沟16行，沟底有细刻点，星点小，狭于行距，每星行之间有3行距，行距上具横沟纹。足细长，雄虫中足胫节较雌虫稍弯曲，前跗节基部3节膨大，腹面有毛垫。

【寄主】粘虫、毒蛾、舟蛾等鳞翅目幼虫。

【分布】丰县、沛县、铜山区、睢宁县。

成虫（♂），铜山邓楼果园，
宋明辉　2015.Ⅶ.7

成虫（♀），沛县河口，
朱兴沛　2015.Ⅵ.30

（518）麻步甲*Carabus brandti* Faldermann

成虫体长16~26mm，宽10~11mm。全体黑色，光泽弱，但复眼棕黄色。头顶密布细刻点和粗皱纹，上颚较短宽，内缘中央有1颗粗大的齿。触角基部4节光亮无毛，第5节后密被棕黄色细毛。前胸背板宽大于长，最宽处在中部之前，前缘内凹，侧缘弧形，缘边上翻。小盾片宽三角形，表面光滑。鞘翅呈卵圆形，基缘无脊边；翅面密布大小瘤突，成行排列并在鞘翅末端及侧缘逐渐消失；瘤突表面及无瘤突之处密布微细刻点，无明显缝角刺突。雄虫前足跗节基部3节扩大。

【寄主】鳞翅目幼虫及蜗牛。

【分布】开发区、贾汪区。

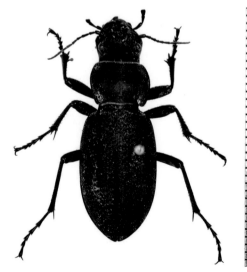

成虫（♀），开发区大庙，宋明辉　2015.Ⅵ.26

（519）绿步甲*Carabus smaragdinus* Fischer von Waldheim

成虫体长29~35mm，宽10~14mm。色泽鲜艳，体背具金属光泽。口器、触角、小盾片及体腹面黑色，前胸侧板绿色，背板铜绿色，鞘翅瘤突黑色，余为绿色。触角基部4节光亮，第5～11节被绒毛。鞘翅基部宽度与前胸基缘宽度接近，渐向后膨大，中部后开始收窄，两个鞘翅末端在鞘缝处形成向上凸的刺突；每个鞘翅有6行瘤突，从鞘缝开始的第1、3、5行瘤突较小，而第2、4、6行瘤突明显大；翅缘尚有1列粗大刻点，瘤突之间尚有不规则的小颗粒。雄虫前足跗节第1～3节膨大，雌虫第1～3节与其他节大小大体一致，不膨大。

【寄主】栎掌舟蛾、粘虫等鳞翅目幼虫。

【分布】全市各地。

成虫（♂），丰县凤城，刘艳侠 2015.Ⅶ.22　　成虫（♀），开发区大庙，宋明辉 2015.Ⅵ.30

（520）脊青步甲*Chlaenius costiger* Chaudoir

成虫体长18.5～23.5mm，宽7～8.5mm。头、前胸背板绿色，带紫铜色光泽。鞘翅墨绿色或黑色带绿色光泽，体腹面及足基节黑褐色，腿节、胫节通常棕红色，二者关节处黑色，跗节棕褐色。头顶稍隆起，具疏刻点及皱褶，上颚短宽。触角长度超过体长的1/2，第1～2节光洁，第3节被疏毛，长度显著大于1、2节之和，余节被密毛。前胸背板宽大于长，侧缘稍呈弧形拱出；中沟及基凹较深，盘区被细刻点；中沟两侧常具平行的横皱，前、后缘具纵皱。鞘翅行距中央隆起成脊，脊两侧各有1行带毛的刻点，条沟细，沟底有细刻点。

【寄主】螟蛾科、夜蛾科等鳞翅目幼虫。

【分布】沛县、铜山区。

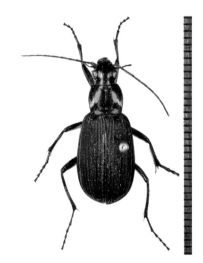

成虫，铜山邓楼果园，周晓宇 2016.Ⅳ.25

（521）黄斑青步甲*Chlaenius micans* (Fabricius)

别名大逗斑青步甲。成虫体长14～18mm，宽4.5～6mm。头部和前胸背板前部两侧金绿色，背板中部及后方墨绿色，两侧缘褐色，鞘翅墨绿色。触角第1～3节及足黄褐色，雄虫前足跗节粗壮；触角第4节及以后各节赤褐色，密生金黄色短毛，体下黑色。前胸背板和鞘翅上被金黄色毛，鞘翅上的较密而呈绒状。前胸背板盾形，中部最宽，前后缘略等宽，密布刻点和皱纹，后方两侧有不深的凹陷。每鞘翅端部有1黄色曲形斑，黄斑由第4～8纵沟距上的纵斑组成，斑的后端不达翅端；纵沟具稀而粗大的刻点，沟距间平坦，密布细刻点。

【寄主】尺蛾、毒蛾等鳞翅目幼虫。

【分布】全市各地。

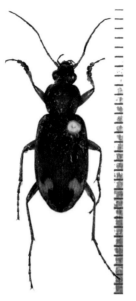

成虫（♂），贾汪青年林场，　　　　　成虫（♀），新沂马陵山林场，
宋明辉　2015.Ⅶ.13　　　　　　　　　周晓宇　2016.Ⅷ.3

（522）黄缘青步甲*Chlaenius spoliatus* (Rossi)

成虫体长15～23mm，宽5～9mm。体深绿色具金属光泽。上唇（端部褐色）、口须、触角及足黄褐色或赤褐色，鞘翅周缘及缘折黄色。头顶被粗刻点及折皱，后头中央显著隆起，上颚稍宽，端部尖锐，口须端部平截。触角第1～2节光洁，3节毛稀，4～11节毛密。前胸背板长稍大于宽，最宽处在基2/3处，被稀疏粗刻点，侧缘具边，中沟及基凹较深，使前胸背板似心形。鞘翅肩角圆，翅面具9条平坦纵沟，沟底具刻点，行距隆起，侧缘具刻点及细毛。足细长，雄性前足跗节1～3节膨大。

【寄主】鳞翅目幼虫。

【分布】沛县。

成虫（♀），沛县沛城，　　　　　　成虫（♀），沛县栖山，
赵亮　2016.Ⅶ.28　　　　　　　　　朱兴沛　2015.Ⅶ.8

（523）四斑小地甲 *Dischissus japonicus* Andrewes

成虫体长7～9mm。体黑色。前胸后半部两侧缘、上颚、下唇、下颚须、下唇须及足黄褐至红褐色。头部呈四方形扁平，唇基光滑无刻点，额和头顶具深刻点，后头呈颈状收缩。复眼大，突出。前胸背板六边形，具粗大深刻点，中央有纵沟；背板宽为长的1.5倍，最宽处在中央稍后方，后缘宽为前缘的1.6倍；后缘较直，前、后角钝圆，后角端部有1齿突向外伸出。鞘翅有4个黄斑，前2个较大，位于鞘翅肩角后方；后2个较小，近圆形，位于鞘翅中部偏后方；每鞘翅除小盾片刻点行外，有9行刻点沟，沟中具明显的深大刻点，行距宽而隆起，其上具浅小刻点。胸、腹部的腹面亦具深大刻点。全身有黄褐色软毛，以前胸背板及鞘翅上的毛较长而密。

【寄主】不详。

【分布】沛县。

成虫（背、腹面），沛县鹿楼，朱兴沛 2016.Ⅷ.10

（524）蠋步甲 *Dolichus halensis* (Schaller)

别名赤胸步甲，本种异名为 *Calathus halensis* (Schaller)。成虫体长14.5～20.5mm，宽5～7.5mm。体长形，颜色变异较大，有全黑及部分棕红的。头黑色，复眼间有1对棕红色斑，前胸背板（全黑型为黑色）、触角、口器及足棕色，小盾片黑色。鞘翅黑色无光，二翅沿缝缘具1长舌形棕至棕红色斑（全黑型鞘翅全为黑色）。头顶光洁，前部两侧有凹洼，无明显刻点。触角细长，超过体长之半，第1～3节光亮无毛，4～11节被绒毛。前胸背板仅边缘黄色，近于方形，长宽近相等，基角宽圆，中沟细，基凹深，背板中央无刻点，侧缘、基缘及基凹中具较密的刻点及皱纹。每鞘翅除小盾片刻点行外有9行刻点沟，沟底刻点微细，行距平坦。足细长，后足腿节具缘毛4根，爪有齿。

【寄主】蝼蛄、螟蛾、夜蛾、隐翅虫、蛴螬及寄蝇的幼虫。

【分布】开发区、沛县、睢宁县。

成虫（全黑型♂），沛县沛城，
朱兴沛 2015.Ⅵ.15

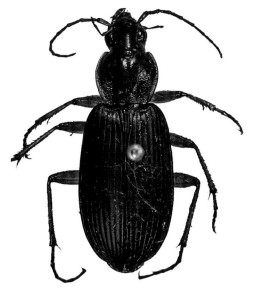

成虫（部分棕红型♀），沛县鹿楼，
赵亮 2015.Ⅷ.16

（525）中华婪步甲*Harpalus sinicus* Hope

本种异名为*Pseudoophonus sinicus* Hope。成虫体长11.7～15.5mm，宽4.5～5.6mm。体黑色有光泽，上唇周缘、上颚基部、口须、触角、前胸侧缘、鞘翅后部及侧缘棕红色，腹面黑色带褐红色。头光洁，额凹短而深，上唇前角宽圆，上颚端部弯曲，颏齿端钝。触角伸达前胸后缘，基部2节光洁，余节被毛。前胸背板近于方形，两侧稍膨出呈弧形，基角近于直角；基凹不深，表面有刻点，近前缘的刻点稀而细，基部的粗而密。鞘翅行距隆起，无明显刻点，第8、9行距有密的浅刻点。前胫节端部外侧有刺4～5根，端距两侧角形成明显的齿。

【寄主】飞虱、蚜虫、红蜘蛛等昆虫，也危害大麦、小麦、燕麦及黍类的种子。

【分布】开发区、丰县、沛县、铜山区、邳州市。

成虫，丰县凤城，刘艳侠　2016.Ⅴ.30　　　　成虫，铜山邓楼果园，周晓宇　2016.Ⅳ.25

（526）侧带宽颚步甲*Parena latecincta* (Bates)

成虫（背、侧面），新沂踢球山林场，周晓宇　2017.Ⅴ.13

　　成虫体长约9mm，宽3.5mm。体棕黄色，鞘翅侧边具金属蓝绿色条带。头部平坦，头顶中央具浅凹。上颚相当宽大，外缘圆弧。复眼大而强烈突出。触角短，不达前胸背板基部，第1~2节光洁，3~11节被毛。前胸背板心形，与头约等宽，侧缘前部弧拱，在基中部稍前处收窄；侧缘边较宽，前角宽圆，基角钝圆。鞘翅近方形，侧缘在中部后稍膨出，末端平截；翅表具稀细刻点及横微纹，行距隆起，条沟细，具刻点。跗节加宽，第4节双叶状。

【寄主】鳞翅目幼虫。

【分布】新沂市。

（527）短鞘气步甲*Pheropsophus jessoensis* Morawitz

　　别名耶屁步甲。成虫体长10.5~18mm，宽4.5~6.5mm。头、前胸背板及足黄色，腿节端部、鞘翅及小盾片黑色。头顶黑斑倒三角形，其前缘微凹，位于2复眼中间的连线。触角基1~2节毛稀，3~11节毛密。前胸背板近长方形，前缘、后缘及中线黑色，呈"工"字形。鞘翅近长方形，末端平截，不盖及腹部末端；肩胛及中部有明显黄斑；翅缘黄色，每鞘翅有7条沟。腹部黑色。雄虫前跗节1~3节膨大，腹部可见8节，雄性外生殖器端部较钝；雌虫腹部可见7节，产卵器较细长。

【寄主】蝼蛄、粘虫等多种昆虫。

【分布】邳州市。

成虫（♀），邳州八路，孙超　2015.Ⅷ.27

（528）五斑棒角甲*Platyrhopalus davidis* Fairmaire

　　成虫体长6~8mm。约呈长方形，棕褐色。触角棒状，2节，第2节扩大，呈不规则厚圆片状。口器下口式，下颚须5节。前胸背板方形，前部侧边略突出，后部缩窄呈颈状。鞘翅黑色，中央具"X"形褐色斑纹；翅较宽大，外缘末端有凹缺，末端平截，腹部臀板露出。足短，基节左右相接，腿节与胫节扁宽，胫节端部扩大。

【寄主】捕食昆虫。

【分布】贾汪区。

成虫，贾汪青年林场，周晓宇　2016.Ⅳ.21

（529）烁颈通缘步甲*Poecilus nitidicollis* Motschulsky

成虫体长10~18mm，体卵圆形，红铜色具金属光泽，头、前胸背板侧边，鞘翅侧缘具绿色光泽。头小，复眼突出，眼眉毛2根。前胸背板圆形，隆起，基缘与鞘翅等宽，侧缘在中部之后直，中线明显，基凹深，后角圆钝。鞘翅条沟深。

【寄主】不详。

【分布】沛县、铜山区、新沂市、贾汪区。

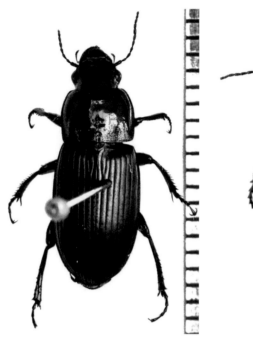

成虫，铜山汉王，周晓宇　2016.Ⅲ.3　　　　　成虫，铜山邓楼果园，周晓宇　2016.Ⅳ.25

（530）单齿蝼步甲*Scarites terricola* Bonelli

成虫，云龙潘塘，宋明辉　2015.Ⅳ.17　　　　　成虫，沛县鹿楼，朱兴沛　2016.Ⅶ.2

成虫体长17～21mm，宽5～6mm。体长形，黑色具光泽，触角、下唇、下颚及体腹面褐黄色。头方形，前角斜切，额具1对平行的纵沟。眼小，内侧具纵向浅皱褶。触角短，不到前胸的基缘。前胸背板宽大，两侧缘近平行，基部收狭呈近六边形，表面光洁，前横沟及中纵沟明显，基部有1对纵凹，凹内常有皱纹及粗颗粒。小盾片位于中胸形成的"颈"上，不与鞘翅相连。鞘翅长方，两侧缘近平行，肩后稍膨出；每翅有7条沟，沟中可见细刻点。足胫节宽扁，前胫节尤甚，前足挖掘式，胫节前外端有2个指状突，中足胫节外侧近端部有1长齿突。

【寄主】捕食地老虎等昆虫，也危害小麦、栗、玉米等作物种子，成虫常在土中通隧道，使幼苗根部外露。

【分布】云龙区、沛县、铜山区、新沂市、贾汪区。

03 虎甲科 | Cicindelidae

（531）云纹虎甲 *Cicindela elisae* Motschulsky

别名曲纹虎甲、膨边虎甲。成虫体长8～12mm，宽3.5～4mm。体深绿色，具铜红色光泽。上唇宽短，淡黄色。触角丝状，约为体长的2/3，基部4节金属绿色，余节暗黑色。头部具细纵皱纹，复眼突出。前胸宽稍大于长，两侧平行，被白色卧毛；背板近前、后缘各有1条中间弯曲的横沟，中间有1条纵沟与横沟相连。小盾片三角形，表面密布微细颗粒。鞘翅侧缘略呈弧形，基端两处较狭，中部之后稍展宽；翅面密布绿色圆刻点，刻点间距中铜红色；每翅具3条乳白或淡黄色细斑纹，即翅基有1条弧形斑纹，中部有1条十分弯曲，中部向上拱起的斑纹，端部有1条弯钩形斑纹，三者之间在翅的侧缘以1条纵纹相连接。足细长，基节棕红色。

【寄主】小地老虎、粘虫、蝗虫等多种昆虫。

【分布】开发区、沛县、铜山区、睢宁县。

成虫，沛县沛城，朱兴沛&张秋生　2015.Ⅵ.5

成虫，沛县鹿楼，朱兴沛&张秋生　2016.Ⅶ.18

（532）多型虎甲铜翅亚种 *Cicindela hybrida transbaicalica* Motschulsky

成虫体长11.5～13.5mm，宽5～5.5mm。体背面铜色，具紫色或绿色光泽，腹面具强烈的金属光泽，前、中胸侧片紫金色，后胸侧片紫色，边缘蓝绿色，腹部宝石蓝或蓝紫色。胸部腹面、足和下唇须具密而粗长的白毛。触角第1～4节绿色无毛，5～11节棕色密被短毛。复眼大而突出，额具纵皱纹，头顶具横皱纹。上颚强大，内侧有3个大齿。前胸背板表面密布皱纹，中沟贯通前、后缘的2条横沟，使其中的隆起部分略呈球形。本种与红翅亚种相似，主要区别：体形较小；上唇蜡黄色，较横宽，宽超过长的3倍，中部向前微有突出，前缘中央的尖齿较小；翅面呈铜色，密被小颗粒，每翅具3个金黄色斑纹（较红翅亚种宽），基部的斑纹弧形或呈2个逗点形，中部的略呈"Λ"形，端部的呈半月形。

【寄主】地老虎等鳞翅目幼虫、蝗虫等。

【分布】沛县。

（533）月斑虎甲*Cicindela lactescripta* Motschulsky

　　本种异名*Cicindela lunulata* Fabricius、*Calomera littoralis* Fabricius。成虫体长12～16mm，宽5～6mm。体黑色或墨绿色，头、胸背面稍带铜色光泽，腹面腹板中部具鲜明的蓝绿色光泽。头部两复眼间平凹，密具纵皱纹，顶部具密的横皱纹。触角第1～4节光滑无毛，具蓝绿色光泽，第5节后黑褐色，密被灰色微毛。上唇黄白色，前缘黑褐色，中部向前突出，有3个尖齿。上颚基半部外侧黄白色，其余黑色。前胸背板前、后缘处具弯曲的横沟，中央有纵沟相连，纵横间呈半球形突起，背板表面密具皱纹。每鞘翅沿外侧在基部和翅端各有1个半月形黄斑，中部有1对部分相连的小黄斑，其后还有1对黄色小圆斑。颊部、前胸背板两侧、体下及足基节、腿节密被白色长毛。

　　【寄主】棉铃虫、地老虎等多种鳞翅目昆虫及中华稻蝗等。

　　【分布】沛县。

成虫，沛县鹿楼，朱兴沛&赵亮
2016.Ⅶ.18

（534）星斑虎甲*Cylindera kaleea* (Bates)

　　本种异名为*Cicindela kaleea* Bates。成虫体长8.5～10mm，宽2.8～3.5mm。体狭小，墨绿色，部分具铜红色光泽。上唇淡黄至棕黄色。触角丝状，11节，基部4节金属绿色，部分红铜色，其余各节黑色或褐色。复眼大而突出，额具细皱纹。前胸圆柱形，两侧平行被白毛，长宽近相等。鞘翅基部宽于前胸，翅面刻点不密，刻点间距一般大于刻点直径；每翅有4个乳白色斑：侧缘中部和端部各有1个弯钩形斑，盘区中部有2个小斑，后面的1个稍大。后胸前侧片、后胸腹板、腹部两侧及足的基节、腿节密被白毛。

　　【寄主】多种小型昆虫。

　　【分布】丰县、睢宁县。

成虫，丰县凤城，刘艳侠　2015.Ⅶ.10　　　　成虫，睢宁睢城，姚遥　2016.Ⅶ.16

04 瓢虫科 | Coccinellidae

（535）四斑隐胫瓢虫 *Aspidimerus esakii* Sasaji

　　成虫体长3.2～6.5mm，宽2.5～4.5mm。头部黄棕色至黑色。唇基红棕至棕黑色。口器及触角红棕色。前胸背板黑色，其前角有黄色或黄棕色的侧斑。小盾片黑色。鞘翅黑色，翅上各有 2个前后排列的黄色至黄棕色斑；前斑较大，圆形至卵形，位于鞘翅的中部之前；后斑小于前斑，常近于四边形，位于鞘翅的端部，但不与鞘缝及外缘相连。腹面前胸腹板、中胸腹板、后胸侧片及鞘翅缘折红棕至黑棕色，后胸腹板黑棕至黑色，少数为红棕色。腹部腹板红棕色，或基部黑棕色，或全为黑棕色。足常为红棕色。

【寄主】蚜虫的一些种类。

【分布】云龙区、泉山区、开发区、铜山区、新沂市。

成虫（背、腹面），云龙潘塘，宋明辉　2015.X.12

（536）红点唇瓢虫 *Chilocorus kuwanae* Silvestri

成虫，铜山棠张，钱桂芝　2015.IX.16

成虫，新沂马陵山林场，周晓宇　2016.IX.2

　　成虫体长3.3～4.9mm，宽2.9～4.5mm。体近于圆形，呈半球形拱起，背面黑色有光泽，无毛。复眼黑色，触角黄褐色。鞘翅中央各有1个黄褐色至红色的斑点（颜色与年龄有关），长形横置或近于圆形。胸部腹面及缘折黑色，腹部褐黄色，有时杂以黑色斑点。足跗节褐色，其余部分黑色。此类瓢虫专捕食蚧虫，头部特化，唇基延伸，结构上很像铲子，有利于把紧贴植物的蚧虫掀开。

【寄主】杨笠圆盾蚧、扁平球坚蚧、紫薇绒蚧、日本龟蜡蚧、桑白蚧、柿绒蚧等，亦捕食蚜虫和粉虱（所列出的瓢虫寄主害虫均为徐州地区有分布的，无分布的害虫未列出，下同）。

【分布】铜山区、新沂市。

（537）黑缘红瓢虫 *Chilocorus rubidus* Hope

成虫体长4.3～5.9mm，宽4.1～5.3mm。体周缘近于心脏形，背面显著拱起，光滑无毛。头部、复眼、前胸背板及小盾片黑色，触角、口器浅红褐色。鞘翅枣红色，其周缘黑色，两色之间的分界不明显。体腹面和足红褐色。

【寄主】扁平球坚蚧、白蜡蚧、朝鲜球坚蜡蚧等，亦捕食一些蚜虫。

【分布】鼓楼区、开发区、沛县、铜山区、新沂市。

成虫（背、腹面），沛县沛城，赵亮　2016.Ⅷ.31

树干上正在捕食的成虫，铜山汉王，
钱桂芝　2015.Ⅹ.13

（538）七星瓢虫 *Coccinella septempunctata* Linnaeus

成虫（背面及头部观），新沂马陵山林场，周晓宇　2015.Ⅴ.12

成虫，铜山汉王，钱桂芝　2015.Ⅹ.12

成虫体长5.2～7.5mm，宽4～6mm。体短卵形，背面强度拱起，无毛。头黑色，额与复眼相连的边缘上各有1淡黄色斑，复眼黑色，内侧凹入处各具1淡黄色小点，有时与上述黄斑相连。触角栗褐色，稍长于额宽。前胸背板黑色，两前角上各有1个近于四边形的淡黄色斑纹。鞘翅黄色、橙红色至红色，具7个黑斑，各鞘翅上呈1/2-2-1排列；鞘翅基部靠小盾片两侧各具1个小三角形白色斑。鞘翅上7个斑点可变大甚至相连，或鞘翅全黑，变化达20余种。腹面黑色，足黑色。

【寄主】捕食60多种农林蚜虫，包括麦蚜、棉蚜、刺槐蚜、槐蚜、桃粉蚜、苹果绵蚜、苹果黄蚜、梨二叉蚜、乌桕蚜和壁虱、蚧虫、桑褐翅尺蠖和美国白蛾的卵及初龄幼虫，也捕食红蜘蛛等食叶螨，在食物蚜虫短缺时，也会取食植物的花粉等植物性食物。有些年份发生数量大时，常被瓢虫啮小蜂*Oomyzus scapousus*寄生。

【分布】全市各地。

（539）异色瓢虫*Harmonia axyridis* (Pallas)

本种异名为*Leis axyridis* (Pallas)。成虫体长5～8mm，宽4～6.5mm。卵圆形，头部橙黄色或橙红色至全为黑色。体背面色泽和斑纹变异甚大，可分为以下3类。

①型：前胸背板黄白至浅黄色，中部有近似"M"形黑纹。鞘翅基色浅橙色至橘红色，其上有2、4、6、8、10、12、14、16、18、19个黑斑点或无。

②型：前胸背板中部黑，两侧具白斑。鞘翅基色黑，其上有2、4、8、12个黄色至红色斑。

③型：前胸背板中部黑，两侧具白斑。鞘翅边缘和鞘缝前半部黑色，或鞘翅基部和端部黑色边缘扩展成黑横带，翅中部黄至橘红色，其上无黑斑，或有2至几个黑斑或斑纹。

鞘翅近末端7/8处有1条显著横脊痕，是鉴定本种的重要特征。雄虫第5腹板后缘弧形内凹，第6腹板后缘半球形内凹。雌虫第5腹板外突，第6腹板中部有纵脊，后缘弧形突出。

初龄幼虫黑黄色，老龄幼虫灰黑色，体长约12mm，宽约3mm。头部黑色，腹部第1～5节背侧各有1橘黄色枝刺，以第1节上的刺瘤最大，其后逐渐减少；第1、4、5节背中央各有1对浅黄色刺瘤。3对步足的胫节橘黄色。蛹体长约7mm，橘黄色。前、中、后胸以及腹部各节背面各有2个黑斑。黑斑外有橘黄色斑。

【寄主】棉蚜、麦蚜、桃粉蚜、柏大蚜、桃瘤蚜、乌桕蚜、苹果绵蚜、梨二叉蚜、苹果黄蚜，粉蚧、盾蚧的若虫，桑木虱、梨木虱、梧桐木虱、美国白蛾、小菜蛾、棉铃虫的卵及山楂叶螨等。

【分布】全市各地。

铜山张集 2015.Ⅸ.17　　　　泉山森林公园 2015.Ⅹ.13　　　　铜山棠张 2016.Ⅳ.8

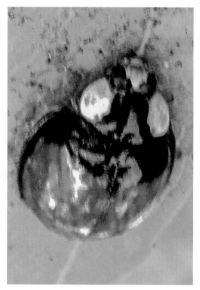

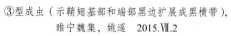

新沂马陵山　2017.Ⅴ.12　　　　开发区徐庄　2015.Ⅳ.22　　　　新沂邵店　2016.Ⅵ.7　　　　新沂马陵山　2017.Ⅵ.13

A～G：①型成虫，示前胸背板上的"M"形黑纹和鞘翅基色浅橙（A～C）、橘红（D～G）及其黑斑数的变化，
G示鞘翅上具4个黄斑，宋明辉&周晓宇

铜山棠张　2016.Ⅳ.8　　　　新沂邵店　2017.Ⅵ.28　　　　铜山吕梁　2015.Ⅷ.18　　　　新沂邵店　2016.Ⅵ.8

H～K：②型成虫，示前胸背板中部黑两侧具白斑，鞘翅上有2、4个黄至红斑，宋明辉&周晓宇

③型成虫（示鞘翅基部和端部黑边扩展成黑横带），
睢宁魏集，姚遥　2015.Ⅶ.2

异型成虫（①型与②型）交配，丰县华山，
刘艳侠　2015.Ⅳ.10

幼虫，铜山吕梁林场，
周晓宇　2016.Ⅳ.25

蛹，鼓楼九里，
郭同斌　2015.Ⅴ.15

蛹，鼓楼九里，
郭同斌　2015.Ⅴ.20

（540）龟纹瓢虫*Propylaea japonica* (Thunberg)

　　成虫体长3.5~4.7mm，宽2.5~3.2mm。体长椭圆形，背面轻度拱起，无毛。雄虫前额黄白色而基部在前胸背板之下部分黑色，雌虫前额有1三角形黑斑，有时较大而与黑色头顶相连，或扩大至全头黑色。复眼黑色，触角、口器及足黄褐色。前胸背板具1横置大黑斑，基部与后缘相连，有时黑斑扩展至整个背板而仅留浅黄色的前缘与侧缘。小盾片和鞘缝黑色，鞘翅色斑多变，从黄白色无斑到几乎全黑（仅外缘淡黄色），常见的为淡黄色鞘翅上具龟纹型黑斑。

　　【寄主】棉蚜、麦蚜、玉米蚜、高粱蚜、苹果黄蚜等多种蚜虫和松毛虫幼虫及蚧虫、叶蝉、木虱、飞虱等小型昆虫，为果园内的重要天敌。

　　【分布】云龙区、开发区、丰县、铜山区、睢宁县、新沂市。

成虫（♂），开发区大黄山，宋明辉
2015.Ⅳ.13

成虫（♀），新沂唐店，
周晓宇　2017.Ⅵ.29

成虫（♀），新沂马陵山，
周晓宇　2017.Ⅶ.12

成虫（♀），丰县常店，
刘艳侠　2015.Ⅷ.18

（541）红环瓢虫*Rodolia limbata* (Motschulsky)

成虫体长4～6mm，宽3～4.3mm。体长圆形，被黄白色细毛。头部黑色，复眼黑色常具浅色周缘。前胸背板黑色，前缘及侧缘红色。小盾片黑色。鞘翅黑色，但每1鞘翅的四周为红色。腹面中央黑色，其余为红色。足腿节黑色，其末端红色或留红色的边缘，胫节和跗节红色。幼虫暗黄白至暗黄红色，与草履蚧相像，但体侧有瘤突。

【寄主】草履蚧成、若虫，亦能捕食吹绵蚧、球蚧、粉蚧、桑虱及蚜虫。

【分布】丰县、沛县、铜山区、睢宁县。

成虫（捕食草履蚧），沛县沛城，
赵亮　2016.Ⅳ.25

成虫（草履蚧），铜山棠张，郭同斌　2010.Ⅳ.10

幼虫（草履蚧），沛县沛城，赵亮　2016.Ⅳ.21

成虫，开发区大庙，宋明辉　2015.Ⅹ.12

（542）十二斑褐菌瓢虫*Vibidia duodecim-guttata* (Poda)

别名十二斑菌瓢虫。成虫体长3.7～4.9mm，宽3～3.7mm。体椭圆形，半圆形拱起，背光滑无毛。头部乳白色，有时头顶处具2个浅褐色圆斑。复眼黑色，触角黄褐色。前胸背板和鞘翅基色褐色，前胸背板两侧各有1乳白色纵条，有时分为前角和基角2斑，后者四边形。鞘翅上各有6个乳白色斑点：1斑位于鞘翅基角，近方形，基部一边横平；2斑位于外缘1/6处，长圆形，一侧向外延伸接近外缘；3斑在中线偏内1/3处，近圆形，4斑位于2/3处，近圆形，一侧向外延伸接近外缘；5斑略后于4斑靠近鞘缝，长圆形；6斑位于端角中部，圆形横长。腹面前、中胸腹板及侧片乳白色，其他部分和足黄色至褐黄色。

【寄主】杨、刺槐、椿树等叶片上的白粉菌。

【分布】鼓楼区、开发区、沛县、铜山区、新沂市、贾汪区。

（三）膜翅目Hymenoptera

01 蜾蠃蜂科 | Eumenidae

（543）镶黄蜾蠃*Eumenes decoratus* Smith

雌蜂体长21～24mm，前翅长21～28mm。头部黑色，窄于胸部，颅顶、颊及额大部黑色。两触角窝间有黄色脊状突起，复眼内缘及后缘有窄黄斑。唇基黄色隆起，上半部色较深。上颚尖楔状，暗褐色，内缘有3钝齿。触角柄节内侧2/3黄色，余黑色，梗节、鞭节黑色，仅端部2节内侧为橙色。前胸背板橙黄色，下部两侧角各有1个三角形黑色区；中胸背板及小盾片黑色，后小盾片橙色横带状；并胸腹节大部黑色，中间有深沟，两边有橙色斑。前足基节外侧黑色，内侧及端部棕色，其他各节棕色或暗棕色；中足基节和转节黑色，其他棕色或暗棕色；后足基节前侧黑色，其他棕色或暗棕色。腹部第1节黑色柄状，从基部1/3处加粗，背板边缘有黄色斑；第2节最大，端部1/3处有橙色宽带；其余各节黑色为主。雄蜂体长15～21mm。唇基黄色。触角鞭节全黑色。

【寄主】鳞翅目幼虫等多种昆虫。

【分布】鼓楼区、铜山区。

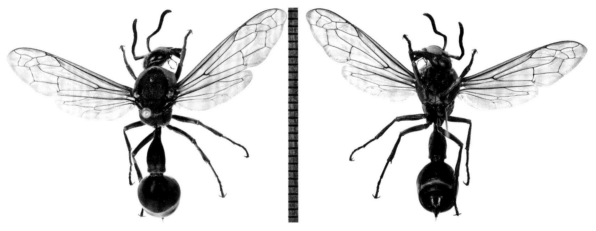

成虫（♀，背、腹面），鼓楼九里，张瑞芳　2015.Ⅷ.24

02 胡蜂科 | Vespidae

（544）黄边胡蜂*Vespa crabro crabro* Linnaeus

雌蜂体长22～30mm，前翅长16～24mm。头宽略窄于胸。头部橘黄色，两触角窝间三角形平面略隆起，密布棕色较长毛。触角支角、柄节背面深棕色，鞭节背面棕色，腹面锈黄色。唇基橘黄色，端部2齿，上颚粗壮橘黄色，有4黑齿。前胸背板棕色，前缘中部突出，肩部明显，密布棕色短毛。中胸背板黑色，但中央有1条宽棕色带。小盾片棕色横带状，中部有浅纵沟。并胸腹节棕色布棕色毛。腹部第1节背腹板深棕色，端缘有极窄黄色带；第2～5节背腹板均深棕色，端部沿边缘有黄棕色横带，带中央有小凹陷；第6节背腹板棕黄色，各节有浅刻点及棕色毛。翅棕色，前翅色略深。各足跗节深棕色，爪无齿。雄蜂体长约25mm，近似于雌蜂，唇基端部无齿，呈弧形，腹部7节。

【寄主】鳞翅目幼虫、蜜蜂等多种昆虫，苹果、梨等成熟果实及桃花蜜。

【分布】鼓楼区、丰县、沛县、铜山区、睢宁县、新沂市。

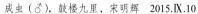

成虫（♂），鼓楼九里，宋明辉　2015.Ⅸ.10　　　　　成虫（♀），新沂马陵山林场，王菲　2017.Ⅶ.11

（545）墨胸胡蜂*Vespa velutina nigrithorax* Buysson

　　雌蜂体长17～25mm，前翅长15～21mm。体黑褐色，密布刻点和毛。触角窝间三角形隆起呈棕色，复眼内缘凹陷暗棕色，其余额及颅顶黑色。触角支角突暗棕色，柄节背面黑色，腹面棕色，鞭节背面黑色，腹面锈色。唇基红棕色，端部两侧圆形齿状突起。上颚红棕色，端部下半具3个黑齿。胸部骨片均呈黑色并覆黑毛，中胸背板两侧各有1条纵线。小盾片中央有1纵沟。前足胫节前缘内侧、跗节黄色，余呈黑色，中、后足胫节端部外侧及跗节黄色，余呈黑色。腹部第1～3节背板除后缘有黄褐色狭边外，余黑色，第4节背板褐色，第5～6节背板暗棕色。第1节腹板黑色，第2、3节腹板黑色，但端缘有宽的棕色带，第4～6节腹板暗棕色。雄蜂腹部7节。

【寄主】稻纵卷叶螟、银纹夜蛾、凤蝶等鳞翅目幼虫，蚊、蝇、虻、蜜蜂等小型昆虫及成熟的水果。

【分布】鼓楼区。

成虫（♀，背、腹面），鼓楼九里，周晓宇　2015.Ⅹ.14

（546）细黄胡蜂*Vespula flaviceps flaviceps* (Smith)

雌蜂体长10~14mm，前翅长9~12mm。雌蜂头部与胸部略等宽。触角窝间有倒梯形黄斑，两复眼内缘下部及凹陷处黄色，颅顶黑色。触角除柄节前缘黄色外其余各节均黑色。唇基黄色，基部中央凹陷，端部有齿状突起。上颚黄色，下半具3个黑齿。前胸背板前缘略突起，两肩角圆形，黑色，邻接中胸背板边缘处为黄色窄带。中胸背板、小盾片、后小盾片及并胸腹节均黑色，两小盾片前缘两侧均各有1黄色横带。第1腹节背板及前截面黑色，背板前缘两侧各有1黄色横斑，端部边缘为黄色窄带；第2~5节背板黑色，端部边缘有1黄色横带，呈锯齿状突起；第6节背、腹板近三角形，黄色，背板基部中央黑色。雄蜂体长约12mm，近似雌蜂，腹部7节。

【寄主】鳞翅目幼虫等多种昆虫。

【分布】泉山区。

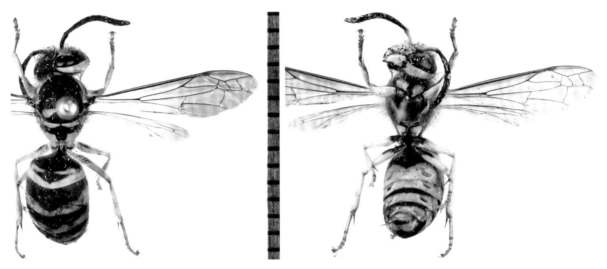

成虫（♀，背、腹面），泉山金山街道，张瑞芳　2015.Ⅹ.13

03 异腹胡蜂科 ｜ **Polybiidae**

（547）变侧异腹胡蜂*Parapolybia varia varia* (Fabricius)

雌蜂体长14~17mm，前翅长10~14mm。两触角窝间隆起、复眼内缘、颊部大部及上颚均黄色。触角支角突深棕色，柄节内缘浅棕外缘深棕色，鞭节端部数节浅棕色，基部背面近黑色，腹面浅棕色。唇基黄色隆起，中央自基部有1深色纵斑，端部呈角状突起。前胸背板两肩角黄色，近侧缘处有1深褐色带状斑。中胸背板深褐色，中央两侧各有1黄色长刀状斑。翅基片内侧各有1短黄纵斑。小盾片明显隆起，中间有1纵沟，周边黄色，中央靠后为深棕色斑，后小盾片黄色。并胸腹节深褐色，中央有1纵沟，沟两侧各有1条黄色纵斑。腹部第1节长柄状，背板上部褐色，近端部两侧各有1黄斑；腹板基部2/3细长呈黑褐色，端部1/3扩展成三角形，黄色。第2节背板深褐色，自基部两侧各有1内向钩状黄斑；腹板中央有1伸达两侧的大黄斑。第3~6节背板呈深褐色，左右各有1个位于基部的黄色长斑；第3~5节腹板基部黄色，两侧向端部延伸，端部深褐色，第6节腹板近三角形，褐色，仅基部两侧各有1小黄斑。雄蜂体长12~14mm，触角比雌蜂多1节（14节），腹部7节。

【寄主】鳞翅目幼虫等多种昆虫。

【分布】鼓楼区、泉山区、沛县。

成虫（♀，背、腹面），鼓楼九里，宋明辉　2015.Ⅶ.30

04 马蜂科 ｜ Polistidae

（548）角马蜂 *Polistes chinensis antennalis* Perez

雌蜂体长约12mm，前翅长约11mm；雄蜂体长约15mm。头黑色，宽于胸部。唇基黄色，端部4齿黑色。触角柄节和梗节背面黑色，腹面黄棕色，鞭节锈红色。胸部黑色，前胸两肩角呈黑色，沿边缘有黄色领状突起。中胸背板与前胸背板连接处为黄斑，余黑色；小盾片黄色，中央黑色，并胸腹节两侧各有1黄纵斑，余黑色。各足基节、转节及腿节基部背面均黑色，其余棕色。腹部第1节背板沿边缘及两侧黄色，余黑色；第2～5节背、腹板黑色，沿端部边缘均各有1黄色横带，但第2节背板两侧各有1黄斑；第6节背、腹板近三角形，基部黑色，端部黄色。

【寄主】棉铃虫、菜青虫、甘蓝夜蛾、银纹夜蛾、棉小造桥虫等鳞翅目幼虫及其他昆虫，也危害苹果、梨等果实，吸食蜂蜜。

【分布】开发区、沛县、铜山区、贾汪区。

成虫（背、侧面），沛县沛城，赵亮　2015.Ⅷ.26

成虫（背面），铜山汉王，
宋明辉　2015.Ⅷ.12

（549）亚非马蜂*Polistes hebraeus* Fabricius

本种异名为*Polistes olivaceiis* (De Geer)。雌蜂体长约23mm。头部两复眼顶部之间和触角窝之间各有1条黑色横带。触角12节，支角突、柄节及鞭节棕色。前胸背板前缘具领状突起，橙黄色。中胸背板略隆起，底色黑色，中央两侧有长的橙色纵斑，近翅基片处有1橙色短斑。小盾片矩形橙色。并胸腹节斜截，黑色，中央有深纵沟，两侧及侧面共有4条橙色纵带，密布横皱褶。各足基节、转节及前足腿节内侧基半、中足腿节基部1/3、后足腿节（除端部）和胫节均为黑色，基余橙色或棕色。腹部6节，第1节背板基部黑色，两侧具棕色斑，端部橙色，第2～5节背板基部棕黑色，后半部橙色，具1紫黑色波状横带，

成虫（♀），泉山森林公园，宋明辉　2015.Ⅳ.10

中央向前弯曲。雄蜂体长约25mm。额白色。触角13节，鞭节黑色。唇基扁平。前、中足基节前缘黄色。腹部7节。

【寄主】松毛虫、棉铃虫、菜青虫等鳞翅目、双翅目多种幼虫及蜜蜂等中小型昆虫，亦危害成熟果实和吸食林木分泌的汁液。

【分布】泉山区、沛县。

（550）家马蜂*Polistes jadwigae* Dalla Torre

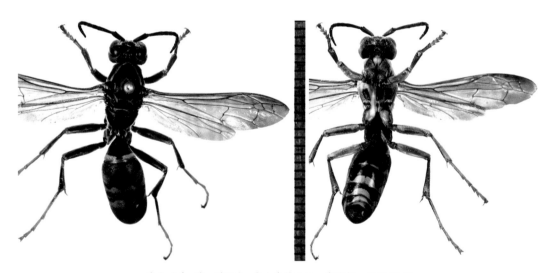

成虫（♂，背、腹面），泉山森林公园，宋明辉　2015.Ⅹ.13

雌蜂体长约21～24mm，前翅长18～20mm。体褐色或橙褐色，头胸略等宽。复眼灰褐色呈"C"形，两复眼和两触角窝之间各有1黑横带，触角窝之间脊状隆起。触角各节橙色。唇基橙色，端部三角形突起，唇基宽大于长，略隆起。上颚橙色，端部4齿黑色。前胸背板前缘及侧边橙褐色，前缘领状隆起，截面处呈橙色。中胸背板黑色，中部有2条橙色纵带状，两侧各有1橙色短纵带状斑。小盾片矩形橙色略隆起，中间有纵沟。后小盾片横带状橙色。并胸腹节黑色，中间下凹，密布横皱褶。翅基片及翅棕色，前翅前缘色略深。各足基、转节黑色，前足腿节基部黑色，其余部及胫、跗节橙色；中足腿节基部一半黑色，端部一半及胫、跗节橙色；后足腿节黑色，仅端部橙色，胫节黑色，仅端部内侧橙色，跗节橙色。腹部第1节背板

黑色，仅中部两侧各有1黄斑，端部边缘黄色，腹板黑色；第2~5节背、腹板除端部边缘黄色，中部两侧各有1黄色圆斑外均呈黑色；第6节背、腹板可见部分黄色。雄蜂体长约23mm。唇基黄色，下凹。前、中足基节前缘黄色。腹部7节。

【寄主】地老虎、斜纹夜蛾等鳞翅目幼虫。

【分布】泉山区。

（551）约马蜂*Polistes jokahamae* Radoszkowski

雌蜂体长约21mm。头宽窄于胸部，两复眼间有1黑带，额部、两颊部橙黄色。触角背面黑色，腹面橙黄色，鞭节端部数节背面也是橙黄色。唇基略隆起，橙黄色。前胸背板前缘截状，两肩角明显，橙黄色，肩部及下部呈较大三角形黑色斑。中胸背板黑色，中部两侧有明显的2条纵黄斑，近翅基片处常可见2短纵极细橙黄色斑。小盾片矩形，两侧向下延伸，橙黄色。后小盾片横带状，橙黄色。并胸腹节斜向下方，中央略凹陷，密布横皱褶，中央两侧及侧面各有1宽长纵橙黄色斑。翅基片橙黄色，翅棕色，前翅前缘色略深。前足基节前缘黄色，余部黑色，转节、腿节基半部黑色，其余各节橙黄色；中足基、转、腿节及胫节基部黑色，其余橙黄色（但第1跗节基半部近黑色）；后足基、转、腿、胫节及第1跗节基部黑色，但腿、胫节端部一侧及其余跗节橙黄色。第1腹节背板基半部黑色，两侧各有1黄斑，端部边缘橙黄色，腹板黑色近三角形，密布细横皱褶；第2~6节背板基半部黑色，端部边缘有橙黄色横带，每侧有1凹陷，并有1黄橙色斑。雄蜂体长约25mm。触角末节扁平。唇基扁平。腹部7节。

【寄主】棉铃虫、菜青虫等鳞翅目幼虫及其他昆虫。

【分布】鼓楼区、开发区、沛县、邳州市。

成虫（♀，背、腹面），鼓楼九里，宋明辉　2015.Ⅴ.15

（552）陆马蜂*Polistes rothneyi grahami* van der Vecht

成虫体长约23mm。体橙黄色夹杂黑斑纹。头略宽于胸，两复眼顶部之间和触角窝上部各有1条黑横带，复眼后方橙色。触角背面黑色，腹面及端部数节背面橙黄色。前胸背板周边呈黄色领状突起，中部两侧各有1三角形小黑斑，两下角黑色。中胸背板黑色，中央两侧各有1个橙黄色纵斑。小盾片、后小盾片均橙黄色，并胸腹节端部截状，黑色，背中央及两侧面各有1个橙黄色纵带状斑。翅棕色，前翅前缘色略深。各足基、转节黑色，腿、胫节除其端部或外侧橙黄色外均多少黑色，中、后足基跗节基部黑色。腹部各节背板基部黑色，端部有橙黄色横带；第2~5节的横带有1对凹陷和橙黄色斑；第6节背、腹板近似三角形，橙黄色。雄蜂近似雌蜂，中胸腹板、胸腹侧片前缘黄色。触角端部节黑色。

【寄主】棉铃虫、小造桥虫、灯蛾、银杏大蚕蛾和松毛虫等鳞翅目及双翅目幼虫。

【分布】鼓楼区、泉山区、开发区、沛县、铜山区。

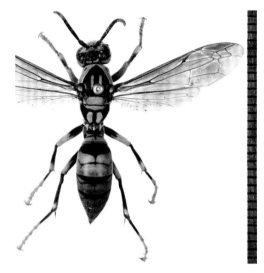 

成虫（♀，背面），鼓楼九里，宋明辉 2015.Ⅶ.30　　　成虫（♀，侧面），鼓楼九里，周晓宇 2016.Ⅴ.5

（553）琼马蜂*Polistes rothneyi hainanensis* van der Vecht

雌蜂体长17~22mm，前翅长15~18mm。头部略宽于胸部。颅顶后部边缘黑色，其前有2个黄色横斑，颊部黄色。唇基黄色，上颚黄色，端部4齿黑色。前胸背板黄色，前缘呈领状突起，两肩角后倾斜，下角处有近三角形黑斑。中胸背板隆起，中央两侧各有1黄色纵条状斑，近翅基片处各有1小短纵条状黄斑，其余均黑色。小盾片、后小盾片黄色。并胸腹节背面两侧各有1黄色纵带状斑。翅基片棕色。翅浅棕色，前翅前缘略深。第1腹节背板黑色，端部有1黄色横带，横带内侧两端各有1黄斑；第2~5节背板黑色，端缘均为橙黄色横带，较宽，中央有1纵裂，两侧各有1凹陷；第6节背板近三角形，基部黑色，端部黄色。雄蜂近似雌蜂，腹部7节。

【寄主】多种昆虫，也取食果实及蜂蜜。

【分布】沛县、睢宁县。

成虫，沛县沛城，朱兴沛&赵亮 2015.Ⅵ.26

05 泥蜂科 | **Sphecidae**

（554）多沙泥蜂骚扰亚种*Ammophila sabulosa infesta* Smith

雌蜂体长19~24mm。黑色，腹部背板第1节大部及第2节为红黄色，第3节基部和第2节腹板为红黄色或黑色。并胸腹节端部两侧有银白色毡毛带。头部额区具触角窝上突，唇基前缘中部略突出，其两侧各具1个齿突。胸部领片背面无明显横条纹，前面中部及两侧具横皱纹；中胸盾片侧缘有弱而短的横皱纹，小盾片密生纵皱纹；并胸腹节背区具中纵脊，前侧沟发达，两侧斜皱纹粗壮。翅浅黄褐色，翅脉褐色至黑色。足黑色，具爪垫。腹部具金属蓝绿光泽。雄蜂体长14～22mm，体色同雌蜂，但第1背板和第2背板中央常具黑色纵带，额中下部和两侧以及唇基有银白色毡毛，胸部毡毛同雌蜂。

【寄主】捕捉体毛较少的鳞翅目中、大龄幼虫，先用毒液蜇麻后带至合适地点的地下巢中，产1卵后封巢。

【分布】鼓楼区、铜山区。

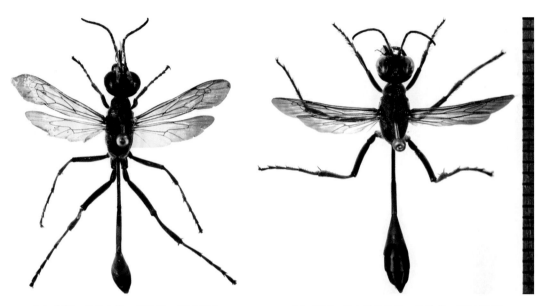

成虫（♂），鼓楼九里，周晓宇　2015.Ⅶ.6　　　　成虫（♀），铜山赵疃林场，钱桂芝　2016.Ⅸ.23

（555）黄柄壁泥蜂*Sceliphron madraspatanum* (Fabricius)

雌蜂体长23～26mm。体黑色，具黄斑。触角第1节背面的1个斑、前胸背板横斑（有时无）、翅基片、后小盾片、前中足腿节端半部、胫节全部、后足转节、腿节和胫节的基半部及腹柄均为黄色，跗节深褐色。翅淡褐色透明，翅脉色略深。唇基和前额被银白色短毛，唇基较长微凸，端缘伸出，具3个深凹。复眼内缘微弯曲，触角第3节长约为第4节的1.5倍。前胸背板近方形，中央微凹，中胸背板具细密斜皱，并胸腹节基部具1尖突，背面具细密横皱，侧面具斜皱，后面中央具1深凹。腹部革质无毛，腹柄较长，末节背板两侧具长鬃。雄蜂体长21～24mm，后小盾片和腹柄黑色。唇基端缘圆，无凹。中胸背板具不规则皱纹。

【寄主】蜘蛛。

【分布】泉山区。

成虫（♀），泉山云龙湖，宋明辉　2015.Ⅶ.3

（四）双翅目Diptera

01 食蚜蝇科 | Syrphidae

（556）黑带食蚜蝇*Episyrphus balteatus* (De Geer)

成虫（♂，背面），新沂踢球山林场，
周晓宇　2017.Ⅴ.13

成虫（♀，侧面），新沂踢球山林场，
周晓宇　2017.Ⅴ.13

黑带食蚜蝇成虫和异色瓢虫*Harmonia axyridis*（Pallas）成、幼虫共同捕食乌桕蚜*Toxoptera odinae*（van der
Goot），新沂踢球山林场，周晓宇　2017.Ⅴ.13

　　成虫体长8～11mm。体狭长，两侧近平行。头部除单眼三角区棕褐色外，余均为棕黄色，粉被灰黄。颜黄色，被黄毛。触角红棕色。额具黑毛，在其前端触角上方处具1对小黑斑。眼裸，雄性两眼相接；雌性额正中有1条不明显的黑色纵带，纵带前粗后细。中胸背板绿黑色，粉被灰色，具亮黑色纵条纹4条，中间1对较狭且不达背板后缘。小盾片黄色，周缘毛黄色，背面毛黑色。足棕黄色，基节与转节黑色。腹部以第

2节端部最宽，两侧缘不具边框，向腹缘下垂。腹斑变异很大，大部棕黄色，第1节背板绿黑色；第2～4节背板除后缘具宽的黑色横带外，各节近基部还有1狭窄的黑色横带，达或不达背板侧缘；第5节背板大部分棕黄色，中部小黑斑不明显。

【寄主】棉蚜、乌桕蚜等多种蚜虫及蚧虫、木虱等。

【分布】全市各地。

（557）棕腿斑眼蚜蝇*Eristalinus arvorum* (Fabricius)

成虫体长10～13mm。头大，半球形。额短而微隆，密覆灰黄色或黄色粉被和黑色长毛。复眼具暗色斑点，其大小不一，上部具较密的深褐色短毛，下部近乎裸；雄性两眼连线约为头顶三角长的1.5倍。触角橘红色，第3节背端色略暗；芒裸，基部橘黄色，端部黑色。中胸背板亮黑色，被黄色毛，具5条黄灰色粉被纵带，中间1条较细，纵带均从背板前缘达后缘，并于后缘处合并成1横带，雌性纵带较雄性狭。小盾片淡黄至亮棕黄色，具光泽和较短黑毛，两侧及端部具较长黄毛。翅透明。足通常为棕黄或棕红色，前、中足胫节端半部及后足胫节除最基部外均为黑色，各足跗节末端略呈褐色，或仅后足端部2节色暗。腹部较长，黄褐色，各节背板具黑色横带，其中第1节横带较细而淡，尾节亮黑褐色；第2～4节各具黄色横带，第5节背板具1对黄色侧斑。

【寄主】蚜虫的一些种类。

【分布】新沂市。

成虫（♂），新沂马陵山林场，
周晓宇　2017.Ⅶ.20

成虫（♀），新沂马陵山林场，
周晓宇　2017.Ⅶ.20

成虫（♀），新沂马陵山林场，
周晓宇　2017.Ⅶ.11

（558）长尾管蚜蝇*Eristalis tenax* (Linnaeus)

体长12～15mm。头黑色，被毛。颜正中具亮黑色纵条，中突明显，额与颜覆黄白色粉被，颜、颊及后头被淡黄毛。复眼暗棕色，毛同色，中间具2条由棕色长毛紧密排列而成的纵条纹。触角暗棕色至黑色，芒裸。中胸背板全黑，被棕色短毛。小盾片黄色或棕黄色，毛同色。腹部背板大部棕黄色，被棕黄色毛，第1节黑色；第2节具"工"字形黑斑，前部宽，达前缘，后部不达后缘；第3节具倒"T"字形黑斑，不达后缘（雌性第3节为"工"字形，不达前、后缘，致背板几乎全黑）；第4、5节绝大部分黑色。足大部分黑色，膝部及前足、中足胫节基部棕黄色，

成虫（♂），铜山赵疃林场，
钱桂芝　2016.Ⅶ.23

足毛大部分黄色。

　　【寄主】蚜虫。

　　【分布】铜山区。

（559）羽芒宽盾蚜蝇*Phytomia zonata*（Fabricius）

　　成虫体长12～15mm。头顶黑色，具暗褐至黑色短毛。额黑色，覆棕色粉被，前部毛黄色，后部毛黑色。触角棕黑色，第3节红棕色，芒黄色，基半部羽毛状。中胸背板暗黑色，密被金黄至棕黄色长毛。小盾片阔大，黑色具极短黑毛，仅后缘有众多金黄或橘黄色长毛。腹部背板具黄至棕黄色毛，第1节极短，亮黑色，两侧黄色；第2节大部黄棕色，端部1/4～1/3棕黑色，有时正中具暗中线；第3、4节黑色，近前缘各有1对黄棕色较狭横斑；第5节及尾器黑褐色。足黑色，后足腿节略粗大，胫节中部较粗，足毛黑色。翅透明，基部暗棕色，中部前区具黑斑，翅脉或多或少带棕色。雌性离眼，额中部具棕色毛。

　　【寄主】蚜虫。

　　【分布】鼓楼区、泉山区。

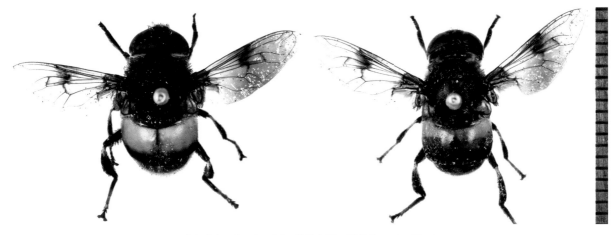

成虫（左：♂，右：♀），鼓楼九里，周晓宇　2015.Ⅸ.10

02 食虫虻科｜Asilidae

（560）中华食虫虻*Ommatius chinensis* Fabricius

　　别名中华盗虻。成虫体长20～28mm。黄褐至赤褐色。额宽约为头宽的1/5，覆黄褐色粉被，侧缘前方着生淡黄褐色短毛，颜面着生淡黄色毛。触角黄色至黄赤色，第3节黑色，短于前2节之和。胸部背面被黄色粉，中央的粗纵纹和两侧的细纵纹暗褐色，近后缘有明显的3条纵纹。小盾片小，后缘着生2根黑色或者黄赤色毛。翅淡黄褐色。

成虫（♂，捕食金龟），开发区大庙，宋明辉
2015.Ⅵ.16

成虫（♀），沛县沛城，赵亮　2016.Ⅵ.2

足黑色，胫节黄色。雄虫腹部黄褐色，具刺毛；雌虫腹部暗褐色，两侧没有刺毛，产卵管小。

【寄主】金龟子、蝶蛾类、蟋及蟀等多种昆虫。

【分布】全市各地。

（五）蜻蜓目Odonata

01 蜓科 ｜ Aeshnidae

（561）碧伟蜓*Anax parthenope julius* Brauer

别名马大头。雄虫腹长约54mm，后翅长51～55mm。上唇赤黄色，具宽的黑色前缘，基缘具3个小黑斑。额黄色，前额上缘具1宽的黑色横纹，上额前缘具1淡蓝色横纹。合胸黄绿色，表面被黄色细毛，无条纹。翅透明，前缘脉黄色，翅痣褐色。足的基节、转节及腿节黄色或具黄斑，其余黑色。腹部第1、2节膨大，第1节绿色，基部中央具褐色斑，后部及后端各具褐色横纹1条；第2节基部绿色，端部褐色，两色相接处具1褐色横隆脊，褐色部的两侧各具1细褐色横条纹；第3节前半部细缩，背面褐色，两侧具宽的淡色纵带；第4～8节背面黑褐色，侧面褐色，并具侧纵隆脊；第9、10节背面褐色，侧面具

成虫，开发区大庙，张瑞芳　2015.Ⅷ.26

1淡色斑。上肛附器褐色，中部宽扁，端部平截。雌虫色泽、斑纹同雄虫，但不如雄虫艳丽。产卵器褐色。

【寄主】稚虫捕食蚊类幼虫、蝌蚪、小鱼等水生动物；成虫捕食蝇、蚊、蛾、蜂及其他小型昆虫。

【分布】鼓楼区、开发区、丰县、沛县、新沂市。

02 箭蜓科 ｜ Gomphidae

成虫，沛县沛城，朱兴沛　2015

（562）黄新叶箭蜓*Ictinogomphus claratus* Fabricius

别名团扇箭蜓、新叶箭蜓。本种异名为*Sinictinogomphus clavatus* (Fabricius)、*S. phaleratus* (Selys)。雄虫腹长约52mm，后翅长约42mm。下唇中叶黄色，具甚细褐色边；侧叶黄色，内缘及末端黑色。上颚基方具1大黄斑。上唇黄色，前、后唇基黄色。头顶黑色，具1对甚大突起，突起内侧黄色，末端尖锐。后头黄色。翅胸领条纹、肩前条纹及第2、3条纹完全。翅透明。足基节、转节、腿节大部分黄色，其余黑色。腹大部黑色，各节基部具黄色斑纹；第1节背面中央具1三角形黄斑，与第2节背中条纹相连；第3～6

节黄斑呈三角形，第7节背中条纹最大；第8节背板两侧各有1极度扩大的扇状附属物，并各具1甚大的黄色斑点，该斑点与扇状附属物中央半圆形黄斑相连。雌虫头顶的突起近末端处具1个甚大黄色斑点。

【寄主】蚊、蝇、蛾、叶蝉、蟆虫等多种小型昆虫。

【分布】沛县。

（563）黄小叶箭蜓*Ictinogomphus pertinax* Selys

此种比黄新叶箭挺略细弱。雄虫腹长约51mm，后翅长约41mm。下唇黄色，具甚细褐色边。上唇褐色，具两个大形黄斑。前唇基黄色。后唇基褐色，两侧各具1大型黄斑。额黄色，横突具褐色细边。头顶黑色，具1对大型褐色突起物。后头黄色。翅胸褐色，条纹与黄新叶箭蜓相似。翅透明。足全体褐色。腹部黑色，各节基部具黄斑；第1、2节腹背合成特别明显的大型三角形黄斑；第7节基半部黄色，第8节腹板扩展，褐色，不如黄新叶箭蜓显著。肛附器褐色。

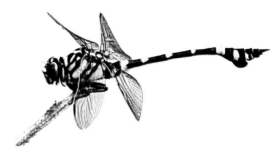

成虫，沛县沛城，赵亮　2016.Ⅵ.30

【寄主】未知。

【分布】沛县。

03 蜻科 | Libellulidae

（564）蓝额疏脉蜻*Brachydiplax chalybea* Brauer

成虫腹长24~27mm，后翅长29~31mm。雄虫额顶青蓝光亮，合胸侧面有2条黑纹，翅基部橙褐色，翅痣淡褐色，合胸的前方和腹部背面都具有蓝灰至灰白色的粉末，腹部后半段黑色。雌虫体较小，腹部黑黄相间。

成虫（♂），铜山邓楼果园，周晓宇　2016.Ⅶ.25

【寄主】未知。

【分布】铜山区。

（565）黄翅蜻*Brachythemis contaminata* (Fabricius)

成虫，沛县五段，朱兴沛　2015.Ⅷ.7

别名姬黄蜻、褐斑蜻蜓。雄虫腹长约21mm，后翅长约23mm，下唇，上唇，上、下唇基及额浅黄色，头顶浅褐色。复眼褐色。翅胸黄褐色，无条纹，密生黄褐色细毛。翅透明，翅脉黄褐色，翅痣红褐色，翅基部至翅端约3/4呈橙黄色，先端无色。足黄褐色，两爪等长。腹部黄褐或红褐色，无斑，第2、3、4节侧面具褐色横隆脊。上肛附器黄色，下肛附器黄褐色，较上肛附器短。雌虫体型与雄虫相似，但体色较浅（烟褐色），条纹不明显。

【寄主】未知。

【分布】沛县。

（566）红蜻*Crocothemis servilia*（Drury）

别名赤卒、赤衣。雄虫腹长30～31mm，后翅长32～35mm。雄虫全身呈赤红色。头顶突起，红褐色，后头褐色。合胸背部前方红色，无斑纹，密生棕色细毛；合胸侧面和腹部红色，无斑纹。有的个体在第3～10腹节的背中隆脊上有黑色线纹。肛附器红色。翅透明，翅痣淡褐色。前、后翅基部均呈橙色斑，后翅斑纹较大。翅的顶端具褐色边缘。足褐色，具黑刺。雌虫体黄褐色或褐色。上唇淡褐色，前、后唇基黄色，额绿黄色，头顶和后头褐色。合胸背部前面褐色，合胸侧面淡褐色。翅透明，翅基色斑黄色，前缘淡黄色，翅痣黄色。腹背黄色，腹背的黑纵纹比雄虫更加醒目。

【寄主】成虫捕捉其他小型昆虫，幼虫水生，也为肉食性。

【分布】全市各地。

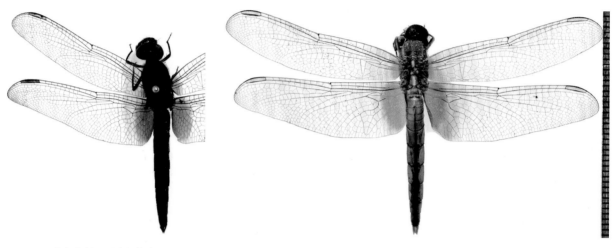

成虫（♂），开发区徐庄，
张瑞芳　2015.Ⅸ.7　　　　　　成虫（♀），鼓楼九里，宋明辉　2015.Ⅸ.10

（567）华丽宽腹蜻*Lyriothemis elegantissima* Selys

成虫腹长30～35mm，后翅长22～26mm。雄虫复眼上褐下黄，合胸黄色，侧面具3条较粗的黑色斑纹，腹部较宽扁，背面红色并有1条黑色背中纵纹贯穿各腹节，末节黑色。雌虫呈黄色，腹部宽扁，背面具多条黑色纵纹。

【寄主】未知。

【分布】铜山区。

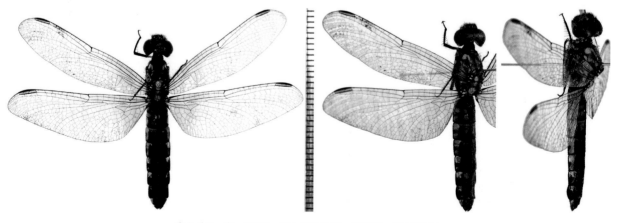

成虫（♀，背、侧面），铜山邓楼果园，周晓宇　2016.Ⅶ.25

（568）白尾灰蜻*Orthetrum albistylum* (Selys)

成虫腹长32~40mm，后翅长36~43mm。雄虫额黄色，头顶黑色。胸部背面具两条黑色条纹，胸侧各具3条黑色斜纹。翅透明，翅脉和翅痣黑褐色，翅端带小的烟色斑。足黑色，胫节具黑色长刺，各足基、转节及前足腿节均具黄斑。腹部第1~6节淡黄色具黑斑，成熟雄虫覆白色粉被，腹背两侧具黑色纵纹，第7~9节黑色，第10节背面黄色，侧面黑色。上肛附器上面白色，下面黑或褐色。雌虫体型、斑纹与雄虫基本相似，但体黄褐色，腹部具黑褐色不连续之黑褐斑，第7~9节几乎黑色（8、9节全黑），10节和上肛附器下面全为白色。

成虫（♀），沛县沛城，朱兴沛&赵亮　2016.Ⅷ.3

【寄主】叶蝉、蛾类、蚊蝇、蚂蚁等多种小型昆虫。

【分布】沛县。

（569）异色灰蜻*Orthetrum melania* (Selys)

雌雄异色。雄虫腹长约37mm，后翅长约43mm。上唇黄褐色，前、后唇基及额黑褐色。头顶具1黑色大突起。前胸黑色。合胸背前部深褐色被灰色粉末，外观呈青灰色。合胸侧面青灰色，在第1、3条纹上呈宽黑色斑纹。翅透明，翅痣黑色。翅末端具淡褐色斑，翅基具黑褐色或黑色斑，后翅的斑较大，略呈三角形。足黑色具刺。腹部第1~7节青灰色，8~10节黑色。肛附器黑色。雌虫腹长约32mm，后翅长约41mm。下唇中叶黑色，侧叶黄色。上唇黑色，前、后唇基及额黄色。头顶及其突起黑色。合胸背面黄褐色，合胸脊黑色。合胸背前方两侧各具1条黑色宽条纹，并与合胸侧面第1条纹合并。合胸侧面黄色，第2、3条纹合并成1宽黑条纹。翅稍带烟色，翅基和翅端稍带褐色，较雄虫明显。腹部黄色，第1~6节两侧具黑斑，第7~8节黑色，第8节下侧缘扩大成片状，肛附器白色。

【寄主】多种小型昆虫。

【分布】泉山区、丰县、沛县、睢宁县、新沂市。

成虫（♂），矿大南湖校区，周晓宇　2016.Ⅵ.24

成虫（♀），新沂踢球山林场，周晓宇　2016.Ⅶ.25

成虫，丰县凤城，
刘艳侠　2015.Ⅶ.3

（570）黄蜻*Pantala flavescens* (Fabricius)

别名黄衣。体赤黄色。雄虫腹长约30mm，后翅长约38mm。下唇中叶褐色，侧叶黄褐色，上唇黄色具宽褐色边。头顶黄色具褐色横纹。复眼红褐色。翅胸黄灰色，肩板密生黄绒毛，侧板第2、3条纹仅剩上下

2褐点。翅透明，翅痣黄色，后翅内缘数行小室橙黄色。足基节、转节及腿节大部分黄色，其余黑褐色。腹部赤黄色，具黑褐色纵脊，第2~5节分别具2、3、2、1条环脊。上肛附器黑色，下肛附器黄色。雌虫体型、体色与雄虫相似。

【寄主】稚虫捕食蜉蝣及蚊类幼虫，成虫捕食蝉、蛾、稻飞虱等小型昆虫。

【分布】全市各地。

成虫，睢宁岠山，宋明辉　2015.Ⅷ.17　　　　　　　　成虫，沛县沛城，赵亮　2016.Ⅵ.28

（571）玉带蜻*Pseudothemis zonata* Burmeister

别名黄纫蜻蜓、白腰蜻。雄虫腹长约31mm，后翅长约40mm。体黑色。额鲜黄色，头顶黑色闪蓝色光泽。翅透明，翅基有黑斑，翅尖黑褐色，前缘呈橙黄色；前、后翅弓脉以内黄褐色，翅痣黑色。足黑色。腹部黑色，第2、3节黄色，老熟雄虫纯白色。雌虫体型和颜色与雄虫相似，但第2、3节黄色具黑纹，第4~6节腹背两侧具黄斑。雌虫及未成熟雄虫在合胸脊和第1缝线中间具1黄白色纵纹，中胸前侧板和后胸后侧板具黄色带。

【寄主】稚虫捕食水生昆虫，成虫捕食蚊、蝇、叶蝉等小型昆虫。

【分布】云龙区、鼓楼区、开发区、丰县、沛县、睢宁县、新沂市。

成虫（♂），睢宁庆安，姚遥　2015.Ⅴ.21

成虫（♀，背面），云龙潘塘，宋明辉　2015.Ⅵ.16　　　　成虫（♀，侧面），沛县沛城，赵亮　2016.Ⅵ.30

（572）黑丽翅蜻*Rhyothemis fuliginosa* Selys

别名黑翅蜻。成虫腹长20～28mm，后翅长32～38mm。雄虫体黑色闪紫色金绿光泽，成熟后闪光愈强。头黑色，额强烈闪紫色金属光泽。胸黑色。翅黑色，前翅尖透明无色，约占翅长的2/5，后翅仅翅尖呈透明的点，有的个体后翅全为黑色或翅顶端具小白点。后翅臀角扩展，宽大，飞行方式类似蝴蝶而非蜻蜓，故有"蝶形蜻蜓"之称。足黑色具刺。腹部黑色，尖细而短。肛附器黑色。雌虫体型和体色与雄虫相似，具绿色光泽，后翅类透明，腹部短截。

【寄主】蚊、蝇等小型昆虫。

【分布】沛县、铜山区、睢宁县、新沂市、贾汪区。

成虫（♂），贾汪大泉，张威　2015.Ⅵ.10　　　　成虫（♂），沛县沛城，朱兴沛&张秋生　2015.Ⅶ.10

成虫（♀），铜山大彭，钱桂芝　2015.Ⅵ.17

04　伪蜻科 ｜ **Corduliidae**

（573）闪蓝丽大蜻*Epophthalmia elegans* (Brauer)

别名艳大蜻。体大型，雄虫腹长约50mm，后翅长约45mm。下唇中叶黄侧叶黑色，基部具1大黄斑。上唇黑色，基部有1黄色横带。额黑色，中央有1纵凹陷，两侧各有1大黄斑，上部中央蓝绿色，具金属光泽。头顶褐色，为1对突起。复眼褐色。翅胸黑色，闪金绿色光，领条纹、背条纹黄色，翅胸侧面前、后翅之间具1宽黄色带，后胸后侧片具黄斑。翅透明，略带褐色，翅痣黑色。足黑色，基节具黄斑。腹部黑色，各节具黄斑，第2腹节两侧具黄色桃形突起，第7、8节扩展。肛附器黑色。雌虫体色与雄虫相似。

【寄主】未知。

【分布】沛县、铜山区。

成虫，铜山邓楼果园，宋明辉　2015.Ⅴ.11

05 蟌科 | *Coenagrionidae*

（574）褐尾黄蟌*Ceriagrion rubiae* Laidlaw

雄性腹长27～29mm，后翅长17～19mm。下唇淡黄色，上唇、唇基、额的前部红褐色，上额基部、颊橘黄色，3个单眼呈光亮的黑褐色。复眼上半部黑褐色，下半部淡绿黄色。触角红褐色。前胸及合胸橘红色，侧面色较淡，由橘红色渐变为淡黄色。腹部朱红色，老熟个体末端3节较暗。翅透明，翅脉黑褐色，翅痣淡褐色，呈平行四边形，四周由白色线纹围着，具支持脉。前翅结后横脉12～13条，后翅结后横脉10～11条。足红褐色，具褐色短刺。雌性体型与雄性相似，但较粗壮，体色较深，呈红褐色。

【寄主】未知。

【分布】云龙区、沛县、铜山区。

成虫（♂），铜山棠张，郭同斌　2015.Ⅴ.16

成虫（♀），沛县沛城，赵亮　2016.Ⅳ.22

（575）长叶异痣蟌*Ischnura elegans* (van der Linden)

成虫腹长22~25mm，后翅长15~20mm。雄虫蓝绿至天蓝色。触角黑色。单眼后具圆形黄斑。合胸背前方黑色，具1对蓝绿色背条纹，侧面淡蓝绿色。腹部第1节蓝绿色，具宽的黑色背条纹，第2腹节背面具金属蓝色光泽，第7、9腹节下方蓝色，第8腹节全部为淡蓝色，其余各节背面黑色，侧缘黄色。足黄绿色，股节背面黑色，胫节背面具褐色条纹。翅透明，翅痣两色。雌虫有3种色型（异色型、同色型和橙色型）。

【寄主】未知。

【分布】泉山区。

成虫（♂），泉山云龙湖，宋明辉 2015.Ⅶ.3

06 色蟌科 | Calopterygidae

（576）黑暗色蟌*Atrocalopteryx atrata* (Selys)

别名黑色蟌，本种异名为*Agrion atratum* Selys。成虫腹长47~52mm，后翅长42~48mm。全身以黑色为主，具金属光泽。合胸腹面被白粉。胸部黑色带绿，稍有光泽。翅黑色或褐色，无翅痣。足具发达的长刺。雄虫腹部背面绿色，有金属光泽，腹面黑色。雌虫比雄虫略小，颜色通体透黑。

【寄主】未知。

【分布】邳州市。

成虫（♀），邳州市，孙超 2015

（577）黑脊蟌*Coenagrion calamorum* Ris

成虫（♂），沛县沛城，赵亮 2016.Ⅳ.19

成虫（♀），沛县沛城，赵亮   2015.Ⅶ.28

　　成虫腹长约24mm，后翅长约16mm。雄虫复眼背面黑褐色，下面暗碧色。眼后斑椭圆形，蓝色，不相连接。前胸黑色，前叶前缘黄色，背面具2个横向半圆斑纹，后叶后缘左右两侧具2个浅褐色斑纹。合胸背面前方绿黑色，左右各具1条细蓝色肩前条纹。侧面淡黄绿色，第1条纹完全，宽阔；第3条纹亦完整，靠近上端较粗；第2条纹只有上面1小段。腹部背面黑绿色，侧面绿黄色；第3～7节的基缘绿黄色，侧面灰黄色；8～9节蓝色，端缘具黑纹；第10节背面黑色，侧面蓝色。肛附器黑色。翅透明，翅脉黑色，翅痣灰褐色。足黑色，具刺。雌虫体色与雄虫相似，但腹部较粗，色较暗，端部无蓝斑。

　　【寄主】未知。

　　【分布】沛县。

07 扇螅科 | **Platycnemididae**

（578）蓝斑长腹扇螅*Coeliccia loogali* Laidlaw

成虫，开发区大庙，宋明辉   2015.Ⅸ.7

成虫，云龙潘塘，宋明辉 2015.Ⅶ.7

　　成虫腹长约41mm，后翅长约27mm。雄虫复眼蓝色，头部上唇黑色，前唇基蓝色，后唇基黑色，额黑色，头顶黑色，中单眼与侧单眼之间具有1对小圆的黄色斑，后头黑色，两侧具黑色蓝条纹。合胸黑色，背前方具1对淡蓝色半月形条纹，侧面有2个较大的淡蓝色斑块，被1条黑斜细纹所隔。翅透明，翅痣黄褐色。腹部细长，以黑色为主，有黄色斑纹。上肛附器黑色，内侧基部与外侧的中间各具1三角形齿突。

　　【寄主】未知。

　　【分布】云龙区、开发区、沛县。

（579）白扇蟌*platycnemis foliacea* Selys

　　成虫腹长30~32mm，后翅长19~21mm。雄虫合胸背前方黑色，具1对较粗而稍有弯曲的黄白条纹，侧面黄白色具黑斜纹。翅无色透明，翅痣淡褐色。前翅结后横脉11~12条，后翅9~10条。足白色，各足腿节及前足胫节背面黑色，中、后足胫节白色膨大如扇状。腹部背面黑色，第3~7腹节背面基部具黄白色斑纹，第8~10节黑色。未熟个体发红，老熟雄虫身体具蓝灰色粉末。上肛附器黑色，端部白色或大部黄色，下肛附器白色，尖端黑色，约为上肛附器长的2倍。雌虫体色发黄，面部及足全部红黄色，胫节不扩大成扇形。

　　【寄主】成虫捕食小型昆虫。

　　【分布】泉山区、沛县。

成虫（♂），沛县沛城，赵亮 2016.Ⅳ.19

（六）脉翅目Neuroptera

01 草蛉科 | **Chrysopidae**

（580）丽草蛉 *Chrysopa formosa* Brauer

　　成虫体长9～11mm，前翅长13～15mm，后翅长11～13mm。体绿色，头部黄绿色，有9个黑斑：头顶2斑、触角间为1中斑、触角下各1对新月形斑、两颊及唇基两侧各具1斑。下颚须和下唇须均为黑色。触角比前翅短，第1节与头部颜色相同（绿色），第2节黑褐色，鞭节黄褐色。前胸背板长略大于宽，中部有1横沟，横沟两侧各有1褐斑。中胸和后胸背面也有褐斑，但常不显著。足绿色，胫节及跗节黄褐色。翅端较圆，翅痣黄绿色，前、后翅的前缘横脉列的大多数均为黑色，径横脉列仅上端一点为黑色，所有的阶脉为绿色，翅脉上有黑毛。腹部为绿色，密生黄毛。

　　【寄主】多种蚜虫和美国白蛾等鳞翅目昆虫卵及初龄幼虫。

　　【分布】铜山区。

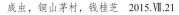

成虫，铜山茅村，钱桂芝　2015.Ⅶ.21　　　　　　　成虫，铜山赵疃林场，宋明辉　2015.Ⅸ.2

（581）中华草蛉 *Chrysopa sinica* Tjeder

　　别名中华通草蛉，本种异名为 *Chrysoperla sinica* (Tjeder)。体长9～10mm，前翅长13～14mm，后翅长11～12mm。体黄绿色。头部浅黄色。触角比前翅短，灰黄色，基部2节与头部同色。颊和唇基两侧各有1条黑斑，黑斑多相连或不明显。翅透明，窄长，端部较尖，翅脉大部分绿色，少部分带黑色，前缘横脉的下端，径分脉和径横脉的基部、内阶脉和外阶脉均为黑色，翅基部的横脉也多为黑色。翅脉上有黑色短毛。足黄绿色，跗节黄褐色。胸部和腹部背面两侧淡绿色，中央有黄色纵带。越冬代成虫体色常由绿变黄，并出现许多红色斑纹，次年天气转暖后再变成绿色。卵椭圆形具丝柄，卵长约0.8mm，丝柄长3～5mm。初产时绿色，近乳化时褐色。幼虫体长7～9mm。头部除有1对倒"八"字形褐斑外，有时还可见到2对淡褐色斑纹。背中线明显，两侧有紫色纵带。

　　【寄主】幼虫捕食刺槐蚜、杨蚜、桃蚜、棉铃虫、梧桐木虱、棉红蜘蛛等昆虫，成虫取食花粉、花蜜，捕食叶螨和美国白蛾、杨扇舟蛾、杨雪毒蛾、雪毒蛾等鳞翅目昆虫的卵。

　　【分布】全市各地。

成虫，新沂踢球山林场，周晓宇 2017.Ⅴ.25

成虫（示头部黑斑纹及翅上黑色翅脉），丰县凤城，刘艳侠 2015.Ⅴ.11

卵，丰县凤城，刘艳侠 2015.Ⅴ.7

幼虫，新沂马陵山林场，周晓宇 2017.Ⅵ.13

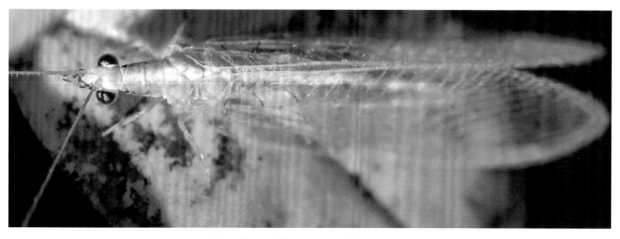

越冬代成虫，开发区大庙，宋明辉 2015.Ⅹ.12

02 蚁蛉科 ｜ Myrmeleontidae

（582）褐纹树蚁蛉*Dendroleon pantherinus* (Fabricius)

成虫前翅长21～32mm，后翅长20～31mm，腹部长18～20mm。触角褐色，渐向端部成橙红色，末端膨大呈黑色。胸部背面黄褐色，中央具褐色纵带，以后胸上的褐纹最大而明显。翅透明，有明显的褐色花斑，翅痣下小室内侧、翅外缘都有不规则的条块状褐斑，以后缘中央的弧形纹为其特点。足黄褐色，腿节中部和端部及胫节端部具黑斑，胫节端部有1对距，黄褐色，细长而弯曲。腹部黑褐色，有较密的褐毛。

【寄主】多种小型昆虫。

【分布】丰县、铜山区、新沂市。

成虫，新沂马陵山林场，周晓宇　2016.Ⅵ.7

成虫（背面），丰县凤城，
刘艳侠　2015.Ⅶ.10

成虫（背、侧面），新沂马陵山林场，
周晓宇　2017.Ⅵ.13

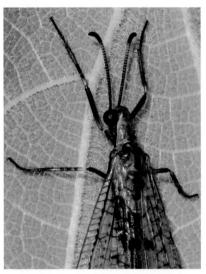

成虫（头胸部示触角及前胫节端距），
铜山汉王，周晓宇　2016.Ⅶ.27

（583）泛蚁蛉*Myrmeleon formicarious* Linnaeus

成虫体长35～41mm，前翅长35～45mm，后翅长34～44mm。灰黑色或带黄褐色。头黑色隆起，表面粗糙。复眼铜绿色有小黑斑。下唇须、下颚须及唇基黄色。触角黑色，触角窝黄色。胸黑色，前胸背板宽大于长，有较密的黑色长刚毛，背板中央有1三角形小黄斑。中后胸背板黑色仅背板下边缘黄色。翅无色透明，翅痣白色，大而明显，卵圆形。足黄色；前足腿节端部、外侧及跗节黑色，腿节基部有长感觉毛，距、爪红棕色，第5跗节长约为第1～3跗节之和；中后足无长感觉毛。腹黑色，密生黑色短毛。肛上片长卵圆形，生有浓密的黑毛。

【寄主】白蚁、蝇蛆、黄粉虫等。

【分布】开发区。

成虫，开发区大庙，宋明辉　2015.Ⅶ.30

（七）螳螂目 Mantodea

01 螳科 | Mantidae

（584）广腹螳螂 *Hierodula patellifera* (Serville)

别名二点广腹螳螂、广斧螳。雌虫体长57～63mm，雄虫51～56mm。体绿色或褐色。头部三角形，复眼发达。触角细长，丝状。前胸背板粗短，呈长菱形，几乎与前足基节等长，横沟处明显膨大，侧缘具细齿，前端1/3部分中央有凹槽，后端2/3部分中央有细小纵隆线（雄虫不明显）。前胸腹板基部有2条褐色横带，中胸腹板上有2个灰白色小圆点。前足基节前龙骨具3个黄色圆盘突，腿节粗，侧扁，内线及内外线之间具甚长小刺，胫节长为腿节的2/3，中、后足基节短。腹部很宽，较胸部短，雌虫腹部明显宽大。前翅前缘区甚宽，翅长过腹，径脉处有1浅黄色翅斑。雌虫肛上板短，中央有深凹陷。雄虫肛上板较雌虫长，中部背面有1纵沟。

【寄主】蚜虫、杨小舟蛾、槐羽舟蛾、柳毒蛾、槐尺蠖等鳞翅目幼虫及直翅目、半翅目、鞘翅目、双翅目昆虫。

【分布】开发区、沛县、铜山区、邳州市。

成虫（♂），铜山房村，钱桂芝　2015.Ⅷ.21　　　　成虫（♀），开发区大庙，郭同斌　2018.Ⅹ.6

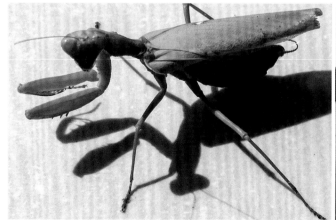

成虫（♀，示前胸腹板基部2条褐带及肛上板上的凹陷），开发区大庙，郭同斌　2018.Ⅹ.6

卵鞘，沛县沛城，赵亮　2016.Ⅳ.19

若虫捕食斑衣蜡蝉*Lycorma delicatula* (White)，新沂马陵山林场，
周晓宇　2017.Ⅶ.11

（585）中华大刀螂*Tenodera sinensis* (Saussure)

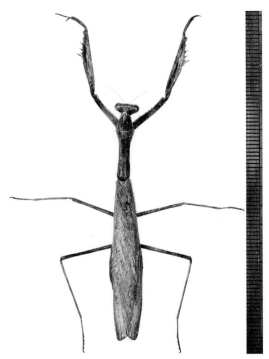

成虫（♂），新沂马陵山林场，周晓宇　2016.Ⅷ.18

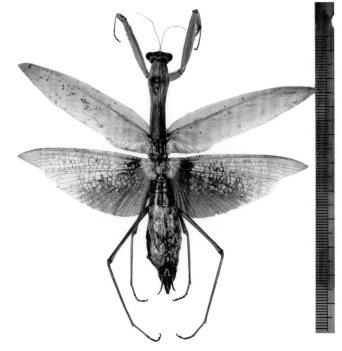

成虫（♀），鼓楼九里，宋明辉　2015.Ⅸ.10

　　别名中华螳螂、中华大刀螳、大刀螳螂，本种异名为*Paratenodera sinensis* Saussure。雄虫体长68～77mm，雌虫体长79～102mm。体暗褐色或绿色。头部三角形，复眼大而突出。前胸背板前端略宽于后端，前端两侧具明显的齿列，后端齿列不明显；背板前半部中纵沟两侧排列有许多微小颗粒，后半部中隆线两侧的小颗粒不明显；背板沟后区与前足基节长度之差较短，雄虫约为背板最宽处的1倍，雌虫仅为1/3～2/3。雌虫腹部较宽。前翅前缘区较宽，草绿色，革质。后翅黑褐色，末端略超过前翅，前缘区为紫红色，基部有黑色大斑纹，全翅布有透明斑纹。足细长，前足基节长度超过前胸背板后半部的2/3，基节下部外缘有16根以上的短齿列；前足腿节下部外线有4根等长的刺，下部内线有刺15～17根，中央有刺4根，其中以第2根最长。若虫与成虫相似，无翅，5～6龄开始长出翅芽。

【寄主】蝗虫、蝇类、桃蚜、刺槐蚜、杨树毛蚜、叶蝉、杨毒蛾、槐尺蛾、豆天蛾、槐羽舟蛾、杨小舟蛾、杨扇舟蛾等。

【分布】全市各地。

若虫，云龙潘塘，宋明辉 2015.Ⅶ.27

若虫，沛县沛城，赵亮 2016.Ⅵ.16

主要参考文献

彩万志，李虎．2015．中国昆虫图鉴［M］．太原：山西科学技术出版社．

蔡荣权．1979．中国经济昆虫志　第十六册　鳞翅目　舟蛾科［M］．北京：科学出版社．

曹志丹．1981．陕西省经济昆虫志　贮粮昆虫［M］．西安：陕西科学技术出版社．

曾爱国．1981．桑木虱的防治［J］．陕西蚕业，2：50-51．

陈德平．1994．皱背叶甲的初步研究［J］．森林病虫通讯，2：14．

陈世骧，谢蕴贞，邓国藩．1959．中国经济昆虫志　第一册　鞘翅目　天牛科［M］．北京：科学出版社．

陈树椿．1988．中国的长棒长蠹属［J］．北京林业大学学报，10（S1）：50-53．

陈一心．1985．中国经济昆虫志　第三十二册　鳞翅目　夜蛾科（四）［M］．北京：科学出版社．

陈一心．1999．中国动物志　昆虫纲　第十六卷　鳞翅目　夜蛾科［M］．北京：科学出版社．

陈志麟．1994．植物检疫常见的长蠹害虫［J］．植物检疫，4：209-215．

丁锦华．2006．中国动物志　昆虫纲　第四十五卷　同翅目　飞虱科［M］．北京：科学出版社，475-477．

方承莱．1985．中国经济昆虫志　第三十三册　鳞翅目　灯蛾科［M］．北京：科学出版社．

方承莱．2000．中国动物志　昆虫纲　第十九卷　鳞翅目　灯蛾科［M］．北京：科学出版社．

冯士明，曾述圣，杨棱轩，等．1999．杨干透翅蛾的初步研究［J］．西南林学院学报，19（4）：231-234．

福建省林业科学研究所．1991．福建森林昆虫［M］．北京：中国农业科技出版社．

葛钟麟，丁锦华，田立新，等．1984．中国经济昆虫志　第二十七册　同翅目　飞虱科［M］．北京：科学出版社，
　　114-115．

葛钟麟．1966．中国经济昆虫志　第十册　同翅目　叶蝉科［M］．北京：科学出版社．

耿以龙，张鹏，林巧娥，等．1998．浙江朴盾木虱的生物学特性及其防治［J］．东北林业大学学报，26（2）：29-32．

顾茂彬，陈佩珍．1985．茶黄蓟马的观察初报［J］．热带林业科技，4：9-12．

郭加忠，郭同斌，王虎诚，等．2010．红环瓢虫的生物学与应用技术研究进展［J］．江苏林业科技，37（4）：50-54．

郭同斌，王振营，梁波，等．2000．杨小舟蛾的生物学特性［J］．南京林业大学学报，24（5）：56-60．

郭同斌，王振营，张承文，等．1996．栗新链蚧发生规律及其防治［J］．江苏林业科技，23（1）：41-44．

郭同斌，颜学武．2011．黑棒啮小蜂种团（膜翅目姬小蜂科）寄生蜂研究进展［J］．南京林业大学学报（自然科学版），
　　35（6）：127-133．

郭同斌．2005．转基因杨树对杨小舟蛾杀虫活性及其机理研究［D］．南京：南京林业大学．

郭在彬，崔建新，闫光升，等．2016．四斑露尾甲成虫的形态学研究［J］．河南林业科技，36（3）：7-10．

郭中华，张继平，贾艳梅，等．2002．黑胸脊虎天牛的优势天敌——酱色刺足茧蜂［J］．陕西林业科技，4：48-50．

韩运发．1997．中国经济昆虫志　第五十五册　缨翅目［M］．北京：科学出版社，185-187．

郝昕，罗成龙，周润发，等．2015．山东省青岛市尺蛾科昆虫名录（鳞翅目）［J］．林业科技情报，47（1）：1-5．

何俊华，陈学新，马云．1996．中国经济昆虫志　第五十一册　膜翅目　姬蜂科［M］．北京：科学出版社．

何俊华，陈学新．2006．中国林木害虫天敌昆虫［M］．北京：中国林业出版社．

何玉杰，孙青林，林华峰，等．2013．二突异翅长蠹的生物学特性及熏蒸技术研究［J］．安徽农业大学学报，40（2）：273-277．

河南省林业厅．1988．河南森林昆虫志［M］．郑州：河南科学技术出版社．

贺春玲，嵇保中，刘曙雯．2011．长木蜂的形态和生物学观察［J］．应用昆虫学报，48（6）：1751-1758．

洪豹元，汪锐辉，朱桂兰，等．2008．梨卷叶瘿蚊的发生与防治［J］．江西植保，31（4）：174-175．

胡隐月，戴华国，胡春祥．1982．杨圆蚧 Quadraspidiotus gigas (Thiem et Gerneck) 初步研究［J］．林业科学，18（2）：160-169．

湖南省林业厅．1992．湖南森林昆虫图鉴［M］．长沙：湖南科学技术出版社．

华立中，［日］奈良尔，［美］塞缪尔森，等．2009．中国天牛（1406种）彩色图鉴［M］．广州：中山大学出版社．

黄邦侃．2002．福建昆虫志　第六卷［M］．福州：福建科学技术出版社．

黄邦侃．2003．福建昆虫志　第七卷［M］．福州：福建科学技术出版社．

黄保宏．2006．梅树朝鲜球坚蚧的生物学特性［J］．昆虫知识，43（1）：108-111．

黄春梅，成新跃．2012．中国动物志　昆虫纲　第五十卷　双翅目　食蚜蝇科［M］．北京：科学出版社．

黄灏，张巍巍．2009．常见蝴蝶野外识别手册（第2版）［M］．重庆：重庆大学出版社．

嵇保中，刘曙雯，张凯．2011．昆虫学基础与常见种类识别［M］．北京：科学出版社．

蒋金炜，乔红波，安世恒．2014．农田常见昆虫图鉴［M］．郑州：河南科学技术出版社．

蒋书楠，蒲富基，华立中．1985．中国经济昆虫志　第三十五册　鞘翅目　天牛科（三）［M］．北京：科学出版社．

靳秀芳，刘怡，李莉玲，等．2015．柿斑叶蝉的危害与雌雄成虫鉴别［J］．黑龙江农业科学，3：177-178．

匡海源．1995．中国经济昆虫志　第四十四册　蜱螨亚纲　瘿螨总科（一）［M］．北京：科学出版社，129．

赖永梅，封立平，王连刚，等．2001．黄连木梳齿毛根蚜生活史及防治［J］．山东林业科技，S1：64．

雷昌菊，涂业苟，吴先福，等．2007．月季长管蚜的生物学特性及防治［J］．江西植保，30（1）：31．

李定旭，陈根强，郭予光．1998．樱桃瘿瘤头蚜的发生与防治［J］．洛阳农专学报，18（4）：6-8．

李鸿昌，夏凯龄．2006．中国动物志　昆虫纲　第四十三卷　直翅目　蝗总科　斑腿蝗科［M］．北京：科学出版社，566-568．

李敏，席丽，朱卫兵，等．2010．基于DNA条形码的中国普缘蝽属分类研究（半翅目：异翅亚目）［J］．昆虫分类学报，32（1）：36-42．

李士洪．2011．吹绵蚧对海桐的为害及综合防治［J］．植物医生，24（2）：23-24．

李铁生．1985．中国经济昆虫志　第三十册　膜翅目　胡蜂总科［M］．北京：科学出版社．

李晓东，张孜．2010．国内新记录种柳虫瘿叶蜂的分类特征与生物学特性［J］．东北林业大学学报，38（6）：91-93．

李兴鹏．2007．黑龙江省肖叶甲科分类研究［D］．哈尔滨：东北林业大学．

李亚杰，张时敏，林继惠，等．1979．杨黄星象虫研究简报［J］．林业科技通讯，9：27-28．

李亚杰．1978．杨银潜叶蛾［J］．新农业，11：25-27．

李杨．2011．山东地区美国白蛾天敌种类及日本追寄蝇生物学研究［D］．泰安：山东农业大学．

李志文．1991．秦皇岛地区夹竹桃蚜初步研究［J］．河北林学院学报，6（4）：316-318．

郦子华．1982．酱色齿足茧蜂的生物学研究［J］．昆虫知识，3：28-30．

梁络球．1998．中国动物志昆虫纲　第十二卷　直翅目　蚱总科［M］．北京：科学出版社，174-176．

廖定熹，李学骝，庞雄飞，等．1987．中国经济昆虫志　第三十四册　膜翅目　小蜂总科（一）［M］．北京：科学出版社．

刘崇乐．1963．中国经济昆虫志　第五册　鞘翅目　瓢虫科［M］．北京：科学出版社．

刘家成，夏凤，黄娟，等．2004．梨二叉蚜测报方法研究［J］．安徽农业科学，32（2）：335-336．

刘立春．1988．棉小卵象的初步观察［J］．昆虫知识，25（1）：18-19．

刘铭汤，关改平．1988．槐木虱研究初报［J］．森林病虫通讯，4：7-8．

刘群，常虹，陈娟，等．2014．分月扇舟蛾与仁扇舟蛾的形态学和生物学区别及其进化关系［J］．林业科学，50（1）：97-102．

刘友樵，白九维．1977．中国经济昆虫志　第十一册　鳞翅目　卷蛾科（一）［M］．北京：科学出版社．

刘玉，胥倩，姜莉．2009．女贞瓢跳甲的生物学特性及防治［J］．昆虫知识，46（6）：906-910．

柳瑞．2012．我国葡萄钻蛀害虫——3种长蠹的识别鉴定［J］．植物检疫，26（4）：45-47．

罗佳，葛有茂．1997．考氏白盾蚧生物学与天敌初步研究［J］．福建农业大学学报，26（2）：194-199．

马文珍．1995．中国经济昆虫志　第四十六册　鞘翅目　花金龟科　斑金龟科　弯腿金龟科［M］．北京：科学出版社．

倪乐湘，童新旺．1985．杨扇舟蛾黑卵蜂生物学特性初步观察［J］．湖南林业科技，2：6-7．

庞雄飞，毛金龙．1979．中国经济昆虫志　第十四册　鞘翅目　瓢虫科（二）［M］．北京：科学出版社．

蒲富基．1980．中国经济昆虫志　第十九册　鞘翅目　天牛科（二）［M］．北京：科学出版社．

乔格侠，张广学，钟铁森．2005．中国动物志　昆虫纲　第四十一卷　同翅目　斑蚜科［M］．北京：科学出版社．

沈强，赵宝安，李百万，等．2008．樟白轮盾蚧生物学特性及防治研究初报［J］．中国森林病虫，27（1）：9-11．

宋建勋，李雪艳，李平，等．1989．黄杨并盾蚧的研究［J］．森林病虫通讯，1：14-17．

宋明辉，王菲，郭家忠，等．2016．舞毒蛾黑瘤姬蜂等美国白蛾蛹期寄生性天敌昆虫研究进展［J］．江苏林业科技，43（5）：46-52．

孙巧云，赵自成．1990．线茸毒蛾生活习性观察研究［J］．江苏林业科技，2：39-40．

孙玉珍．1993．柿绒蚧形态和生物学的进一步研究［J］．华东昆虫学报，2（1）：36-41．

谭娟杰，虞佩玉，李鸿兴，等．1980．中国经济昆虫志　第十八册　鞘翅目　叶甲总科（一）［M］．北京：科学出版社．

汤智馥．2012．为害柳树的黄翅缀叶野螟生物学特性［J］．吉林农业：269（7）：71．

唐云．1993．桃树扁平球坚蚧的生物学特性及防治［J］．北方果树，4：38-39．

王菲，张瑞芳，宋明辉，等．2017．徐州市蝴蝶资源调查与分析［J］．江苏林业科技，44（4）：26-32．

王桂荣．2002．泡桐叶甲生物学特性与防治［J］．华中昆虫研究，2002：98-100．

王虎诚，郭同斌，杜伟，等．2014．徐州地区红环瓢虫生物学习性研究概况［J］．安徽农业科学，42（4）：998-999．

王虎诚，郭同斌，宋明辉，等．2015．白蛾周氏啮小蜂规模繁育技术研究［J］．安徽林业科技，41（1）：51-53．

王慧芙．1981．中国经济昆虫志　第二十三册　螨目　叶螨总科［M］．北京：科学出版社，119-126．

王建赟．2016．中国及周边光猎蝽亚科分类研究（异翅亚目：猎蝽科）［D］．北京：中国农业大学．

王健生，赵洪斌．1994．大叶黄杨长毛斑蛾的生物学研究［J］．华东昆虫学报，3（2）：48-51．

王菊英，周成刚，乔鲁芹，等．2010．严重危害紫薇的新害虫——紫薇梨象［J］．中国森林病虫，29（4）：18-20．

王林瑶，刘友樵．1977．甘薯羽蛾研究初报［J］．昆虫知识，4：118-119．

王念慈，李照会，刘桂林，等．1990．栾多态毛蚜生物学特性及防治的研究［J］．山东农业大学学报，1：47-50．

王念慈，李照会，刘桂林，等．1991．栾多态毛蚜形态特点和自然蚜量变动规律的研究［J］．山东农业大学学报，22（1）：79-85．

王平远. 1980. 中国经济昆虫志　第二十一册　鳞翅目　螟蛾科［M］. 北京：科学出版社.

王小东，黄焕华，许再福，等. 2004. 花绒坚甲的生物学和生态学特性研究初报［J］. 昆虫天敌，26（2）：60-65.

王绪捷，徐志华，董绪曾，等. 1985. 河北森林昆虫图册［M］. 石家庄：河北科学技术出版社.

王学山，宁波，潘淑琴，等. 1996. 苹毛丽金龟生物学特性及防治［J］. 昆虫知识，33（2）：111-112.

王彦. 2012. 白蛾黑基啮小蜂繁殖生物学及寄主选择性研究［D］. 南京：南京林业大学.

王莹莹. 2012. 扶桑绵粉蚧生物学和生态学特性研究［D］. 杭州：浙江农林大学.

王颖娟. 2008. 泛蚁蛉生物学及人工饲养技术研究［D］. 贵阳：贵州大学.

王振鹏. 2009. 绿步甲生物学及其成虫肠道细菌的研究［D］. 泰安：山东农业大学.

王振营，郭同斌，王敬，等. 2000. 利用赤眼蜂防治杨小褐舟蛾的初步研究［J］. 江苏林业科技，27（4）：40-42.

王直诚. 2014. 中国天牛图志（上、下卷）［M］. 北京：科学技术文献出版社.

王子清. 1982. 中国经济昆虫志　第二十四册　同翅目　粉蚧科［M］. 北京：科学出版社.

王子清. 1994. 中国经济昆虫志　第四十三册　同翅目：蚧总科　蜡蚧科　链蚧科　盘蚧科　壶蚧科　仁蚧科［M］. 北京：科学出版社.

王子清. 2001. 中国动物志　昆虫纲　第二十二卷　同翅目　蚧总科　粉蚧科　绒蚧科　蜡蚧科　链蚧科　盘蚧科　壶蚧科　仁蚧科［M］. 北京：科学出版社.

魏建荣，杨忠岐，马建海，等. 2007. 花绒寄甲研究进展［J］. 中国森林病虫，26（3）：23-25.

吴陆山，李正明. 2014. 石楠盘粉虱在宜昌的发生及防治方法［J］. 绿色科技，6：73-74.

吴燕如，周勤. 1996. 中国经济昆虫志　第五十二册　膜翅目　泥蜂科［M］. 北京：科学出版社.

武春生，方承莱. 2003. 中国动物志　昆虫纲　第三十一卷　鳞翅目　舟蛾科［M］. 北京：科学出版社.

武春生，徐堉峰. 2017. 中国蝴蝶图鉴［M］. 福州：海峡出版发行集团.

武春生. 2001. 中国动物志　昆虫纲　第二十五卷　鳞翅目　凤蝶科　凤蝶亚科　锯凤蝶亚科　绢蝶亚科［M］. 北京：科学出版社.

武春生. 2010. 中国动物志　昆虫纲　第五十二卷　鳞翅目　粉蝶科［M］. 北京：科学出版社.

西北农学院植物保护系. 1978. 陕西省经济昆虫图志　鳞翅目：蝶类［M］. 西安：陕西人民出版社.

夏凯龄. 1994. 中国动物志　昆虫纲　第四卷　直翅目　蝗总科　癞蝗科　瘤锥蝗科　锥头蝗科［M］. 北京：科学出版社，291-292.

夏耀，蔡国祥，范黎，等. 1993. 桑橙瘿蚊生物学特性及防治技术研究［J］. 蚕业科学，19（3）：139-143.

夏英三，万连步. 2014. 茶尺蠖生物学特性初步研究［J］. 安徽农业科学，42（29）：10175-10176.

项颖颖，王秀利，张霞，等. 2010. 槐小卷蛾生物学研究［J］. 昆虫知识，47（3）：486-490.

萧刚柔. 1992. 中国森林昆虫［M］. 北京：中国林业出版社.

谢映平，任伊森. 1994. 红圆蹄盾蚧和黄圆蹄盾蚧的鉴定特征及其在我国橘区的分布［J］. 浙江柑橘，1：4-6.

谢映平. 1998. 山西林果蚧虫［M］. 北京：中国林业出版社.

徐辉筠，王菲，郭同斌，等. 2017. 徐州半翅目异翅亚目昆虫种类及危害调查［J］. 江苏林业科技，44（3）：9-14.

许向利，仵均祥. 2005. 玉兰树新害虫——柿长绵粉蚧调查初报［J］. 陕西农业科学，4：49-50.

严静君，徐崇华，李广武，等. 1989. 林木害虫天敌昆虫［M］. 北京：中国林业出版社.

颜学武，郭同斌，蒋继宏，等. 2008. 白蛾黑基啮小蜂的生物学特性［J］. 南京林业大学学报（自然科学版），32（6）：29-33.

杨集昆，李法圣．1982．具蜡壳的朴盾木虱新属及五新种（同翅目：木虱科）［J］．昆虫分类学报，4（3）：183–196.

杨集昆．1995．梨茎蜂研究的述评附一新种（膜翅目：茎蜂科）［J］．湖北大学学报（自然科学版），17（1）:7–13.

杨惟义．1962．中国经济昆虫志　第二册　半翅目　蝽科［M］．北京：科学出版社．

杨燕燕．2005．柏肤小蠹的生物学和生态学特性及其防治的研究［D］．泰安：山东农业大学．

杨有乾，司胜利，冯小三．1989．刺槐外斑尺蛾的初步研究［J］．河南农业大学学报，23（2）：149–152.

杨忠岐，魏建荣．2003．寄生于美国白蛾的黑棒啮小蜂中国二新种（膜翅目：姬小蜂科）［J］．林业科学，39（5）：67–73.

杨忠岐，姚艳霞，曹亮明．2015．寄生林木食叶害虫的小蜂［M］．北京：科学出版社．

杨祖敏．1999．栗叶瘤丛螟生物学特性与防治［J］．福建林学院学报，19（3）：238–241.

印象初，夏凯龄．2003．中国动物志　昆虫纲　第三十二卷　直翅目　蝗总科　槌角蝗科　剑角蝗科［M］．北京：科学出版社，219–220.

于宝生，焦乃贵．1990．林业新纪录害虫——谷类大蚊研究初报［J］．齐齐哈尔师范学院学报（自然科学版），10（4）：49–50.

于洁，杨立荣，张爱萍．2012．梨茎蜂生物学特性观察及综合防治试验［J］．山西果树，148（4）:14–15.

余桂萍，高帮年．2004．银杏超小卷叶蛾生物学特性与防治［J］．昆虫知识，41（5）：475–477.

余桂萍．2006．柿绒蚧生物学特性与防治研究［J］．黄山学院学报，8（3）：80–81.

虞国跃，王合．2014．中国新记录种——雪松长足大蚜 *Cinara cedri* Mimeur［J］．环境昆虫学报，36（2）：260–264.

虞国跃．2017．我的家园：昆虫图记［M］．北京：电子工业出版社．

虞佩玉，王书永，杨星科．1996．中国经济昆虫志　第五十四册　鞘翅目　叶甲总科（二）［M］．北京：科学出版社．

袁锋，周尧．2002．中国动物志　昆虫纲　第二十八卷　同翅目　角蝉总科　犁胸蝉科　角蝉科［M］．北京：科学出版社，463–465.

袁荣兰，汪建平，林夏珍．1993．梨卷叶瘿蚊的研究［J］．浙江林学院学报，10（1）：7–15.

岳德成，田永祥．1994．柳刺皮瘿螨生物学特性观察［J］．昆虫知识，31（5）：289–291.

张翠疃，徐国良，李大乱．2003．梨树主要害虫——梨木虱的研究综述［J］．华北农学报，18（S1）：127–130.

张广学，乔格侠，钟铁森，等．1999．中国动物志　昆虫纲　第十四卷　同翅目　矿蚜科　瘿绵蚜科［M］．北京：科学出版社．

张广学，钟铁森．1980．主要农作物常见蚜虫的识别［J］．病虫测报参考资料，2：1–21.

张广学，钟铁森．1983．中国经济昆虫志　第二十五册　同翅目　蚜虫类（一）［M］．北京：科学出版社．

张国忠，李宗硕．1981．银杏超小卷叶蛾（*Pammene* sp.）初步研究［J］．南京林产工业学院学报，4：83–89.

张婧．2009．5种重要异翅长蠹属害虫的鉴定特征对比及分布危害［J］．植物检疫，23（S1）：44–46.

张梅雨，张玉凤．1994．杨圆蚧 *Quadraspidiotus gigas* 生物学特性及防治技术的研究［J］．内蒙古林业科技，2：42–48.

张巍巍，李元胜．2011．中国昆虫生态大图鉴［M］．重庆：重庆大学出版社．

张英俊．1974．榆卷叶象甲（*Tomapoderus ruficollis* Fabr）生活史和生活习性的初步观察［J］．西北大学学报，1：108–111.

张英俊．1982．榆卷叶象甲生活习性简介［J］．昆虫知识，1：22.

章士美．1985．中国经济昆虫志　第三十一册　半翅目（一）［M］．北京：科学出版社．

章士美．1995．中国经济昆虫志　第五十册　半翅目（二）［M］．北京：科学出版社．

赵锦年，黄辉. 1998. 杏丝角叶蜂生物学特性的研究［J］. 昆虫知识，35（2）：83-84.

赵晓单. 2009. 杨扁角叶蜂生物学特性及幼虫分泌物的研究［D］. 杨凌：西北农林科技大学.

赵养昌，陈元清. 1980. 中国经济昆虫志　第二十册　鞘翅目　象虫科（一）［M］. 北京：科学出版社.

赵仲苓. 1978. 中国经济昆虫志　第十二册　鳞翅目　毒蛾科［M］. 北京：科学出版社.

赵仲苓. 1994. 中国经济昆虫志　第四十二册　鳞翅目　毒蛾科（二）［M］. 北京：科学出版社.

赵仲苓. 2003. 中国动物志　昆虫纲　第三十卷　鳞翅目　毒蛾科［M］. 北京：科学出版社.

郑乐怡，吕楠，刘国卿，等. 2004. 中国动物志　昆虫纲　第三十三卷　半翅目　盲蝽科　盲蝽亚科［M］. 北京：科学出版社.

中国科学院动物研究所. 1981. 中国蛾类图鉴Ⅰ［M］. 北京：科学出版社.

中国科学院动物研究所. 1982a. 中国蛾类图鉴Ⅱ［M］. 北京：科学出版社.

中国科学院动物研究所. 1982b. 中国蛾类图鉴Ⅲ［M］. 北京：科学出版社.

中国科学院动物研究所. 1983. 中国蛾类图鉴Ⅳ［M］. 北京：科学出版社.

周琳，曾庆玲，王宏伟. 2001. 柿长绵粉蚧的发生与防治［J］. 落叶果树，5：48-49.

周性恒，李兆玉，朱洪兵. 1993. 茶长卷蛾的生物学与防治［J］. 南京林业大学学报，17（3）：48-53.

周尧，路进生，黄桔，等. 1985. 中国经济昆虫志　第三十六册　同翅目　蜡蝉总科［M］. 北京：科学出版社.

周尧. 1999. 中国蝴蝶原色图鉴［M］. 郑州：河南科学技术出版社.

周尧. 2000. 中国蝶类志（第2版）［M］. 郑州：河南科学技术出版社.

周尧. 2000. 中国蝶类志（上、下册）［M］. 郑州：河南科学技术出版社.

朱承美，曲爱军，谷昭威，等. 1997. 山楂树新害虫——朴绵叶蚜生物学特性观察［J］. 落叶果树，2：8-9.

朱弘复，陈一心. 1963. 中国经济昆虫志　第三册　鳞翅目　夜蛾科（一）［M］. 北京：科学出版社.

朱弘复，方承莱，王林瑶. 1963. 中国经济昆虫志　第七册　鳞翅目　夜蛾科（三）［M］. 北京：科学出版社.

朱弘复，王林瑶，方承莱. 1979. 蛾类幼虫图册（一）［M］. 北京：科学出版社.

朱弘复，王林瑶. 1980. 中国经济昆虫志　第二十二册　鳞翅目　天蛾科［M］. 北京：科学出版社.

朱弘复，王林瑶. 1996. 中国动物志　昆虫纲　第五卷　鳞翅目　蚕蛾科　大蚕蛾科　网蛾科［M］. 北京：科学出版社.

朱弘复，王林瑶. 1997. 中国动物志　昆虫纲　第十一卷　鳞翅目　天蛾科［M］. 北京：科学出版社.

朱弘复，杨集昆，陆近仁，等. 1964. 中国经济昆虫志　第六册　鳞翅目　夜蛾科（二）［M］. 北京：科学出版社.

朱弘复. 1980. 蛾类图册［M］. 北京：科学出版社.

朱艺勇. 2012. 外来入侵害虫——扶桑绵粉蚧的生物学特性研究［D］. 金华：浙江师范大学.

附录

徐州市林业昆虫名录

徐州市林业昆虫名录（2014—2017）

第一部分：林业害虫

一、半翅目Hemiptera

土蝽科Cydnidae

（1）青革土蝽 *Macroscytus subaeneus* Scott

蝽科Pentatomidae

（2）尖头麦蝽 *Aelia acuminata* (Linnaeus)

（3）角盾蝽 *Cantao ocellatus* (Thunberg)

（4）大蛛蝽 *Cyclopelta obscura* (Lepeletier *et* Serville)

（5）小斑岱蝽 *Dalpada nodifera* Walker

（6）斑须蝽 *Dolycoris baccarum* (Linnaeus)

（7）麻皮蝽 *Erthesina fullo* (Thunberg)

（8）菜蝽 *Eurydema dominulus* (Scopoli)

（9）二星蝽 *Eysacoris guttiger* (Thunberg)

（10）赤条蝽 *Graphosoma rubrolineata* (Westwood)

（11）茶翅蝽 *Halyomorpha picus* Fabricius

（12）珀蝽 *Plautia fimbriata* (Fabricius)

（13）金绿宽盾蝽 *Poecilocoris lewisi* (Distant)

异蝽科Urostylidae

（14）亮壮异蝽 *Urochela distincta* Distant

缘蝽科Coreidae

（15）瘤缘蝽 *Acanthocoris scaber* (Linnaeus)

（16）斑背安缘蝽 *Anoplocnemis binotata* Distant

（17）稻棘缘蝽 *Cletus punctiger* (Dallas)

（18）长角岗缘蝽 *Gonocerus longicornis* Hsiao

（19）瓦同缘蝽 *Homoeocerus walkerianus* Lethierry *et* Severin

（20）黑竹缘蝽 *Notobitus meleagris* (Fabricius)

（21）钝肩普缘蝽 *Plinachtus bicoloripes* Scott

（22）刺肩普缘蝽 *Plinachtus dissimilis* Hsiao

（23）黄伊缘蝽 *Rhopalus maculatus* (Fieber)

（24）条蜂缘蝽 *Riptortus linearis* (Fabricius)

（25）点蜂缘蝽 *Riptortus pedestris* (Fabricius)

长蝽科Lygaeidae

（26）红脊长蝽 *Tropidothorax elegans* (Distant)

红蝽科Pyrrhocoridae

（27）小背斑红蝽 *Physopelta cincticollis* Stål

网蝽科Tingidae

（28）悬铃木方翅网蝽 *Corythucha ciliata* (Say)

（29）膜肩网蝽 *Hegesidemus habrus* Drake

（30）梨冠网蝽 *Stephanitis nashi* Esaki *et* Takeya

盲蝽科Miridae

（31）三点苜蓿盲蝽 *Adelphocoris fasciaticollis* Reuter

（32）苜蓿盲蝽 *Adelphocoris lineolatus* (Goeze)

（33）绿盲蝽 *Lygus lucorum* Meyer-Dür

蝉科Cicadidae

（34）蚱蝉 *Cryptotympana atrata* (Fabricius)

（35）黑翅红蝉 *Huechys sanguinea* (De Geer.)

（36）蒙古寒蝉 *Meimuna mongolica* (Distant)

（37）蟪蛄 *Platypleura kaempferi* (Fabricius)

蜡蝉科Fulgoridae

（38）斑衣蜡蝉 *Lycorma delicatula* (White)

蛾蜡蝉科Flatidae

（39）碧蛾蜡蝉 *Geisha distinctissima* (Walker)

（40）褐缘蛾蜡蝉 *Salurnis marginellus* (Guérin)

广翅蜡蝉科Ricaniidae

（41）带纹疏广翅蜡蝉 *Euricania fascialis* Walker

（42）暗带广翅蜡蝉 *Ricania fumosa* Walker

（43）八点广翅蜡蝉 *Ricania speculum* (Walker)

（44）柿广翅蜡蝉 *Ricania sublimbata* Jacobi

瓢蜡蝉科Issidae

（45）恶性席瓢蜡蝉 *Dentatissus damnosus* (Chou *et* Lu)

象蜡蝉科Dictyopharidae

（46）丽象蜡蝉 *Orthopagus splendens* (Germar)

（47）伯瑞象蜡蝉 *Raivuna patruelis* (Stål)

叶蝉科Cicadellidae

（48）大青叶蝉 *Cicadella viridis* (Linnaeus*)*

（49）小绿叶蝉 *Empoasca flavescens* (Fabricius)

（50）柿斑叶蝉 *Erythroneura multipunctata* (Matsumura)

（51）窗耳叶蝉 *Ledra auditura* Walker

（52）白边大叶蝉 *Tettigoniella albomarginata* (Signoret)

角蝉科Membracidae

（53）隆背三刺角蝉 *Tricentrus elevotidorsalis* Yuan *et* Fan

木虱科Psyllidae

（54）桑木虱 *Anomoneura mori* Schwarz

（55）浙江朴盾木虱 *Celtisaspis zhejiangana* Yang *et* Li

（56）槐木虱 *Cyamophila willieti* (Wu)

（57）梨木虱 *Psylla chinensis* Yang *et* Li

（58）梧桐木虱 *Thysanogyna limbata* Enderlein

飞虱科Delphacidae

（59）白背飞虱 *Sogatella furcifera* (Horváth)

粉虱科Aleyrodidae

（60）石楠盘粉虱 *Aleurodicus photioniana* Young

瘿绵蚜科Pemphigidae

（61）梳齿毛根蚜 *Chaetogeoica folidentata* (Tao)

（62）苹果绵蚜 *Eriosoma lanigerum* (Hausmann)

（63）杨枝瘿绵蚜 *Pemphigus immunis* Buckton

（64）秋四脉绵蚜 *Tetraneura akinire* Sasaki

大蚜科Lachnidae

（65）雪松长足大蚜 *Cinara cedri* Mimeur

（66）柏大蚜 *Cinara tujafilina* (del Guercio)

（67）柳瘤大蚜 *Tuberolachnus salignus* (Gmelin)

斑蚜科Drepanosiphidae

（68）朴绵叶蚜 *Shivaphis celti* Das

（69）竹纵斑蚜 *Takecallis arundinariae* (Essig)

（70）紫薇长斑蚜 *Tinocallis kahawaluokalani* (Kirkaldy)

毛蚜科Chaitophoridae

（71）白杨毛蚜 *Chaitophorus populeti* (Panzer)

（72）柳黑毛蚜 *Chaitophorus saliniger* Shinji

（73）栾多态毛蚜 *Periphyllus koelreuteriae* (Takahashi)

蚜科Aphididae

（74）槐蚜 *Aphis cytisorum* Hartig

（75）棉蚜 *Aphis gossypii* Glover

（76）夹竹桃蚜 *Aphis nerii* Boyer de Fonscolombe

（77）洋槐蚜 *Aphis robiniae* Macchiati

（78）绣线菊蚜 *Aphis spiraecola* Patch

（79）桃粉大尾蚜 *Hyalopterus amygdali* (Blanchard)

（80）月季长管蚜 *Macrosiphum rosivorum* Zhang

（81）杏瘤蚜 *Myzus mumecola* (Matsumura)

（82）梨二叉蚜 *Schizaphis piricola* (Matsumura)

（83）石楠修尾蚜 *Sinomegoura photiniae* (Takahashi)

（84）乌桕蚜 *Toxoptera odinae* (van der Goot)

（85）樱桃瘿瘤头蚜 *Tuberocephalus higansakurae* (Monzen)

（86）桃瘤头蚜 *Tuberocephalus momonis* (Matsumura)

绵蚧科Monophlebidae

（87）草履蚧 *Drosicha corpulenta* (Kuwana)

蚧科Coccidae

（88）日本龟蜡蚧 *Ceroplastes japonicus* Green

（89）红蜡蚧 *Ceroplastes rubens* Maskell

（90）朝鲜球坚蜡蚧 *Didesmococcus koreanus* Borchsenius

（91）白蜡蚧 *Ericerus pela* (Chavannes)

（92）桃球蜡蚧 *Eulecanium kuwanai* (Kanda)

（93）扁平球坚蚧 *Parthenolecanium corni* (Bouche)

（94）日本纽绵蚧 *Takahashia japonica* (Cockerell)

盾蚧科Diaspididae

（95）红圆蚧 *Aonidiella aurantii* (Maskell)

（96）樟白轮盾蚧 *Aulacaspis yabunikkei* Kuwana

（97）黄杨并盾蚧 *Pinnaspis buxi* (Bouche)

（98）考氏白盾蚧 *Pseudaulacaspis cockerelli* (Cooley)

（99）桑白盾蚧 *Pseudaulacaspis pentagona* (Targioni-Tozzetti)

（100）杨圆蚧 *Quadraspidiotus gigas* (Thiem *et* Gerneck)

毡蚧科Eriococcidae

（101）柿绒蚧 *Asiacornococcus kaki* (Kuwana)

（102）紫薇绒蚧 *Eriococcus lagerostroemiae* Kuwana

链蚧科Asterolecaniidae

（103）栗链蚧 *Asterolecanium castaneae* Russell

珠蚧科Margarodidae

（104）吹绵蚧 *Icerya purchasi* Maskell

粉蚧科Pseudococcidae

（105）柿长绵粉蚧 *Phenacoccus pergandei* Cockerell

（106）扶桑绵粉蚧 *Phenacoccus solenopsis* Tinsley

二、鞘翅目Coleoptera

天牛科Cerambycidae

（107）曲牙土天牛 *Dorysthenes hydropicus* (Pascoe)

（108）大牙土天牛 *Dorysthenes paradoxus* (Faldermann)

（109）中华薄翅天牛 *Megopis sinica* (White)

（110）桃红颈天牛 *Aromia bungii* (Faldermann)

（111）中华蜡天牛 *Ceresium sinicum* White

（112）橘蜡天牛 *Ceresium zeylanicum loicorne* Pic

（113）槐绿虎天牛 *Chlorophorus diadema* (Motschulsky)

（114）黄带黑绒天牛 *Embrikstrandia unifasciata* (Ritsema)

（115）栗山天牛 *Massicus raddei* (Blessig)

（116）双条杉天牛 *Semanotus bifasciatus* (Motschulsky)

（117）家茸天牛 *Trichoferus campestris* (Faldermann)

（118）刺角天牛 *Trirachys orientalis* Hope

（119）双斑锦天牛 *Acalolepta sublusca* (Thomson)

（120）星天牛 *Anoplophora chinensis* (Förster)

（121）光肩星天牛 *Anoplophora glabripennis* (Motschulsky)

（122）楝星天牛 *Anoplophora horsfieldi* (Hope)

（123）南瓜天牛 *Apomecyna saltator* (Fabricius)

（124）桑天牛 *Apriona germari* (Hope)

（125）锈色粒肩天牛 *Apriona swainsoni* (Hope)

（126）橙斑白条天牛 *Batocera davidis* Deyrolle

（127）云斑白条天牛 *Batocera horsfieldi* (Hope)

（128）四点象天牛 *Mesosa myops* (Dalman)

（129）二点小粉天牛 *Microlenecamptus obsoletus* (Fairmaire)

（130）黄星天牛 *Psacothea hilaris* (Pascoe)

小蠹科Scolytidae

（131）柏肤小蠹 *Phloeosinus aubei* (Perris)

长蠹科Bostrychidae

（132）二突异翅长蠹 *Heterobostrychus hamatipennis* Lesne

（133）日本双棘长蠹 *Sinoxylon japonicum* Lesne

（134）洁长棒长蠹 *Xylothrips cathaicus* Reichardt

皮蠹科Dermestidae

（135）赤毛皮蠹 *Dermestes tessellatocollis* Motschulsky

花金龟科Cetoniidae

（136）斑青花金龟 *Oxycetonia bealiae* (Gory et Percheron)

（137）小青花金龟 *Oxycetonia jucunda* (Faldermann)

（138）褐锈花金龟 *Poecilophilides rusticola* (Burmeister)

（139）白星花金龟 *Protaetia brevitarsis* (Lewis)

（140）日罗花金龟 *Rhomborrhina japonica* (Hope)

丽金龟科Rutelidae

（141）毛喙丽金龟 *Adoretus hirsutus* Ohaus

（142）斑喙丽金龟 *Adoretus tenuimaculatus* Waterhouse

（143）铜绿丽金龟 *Anomala corpulenta* Motschulsky

（144）大绿异丽金龟 *Anomala virens* Lin

（145）浅褐彩丽金龟 *Mimela testaceoviridis* Blanchard

（146）无斑弧丽金龟 *Popillia mutans* Newman

（147）中华弧丽金龟 *Popillia quadriguttata* (Fabricius)

（148）苹毛丽金龟 *Proagopertha lucidula* (Faldermann)

鳃金龟科Melolonthidae

（149）华北大黑鳃金龟 *Holotrichia oblita* (Faldermann)

（150）暗黑鳃金龟 *Holotrichia parallela* Motschulsky

（151）长脚棕翅鳃金龟 *Hoplia cincticollis* Faldermann

（152）黑绒鳃金龟 *Maladera orientalis* Motschulsky

（153）阔胫鳃金龟 *Maladera verticalis* Fairmaire

（154）小灰粉鳃金龟 *Melolontha frater* Arrow

（155）小黄鳃金龟 *Metabolus flavescens* Brenske

（156）大云鳃金龟 *Polyphylla laticollis* Lewis

金龟子科Scarabaeidae

（157）犀角粪金龟 *Catharsius molossus* (Linnaeus)

（158）墨侧裸蜣螂 *Gymnopleurus mopsus* (Pallas)

（159）掘嗡蜣螂 *Onthophagus fodiens* Waterhouse

犀金龟科Dynastidae

（160）双叉犀金龟 *Allomyrina dichotoma* (Linnaeus)

（161）中华晓扁犀金龟 *Eophileurus chinensis* (Faldermann)

叩甲科Elateridae

（162）细胸叩头虫 *Agriotes subrittatus* Motschulsky

锹甲科Lucanidae

（163）巨陶锹甲 *Dorcus titanus* (Boisduval)

（164）褐黄前锹甲 *Prosopocoilus blanchardi* (Parry)

叶甲科Chrysomelidae

（165）女贞瓢跳甲 *Argopistes tsekooni* Chen

（166）泡桐叶甲 *Basiprionota bisignata* Boheman

（167）蒿金叶甲 *Chrysolina aurichalcea* (Mannerheim)

（168）薄荷金叶甲 *Chrysolina exanthematica* (Wiedemann)

（169）棕翅粗角跳甲 *Phygasia fulvipennis* (Baly)

（170）柳蓝叶甲 *Plagiodera versicolora* (Laicharting)

肖叶甲科Eumolpidae

（171）皱背叶甲 *Abiromorphus anceyi* Pic

（172）中华萝藦叶甲 *Chrysochus chinensis* Baly

（173）甘薯肖叶甲 *Colasposoma dauricum* Mannerheim

（174）绿蓝隐头叶甲 *Cryptocephalus regalis cyanescens* Weise

（175）杨梢叶甲 *Parnops glasunowi* Jacobson

（176）黑额光叶甲 *Smaragdina nigrifrons* (Hope)

负泥虫科Crioceridae

（177）蓝负泥虫 *Lema concinnipennis* Baly

（178）枸杞负泥虫 *Lema decempunctata* Gebler

（179）褐负泥虫 *Lema rufotestacea* Clark

（180）异负泥虫 *Lilioceris impressa* (Fabricius)

象甲科Curculionidae

（181）桑象甲 *Baris deplanata* Roeloffs

（182）棉小卵象 *Calomycterus obconicus* Chao

（183）隆脊绿象 *Chlorophanus lineolus* Motschulsky

（184）核桃横沟象 *Dyscerus juglans* Chao

（185）臭椿沟眶象 *Eucryptorrhynchus brandti* (Harold)

（186）沟眶象 *Eucryptorrhynchus chinensis* (Olivier)

（187）长角小眼象 *Eumyllocerus filicornis* (Reitter)

（188）松瘤象 *Hyposipatus gigas* (Fabricius)

（189）波纹斜纹象 *Lepyrus japonicus* Roelofs

（190）黑龙江筒喙象 *Lixus amurensis* Faust

（191）大灰象 *Sympiezomias velatus* (Chevrolat)

三锥象科Brentidae

（192）紫薇梨象 *Pseudorobitis gibbus* Redtenbacher

卷象科Attelabidae

（193）榆锐卷叶象甲 *Tomapoderus ruficollis* Fabricius

拟步甲科Tenebrionidae

（194）黑胸伪叶甲 *Lagria nigricollis* Hope

（195）网目土甲 *Gonocephalum reticulatum* Motschulsky

露尾甲科Nitidulidae

（196）毛跗露尾甲 *Lasiodactylus* sp.

（197）四斑露尾甲 *Librodor japonicus* (Motschulsky)

埋葬甲科Silphidae

（198）日本负葬甲 *Nicrophorus japonicus* Harold

（199）双斑葬甲 *Ptomascopus plagiatus* (Ménétriès)

瓢虫科Coccinellidae

（200）茄二十八星瓢虫 *Henosepilachna vigintioctopunctata* (Fabricius)

（201）菱斑食植瓢虫 *Epilachna insignis* Gorham

芫菁科Meloidae

（202）红头豆芫菁 *Epicauta ruficeps* Illiger

三、鳞翅目Lepidoptera

蓑蛾科Psychidae

（203）白囊蓑蛾 *Chalioides kondonis* Matsumura

（204）小蓑蛾 *Clania minuscula* Butler

（205）大蓑蛾 *Clania variegata* Snellen

潜蛾科Lyonetiidae

（206）杨白潜蛾 *Leucoptera susinella* Herrich-schäffer

叶潜蛾科Phyllocnistidae

（207）杨银叶潜蛾 *Phyllocnistis saligna* Zeller

绢蛾科Scythrididae

（208）四点绢蛾 *Scythris sinensis* (Felder *et* Rogenhofer)

透翅蛾科Sesiidae

（209）白杨透翅蛾 *Parathrene tabaniformis* Rottenberg

（210）杨干透翅蛾 *Sphecia siningensis* Hsu

木蠹蛾科Cossidae

（211）柳干木蠹蛾 *Holcocerus vicarius* Walker

（212）咖啡木蠹蛾 *Zeuzera coffeae* Nietner

刺蛾科Limacodidae

（213）黄刺蛾 *Cnidocampa flavescens* (Walker)

（214）枣奕刺蛾 *Iragoides conjuncta* (Walker)

（215）褐边绿刺蛾 *Latoia consocia* Walker

（216）丽绿刺蛾 *Latoia lepida* (Cramer)

（217）桑褐刺蛾 *Setora postornata* (Hampson)

（218）扁刺蛾 *Thosea sinensis* (Walker)

斑蛾科Zygaenidae

（219）重阳木斑蛾 *Histia rhodope* Cramer

（220）大叶黄杨斑蛾 *Pryeria sinica* Moore

卷蛾科Tortricidae

（221）棉褐带卷蛾 *Adoxophyes orana* Fischer von Röslerstamm

（222）槐小卷蛾 *Cydia trasias* (Meyrick)

（223）苦楝小卷蛾 *Enarmonia koenigana* Fabricius

（224）梨小食心虫 *Grapholitha molesta* (Busck)

（225）茶长卷蛾 *Homona magnanima* Diakonoff

（226）银杏超小卷叶蛾 *Pammene ginkgoicola* Liu

羽蛾科Pterophoridae

（227）甘薯羽蛾 *Emmelina monodactyla* (Linnaeus)

螟蛾科Pyralidae

（228）竹织叶野螟 *Algedonia coclesalis* Walker

（229）稻巢螟 *Ancylolomia japonica* Zeller

（230）盐肤木黑条螟 *Arippara indicator* Walker

（231）黄翅缀叶野螟 *Botyodes diniasalis* Walker

（232）金黄镰翅野螟 *Circobotys aurealis* (Leech)

（233）稻纵卷叶野螟 *Cnaphalocrocis medinalis* (Guenée)

（234）黄环绢野螟 *Diaphania annulata* (Fabricius)

（235）瓜绢野螟 *Diaphania indica* (Saunders)

（236）白蜡绢野螟 *Diaphania nigropunctalis* (Bremer)

（237）黄杨绢野螟 *Diaphania perspectalis* (Walker)

（238）桑绢野螟 *Diaphania pyloalis* (Walker)

（239）四斑绢野螟 *Diaphania quadrimaculalis* (Bremer *et* Grey)

（240）桃蛀螟 *Dichocrocis punctiferalis* Guenée

（241）纹歧角螟 *Endotricha icelusalis* Walker

（242）灰双纹螟 *Herculia glaucinalis* Linnaeus

（243）甜菜白带野螟 *Hymenia recurvalis* Fabricius

（244）缀叶丛螟 *Locastra muscosalis* Walker

（245）豆荚野螟 *Maruca testulalis* Geyer

（246）棉水螟 *Nymphula interruptalis* (Pryer)

（247）褐萍水螟 *Nymphula turbata* (Butler)

（248）楸螟 *Omphisa plagialis* Wileman

（249）樟巢螟 *Orthaga achatina* Butler

（250）亚洲玉米螟 *Ostrinia furnacalis* (Guenée)

（251）玉米螟 *Ostrinia nubilalis* (Hübner)

（252）稻多拟斑螟 *Polyocha gensanalis* (South)

（253）黄缘红带野螟 *Pyrausta contigualis* South

（254）紫苏野螟 *Pyrausta panopealis* (Walker)

（255）莕荸白禾螟 *Scirpophaga praelata* Scopoli

（256）棉卷叶野螟 *Sylepta derogata* Fabricius

（257）葡萄卷叶野螟 *Sylepta luctuosalis* (Guenée)

（258）台湾卷叶野螟 *Sylepta taiwanalis* Shibuya

尺蛾科Geometridae

（259）丝绵木金星尺蛾 *Abraxas suspecta* Warren

（260）春尺蠖 *Apocheima cinerarius* Erschoff

（261）大造桥虫 *Ascotis selenaria* (Denis *et* Schiffermüller)

（262）紫条尺蛾 *Calothysanis amata recompta* Prout

（263）仿锈腰青尺蛾 *Chlorissa obliterata* (Walker)

（264）枞灰尺蛾 *Deileptenia ribeata* Clerck

（265）双点褐姬尺蛾 *Discoglypha hampsoni* Swinhoe

（266）优猗尺蛾 *Ectropis excellens* Butler

（267）茶尺蠖 *Ectropis oblique* Prout

（268）褐细边朱姬尺蛾 *Idaea paraula* (Prout)

（269）榆津尺蛾 *Jinchihuo honesta* (Prout)

（270）枯斑翠尺蛾 *Ochrognesia difficta* Walker

（271）四星尺蛾 *Ophthalmodes irrorataria* (Bremer *et* Grey)

（272）雪尾尺蛾 *Ourapteryx nivea* Butler

（273）金星垂耳尺蛾 *Pachyodes amplificata* (Walker)

（274）拟柿星尺蛾 *Percnia albinigrata* Warren

（275）桑尺蛾 *Phthonandria atrilineata* (Butler)

（276）长眉眼尺蛾 *Problepsis changmei* Yang

（277）微点姬尺蛾 *Scopula nesciaria* (Walker)

（278）槐尺蛾 *Semiothisa cinerearia* Bremer *et* Grey

（279）雨尺蛾 *Semiothisa pluviata* (Fabricius)

（280）尘尺蛾 *Serraca punctinalis conferenda* Butler

（281）黄双线尺蛾 *Syrrhodia perlutea* Wehrli

（282）桑褐翅尺蛾 *Zamacra excavata* Dyar

燕蛾科Uraniidae

（283）斜线燕蛾 *Acropteris iphiata* Guenée

波纹蛾科Thyatiridae

（284）波纹蛾 *Thyatira batis* (Linnaeus)

虎蛾科Agaristidae

（285）日龟虎蛾 *Chelonomorpha japona* Motschulsky

枯叶蛾科Lasiocampidae

（286）赤松毛虫 *Dendrolimus spectabilis* Butler

（287）杨枯叶蛾 *Gastropacha populifolia* Esper

（288）苹枯叶蛾 *Odonestis pruni* Linnaeus

大蚕蛾科Saturniidae

（289）绿尾大蚕蛾 *Actias selene ningpoana* Felder

（290）樗蚕 *Philosamia cynthia* Walker *et* Felder

蚕蛾科Bombycidae

（291）家蚕 *Bombyx mori* Linnaeus

（292）桑野蚕 *Theophila mandarina* Moore

箩纹蛾科Brahmaeidae

（293）紫光箩纹蛾 *Brahmaea porphyrio* Chu *et* Wang

天蛾科Sphingidae

（294）葡萄天蛾 *Ampelophaga rubiginosa* Bremer *et* Grey

（295）榆绿天蛾 *Callambulyx tatarinovi* (Bremer *et* Grey)

（296）豆天蛾 *Clanis bilineata tsingtauica* Mell

（297）白薯天蛾 *Herse convolvuli* (Linnaeus)

（298）甘蔗天蛾 *Leucophlebia lineata* Westwood

（299）青背长喙天蛾 *Macroglossum bombylans* (Boisduval)

（300）小豆长喙天蛾 *Macroglossum stellatarum* (Linnaeus)

（301）斑腹长喙天蛾 *Macroglossum variegatum* Rothschild *et* Jordan

（302）梨六点天蛾 *Marumba gaschkewitschi complacens* Walker

（303）枣桃六点天蛾 *Marumba gaschkewitschi gaschkewitschi* (Bremer *et* Grey)

（304）栎鹰翅天蛾 *Oxyambulyx liturata* (Bulter)

（305）鹰翅天蛾 *Oxyambulyx ochracea* (Butler)

（306）构月天蛾 *Parum colligate* (Walker)

（307）红天蛾 *Pergesa elpenor lewisi* (Butler)

（308）霜天蛾 *Psilogramma menephron* (Cramer)

（309）蓝目天蛾 *Smerinthus planus* Walker

（310）斜纹天蛾 *Theretra clotho clotho* (Drury)

（311）雀纹天蛾 *Theretra japonica* (Orza)

舟蛾科Notodontidae

（312）杨二尾舟蛾 *Cerura menciana* Moore

（313）杨扇舟蛾 *Clostera anachoreta* (Fabricius)

（314）仁扇舟蛾 *Clostera restitura* (Walker)

（315）栎纷舟蛾 *Fentonia ocypete* (Bremer)

（316）角翅舟蛾 *Gonoclostera timoniorum* (Bremer)

（317）杨小舟蛾 *Micromelalopha troglodyta* (Graeser)

（318）栎掌舟蛾 *Phalera assimilis* (Bremer *et* Grey)

（319）苹掌舟蛾 *Phalera flavescens* (Bremer *et* Grey)

（320）榆掌舟蛾 *Phalera fuscescens* Butler

（321）刺槐掌舟蛾 *Phalera sangana* Moore

（322）槐羽舟蛾 *Pterostoma sinicum* Moore

鹿蛾科Ctenuchidae

（323）广鹿蛾 *Amata emma* (Butler)

灯蛾科Arctiidae

（324）红缘灯蛾 *Amsacta lactinea* (Cramer)

（325）美国白蛾 *Hyphantria cunea* (Drury)

（326）黄臀黑污灯蛾 *Spilarctia caesarea* (Goeze)

（327）强污灯蛾 *Spilarctia robusta* (Leech)

（328）人纹污灯蛾 *Spilarctia subcarnea* (Walker)

（329）星白灯蛾 *Spilosoma menthastri* (Esper)

苔蛾科Lithosiidae

（330）芦艳苔蛾 *Asura calamaria* (Moore)

（331）优雪苔蛾 *Cyana hamata* (Walker)

（332）黄痣苔蛾 *Stigmatophora flava* (Bremer *et* Grey)

（333）明痣苔蛾 *Stigmatophora micans* (Bremer *et* Grey)

（334）玫痣苔蛾 *Stigmatophora rhodophila* (Walker)

夜蛾科Noctuidae

（335）蓖麻夜蛾 *Achaea janata* (Linnaeus)

（336）两色绮夜蛾 *Acontia bicolora* Leech

（337）利剑纹夜蛾 *Acronicta consanguis* Butler

（338）桃剑纹夜蛾 *Acronicta intermedia* Warren

（339）晃剑纹夜蛾 *Acronicta leucocuspis* (Butler)

（340）桑剑纹夜蛾 *Acronicta major* (Bremer)

（341）梨剑纹夜蛾 *Acronicta rumicis* (Linnaeus)

（342）果剑纹夜蛾 *Acronicta strigosa* (Denis *et* Schiffermüller)

（343）绿斑枯叶夜蛾 *Adris okurai* Okano

（344）小地老虎 *Agrotis ipsilon* (Hüfnagel)

（345）黄地老虎 *Agrotis segetum* (Denis *et* Schiffermüller)

（346）大地老虎 *Agrotis tokionis* Butler

（347）银纹夜蛾 *Argyrogramma agnata* Staudinger

（348）白条夜蛾 *Argyrogramma albostriata* Bremer *et* Grey

（349）斜线关夜蛾 *Artena dotata* (Fabricius)

（350）线委夜蛾 *Athetis lineosa* (Moore)

（351）朽木夜蛾 *Axylia putris* (Linnaeus)

（352）齿斑畸夜蛾 *Bocula quadrilineata* (Walker)

（353）中带三角夜蛾 *Chalciope geometrica* (Fabricius)

（354）日月明夜蛾 *Chasmina biplaga* (Walker)

（355）稻金斑夜蛾 *Chrysaspidia festata* Graeser

（356）苇草流夜蛾 *Chytonix segregata* (Butler)

（357）柳残夜蛾 *Colobochyla salicalis* (Denis *et* Schiffermüller)

（358）三斑蕊夜蛾 *Cymatophoropsis trimaculata* (Bremer)

（359）灰歹夜蛾 *Diarsia canescens* (Butler)

（360）石榴巾夜蛾 *Dysgonia stuposa* (Fabricius)

（361）一点钻夜蛾 *Earias pudicana pupillana* Staudinger

（362）旋夜蛾 *Eligma narcissus* (Cramer)

（363）变色夜蛾 *Enmonodia vespertilio* (Fabricius)

（364）毛目夜蛾 *Erebus pilosa* (Leech)

（365）桃红猎夜蛾 *Eublemma amasina* (Eversmann)

（366）凡艳叶夜蛾 *Eudocima fullonica* (Clerck)

（367）白斑锦夜蛾 *Euplexia albovittata* Moore

（368）棉铃实夜蛾 *Heliothis armigera* (Hübner)

（369）柿梢鹰夜蛾 *Hypocala moorei* Butler

（370）白点粘夜蛾 *Leucania loreyi* (Duponchel)

（371）腐粘夜蛾 *Leucania putrida* Staudinger

（372）粘虫 *Leucania separata* Walker

（373）标瑙夜蛾 *Maliattha signifera* (Walker)

（374）甘蓝夜蛾 *Mamestra* brassicae (Linnaeus)

（375）宽胫夜蛾 *Melicleptria scutosa* (Schiffermüller)

（376）獭毛胫夜蛾 *Mocis annetta* (Butler)

（377）晦刺裳夜蛾 *Mormonia abamita* (Bremer *et* Grey)

（378）大光腹夜蛾 *Mythimna grandis* Butler

（379）秘夜蛾 *Mythimna turca* (Linnaeus)

（380）稻螟蛉夜蛾 *Naranga aenescens* Moore

（381）雪疽夜蛾 *Nodaria niphona* Butler

（382）瞳目夜蛾 *Ommatophora luminosa* (Cramer)

（383）青安钮夜蛾 *Ophiusa tirhaca* (Cramer)

（384）鸟嘴壶夜蛾 *Oraesia excavata* (Butler)

（385）浓眉夜蛾 *Pangrapta trimantesalis* (Walker)

（386）纯肖金夜蛾 *Plusiodonta casta* (Butler)

（387）焰夜蛾 *Pyrrhia umbra* (Hüfnagel)

（388）广布茄夜蛾 *Rusicada fulvida* Guenée

（389）胡桃豹夜蛾 *Sinna extrema* (Walker)

（390）瓦矛夜蛾 *Spaelotis valida* (Walker)

（391）环夜蛾 *Spirama retorta* (Clerck)

（392）斜纹夜蛾 *Spodoptera litura* (Fabricius)

（393）庸肖毛翅夜蛾 *Thyas juno* (Dalman)

（394）陌夜蛾 *Trachea atriplicis* (Linnaeus)

（395）丽木冬夜蛾 *Xylena formosa* (Butler)

毒蛾科Lymantriidae

（396）肾毒蛾 *Cifuna locuples* Walker

（397）线茸毒蛾 *Dasychira grotei* Moore

（398）小黄毒蛾 *Euproctis pterofera* Strand

（399）舞毒蛾 *Lymantria dispar* (Linnaeus)

（400）侧柏毒蛾 *Parocneria furva* (Leech)

（401）黑褐盗毒蛾 *Porthesia atereta* Collenette

（402）戟盗毒蛾 *Porthesia kurosawai* Inoue

（403）盗毒蛾 *Porthesia similis* (Fueszly)

（404）杨雪毒蛾 *Stilpnotia candida* Staudinger

（405）雪毒蛾 *Stilpnotia salicis* (Linnaeus)

凤蝶科Papilionidae

（406）麝凤蝶 *Byasa alcinous* (Klug)

（407）青凤蝶 *Graphium sarpedon* (Linnaeus)

（408）碧凤蝶 *Papilio bianor* Cramer

（409）金凤蝶 *Papilio machaon* Linnaeus

（410）玉带美凤蝶 *Papilio polytes* Linnaeus

（411）柑橘凤蝶 *Papilio xuthus* Linnaeus

（412）丝带凤蝶 *Sericinus montelus* Gray

粉蝶科 Pieridae

（413）黄尖襟粉蝶 *Anthocharis scolymus* Butler

（414）迁粉蝶 *Catopsilia pomona* (Fabricius)

（415）橙黄豆粉蝶 *Colias fieldii* Ménétriès

（416）东亚豆粉蝶 *Colias poliographus* Motschulsky

（417）宽边黄粉蝶 *Eurema hecabe* (Linnaeus)

（418）尖角黄粉蝶 *Eurema laeta* (Boisduval)

（419）东方菜粉蝶 *Pieris canidia* (Sparrman)

（420）黑纹粉蝶 *Pieris melete* Ménétriès

（421）菜粉蝶 *Pieris rapae* (Linnaeus)

（422）云粉蝶 *Pontia edusa* (Fabricius)

蛱蝶科 Nymphalidae

（423）柳紫闪蛱蝶 *Apatura ilia* (Denis *et* Schiffermüller)

（424）斐豹蛱蝶 *Argyreus hyperbius* (Linnaeus)

（425）白带螯蛱蝶 *Charaxes bernardus* (Fabricius)

（426）黑脉蛱蝶 *Hestina assimilis* (Linnaeus)

（427）琉璃蛱蝶 *Kaniska canace* (Linnaeus)

（428）斗毛眼蝶 *Lasiommata deidamia* (Eversmann)

（429）金斑蝶 *Limnas chrysippus* Linnaeus

（430）华北白眼蝶 *Melanargia epimede* (Staudinger)

（431）稻眉眼蝶 *Mycalesis gotama* Moore

（432）蒙链荫眼蝶 *Neope muirheadii* (Felder)

（433）黄钩蛱蝶 *Polygonia c-aureum* (Linnaeus)

（434）猫蛱蝶 *Timelaea maculata* (Bremer *et* Grey)

（435）小红蛱蝶 *Vanessa cardui* (Linnaeus)

（436）大红蛱蝶 *Vanessa indica* (Herbst)

灰蝶科 Lycaenidae

（437）琉璃灰蝶 *Celastrina argiola* (Linnaeus)

（438）蓝灰蝶 *Everes argiades* (Pallas)

（439）亮灰蝶 *Lampides boeticus* (Linnaeus)

（440）红珠灰蝶 *Lycaeides argyrognomon* (Bergsträsser)

（441）红灰蝶 *Lycaena phlaeas* (Linnaeus)

（442）豆灰蝶 *Plebejus argus* (Linnaeus)

（443）蓝燕灰蝶 *Rapala caerulea* (Bremer *et* Grey)

（444）东亚燕灰蝶 *Rapala micans* (Bremer *et* Grey)

（445）酢酱灰蝶 *Zizeeria maha* (Kollar)

弄蝶科 Hesperiidae

（446）河伯锷弄蝶 *Aeromachus inachus* (Ménétriès)

（447）直纹稻弄蝶 *Parnara guttata* (Bremer *et* Grey)

（448）隐纹谷弄蝶 *Pelopidas mathias* (Fabricius)

（449）中华谷弄蝶 *Pelopidas sinensis* (Mabille)

（450）花弄蝶 *Pyrgus maculatus* (Bremer *et* Grey)

四、直翅目 Orthoptera

锥头蝗科 Pyrgomorphidae

（451）短额负蝗 *Atractomorpha sinensis* I. Bolivar

斑腿蝗科 Catantopidae

（452）短角异斑腿蝗 *Catantops brachycerus* Willemse

（453）棉蝗 *Chondracris rosea rosea* (De Geer)

（454）中华稻蝗 *Oxya chinensis* (Thunberg)

剑角蝗科 Acrididae

（455）中华剑角蝗 *Acrida cinerea* (Thunberg)

蚱科 Tetrigidae

（456）日本蚱 *Tetrix japonica* (Bolivar)

蟋蟀科 Gryllidae

（457）南方油葫芦 *Gryllus testaceus* Walker

（458）多伊棺头蟋 *Loxoblemmus doenitzi* Stein

（459）日本钟蟋 *Meloimorpha japonica* (De Haan)

树蟋科 Oecanthidae

（460）中华树蟋 *Oecanthus sinensis* Walker

螽斯科 Tettigoniidae

（461）长瓣草螽 *Conocephalus exemptus* (Walker)

（462）悦鸣草螽 *Conocephalus melaenus* (Haan)

（463）日本条螽 *Ducetia japonica* (Thunberg)

（464）短翅鸣螽 *Gampsocleis gratiosa* Brunner von Wattenwyl

（465）素色似织螽 *Hexacentrus unicolor* Serville

（466）纺织娘 *Mecopoda elongata* (Linnaeus)

（467）黑胫钩额螽 *Ruspolia lineosa* (Walker)

蝼蛄科 Gryllotalpidae

（468）东方蝼蛄 *Gryllotalpa orientalis* Burmeister

五、双翅目Diptera

瘿蚊科Cecidomyiidae

（469）梨卷叶瘿蚊 *Contarinia pyrivora* (Riley)

（470）桑橙瘿蚊 *Diplosis mori* Yokoyama

（471）柳瘿蚊 *Rhabdophaga salicis* (Schrank)

大蚊科Tipulidae

（472）黄斑大蚊 *Nephrotoma scalaris terminalis* (Wiedemann)

毛蚋科Bibionidae

（473）黑毛蚋 *Bibio tenebrosus* Coquiuett

六、膜翅目Hymenoptera

叶蜂科Tenthredinidae

（474）杏丝角叶蜂 *Nematus prunivorous* Xiao

（475）柳虫瘿叶蜂 *Pontania pustulator* Forsius

（476）杨扁角叶爪叶蜂 *Stauronematus compressicornis* (Fabricius)

三节叶蜂科Argidae

（477）榆三节叶蜂 *Arge captiva* (Smith)

茎蜂科Cephidae

（478）梨茎蜂 *Janus piri* Okamoto *et* Muramatsu

瘿蜂科Cynipidae

（479）栗瘿蜂 *Dryocosmus kuriphilus* Yasumatsu

木蜂科Xylocopidae

（480）黄胸木蜂 *Xylocopa appendiculata* Smith

（481）长木蜂 *Xylocopa tranquabarorum* (Swederus)

（482）竹木蜂 *Xylocopa nasalis* Westwood

树蜂科Siricidae

（483）烟角树蜂 *Tremex fuscicornis* (Fabricius)

七、蜚蠊目Blattaria

地鳖蠊科Corydiidae

（484）中华真地鳖 *Eupolyphaga sinensis* (Walker)

八、缨翅目Thysanoptera

蓟马科Thripidae

（485）茶黄蓟马 *Scirtothrips dorsalis* Hood

九、蜱螨目Acariformes

叶螨科Tetranychidae

（486）朱吵叶螨 *Tetranychus cinnabarinus* (Boisduval)

（487）二斑叶螨 *Tetranychus urticae* Koch

瘿螨科Eriophyidae

（488）柳刺皮瘿螨 *Aculops niphocladae* Keifer

第二部分：天敌昆虫

Ⅰ、寄生性天敌

一、膜翅目Hymenoptera

青蜂科Chrysididae

（489）上海青蜂 *Praestochrysis shanghaiensis* (Smith)

姬蜂科Ichneumonidae

（490）黑足凹眼姬蜂 *Casinaria nigripes* Gravenhorst

（491）舞毒蛾黑瘤姬蜂 *Coccygomimus disparis* (Viereck)

（492）斜纹夜蛾盾脸姬蜂 *Metopius (Metopius) rufus browni* (Ashmead)

茧蜂科Braconidae

（493）酱色刺足茧蜂 *Zombrus siortedti* (Fahringer)

小蜂科Chalcididae

（494）广大腿小蜂 *Brachymeria lasus* (Walker)

姬小蜂科Eulophidae

（495）白蛾周氏啮小蜂 *Chouioia cunea* Yang

（496）白蛾黑基啮小蜂 *Tetrastichus nigricoxae* Yang

赤眼蜂科Trichogrammatidae

（497）舟蛾赤眼蜂 *Trichogramma closterae* Pang *et* Chen

（498）松毛虫赤眼蜂 *Trichogramma dendrolimi* Matsumura

缘腹细蜂科Scelionidae

（499）杨扇舟蛾黑卵蜂 *Telenomus (Acholcus) closterae* Wu *et* Chen

二、双翅目Diptera

寄蝇科Tachinidae

（500）日本追寄蝇 *Exorista japonica* (Townsend)

三、鞘翅目Coleoptera

穴甲科Bothrideridae

（501）花绒寄甲 *Dastarcus helophoroides* (Fairmaire)

Ⅱ、捕食性天敌

一、半翅目Hemiptera

蝽科Pentatomidae

（502）蠋蝽 *Arma chinensis* (Fallou)

（503）益蝽 *Picromerus lewisi* Scott

（504）蓝蝽 *Zicrona caerulea* (Linnaeus)

猎蝽科Reduviidae

（505）暴猎蝽 *Agriosphodrus dohrni* (Signoret)

（506）黑光猎蝽 *Ectrychotes andreae* (Thunberg)

（507）黑红赤猎蝽 *Haematoloecha nigrorufa* (Stål)

（508）短斑普猎蝽 *Oncocephalus confusus* Hsiao

（509）黄纹盗猎蝽 *Peirates atromaculatus* (Stål)

（510）红彩瑞猎蝽 *Rhynocoris fuscipes* Fabricius

蝎蝽科Nepidae

（511）卵圆蝎蝽 *Nepa chinensis* Hoffman

负子蝽科Belostomatidae

（512）褐负蝽 *Diplonychus rusticus* (Fabricius)

（513）狄氏大田鳖 *Kirkaldyia deyrolli* (Vuillefroy)

二、鞘翅目Coleoptera

叩甲科Elateridae

（514）莱氏猛叩甲 *Tetrigus lewisi* Candèze

步甲科Carabidae

（515）射炮步甲 *Brachinus explodens* Duft.

（516）中华广肩步甲 *Calosoma maderae chinense* Kirby

（517）大星步甲 *Calosoma maximowiczi* Morawitz

（518）麻步甲 *Carabus brandti* Faldermann

（519）绿步甲 *Carabus smaragdinus* Fischer von Waldheim

（520）脊青步甲 *Chlaenius costiger* Chaudoir

（521）黄斑青步甲 *Chlaenius micans* (Fabricius)

（522）黄缘青步甲 *Chlaenius spoliatus* (Rossi)

（523）四斑小地甲 *Dischissus japonicus* Andrewes

（524）蝎步甲 *Dolichus halensis* (Schaller)

（525）中华婪步甲 *Harpalus sinicus* Hope

（526）侧带宽颚步甲 *Parena latecincta* (Bates)

（527）短鞘气步甲 *Pheropsophus jessoensis* Morawitz

（528）五斑棒角甲 *Platyrhopalus davidis* Fairmaire

（529）烁颈通缘步甲 *Poecilus nitidicollis* Motschulsky

（530）单齿蝼步甲 *Scarites terricola* Bonelli

虎甲科Cicindelidae

（531）云纹虎甲 *Cicindela elisae* Motschulsky

（532）多型虎甲铜翅亚种 *Cicindela hybrida transbaicalica* Motschulsky

（533）月斑虎甲 *Cicindela lactescripta* Motschulsky

（534）星斑虎甲 *Cylindera kaleea* (Bates)

瓢虫科Coccinellidae

（535）四斑隐胫瓢虫 *Aspidimerus esakii* Sasaji

（536）红点唇瓢虫 *Chilocorus kuwanae* Silvestri

（537）黑缘红瓢虫 *Chilocorus rubidus* Hope

（538）七星瓢虫 *Coccinella septempunctata* Linnaeus

（539）异色瓢虫 *Harmonia axyridis* (Pallas)

（540）龟纹瓢虫 *Propylaea japonica* (Thunberg)

（541）红环瓢虫 *Rodolia limbata* (Motschulsky)

（542）十二斑褐菌瓢虫 *Vibidia duodecimguttata* (Poda)

三、膜翅目Hymenoptera

蜾蠃科Eumenidae

（543）镶黄蜾蠃 *Eumenes decoratus* Smith

胡蜂科Vespidae

（544）黄边胡蜂 *Vespa crabro crabro* Linnaeus

（545）墨胸胡蜂 *Vespa velutina nigrithorax* Buysson

（546）细黄胡蜂 *Vespula flaviceps flaviceps* (Smith)

异腹胡蜂科 Polybiidae

（547）变侧异腹胡蜂 *Parapolybia varia varia* (Fabricius)

马蜂科Polistidae

（548）角马蜂 *Polistes chinensis antennalis* Perez

（549）亚非马蜂 *Polistes hebraeus* Fabricius

（550）家马蜂 *Polistes jadwigae* Dalla Torre

（551）约马蜂 *Polistes jokahamae* Radoszkowski

（552）陆马蜂 *Polistes rothneyi grahami* van der Vecht

（553）琼马蜂 *Polistes rothneyi hainanensis* van der Vecht

泥蜂科 Sphecidae

（554）多沙泥蜂骚扰亚种 *Ammophila sabulosa infesta* Smith

（555）黄柄壁泥蜂 *Sceliphron madraspatanum* (Fabricius)

四、双翅目 Diptera

食蚜蝇科 Syrphidae

（556）黑带食蚜蝇 *Episyrphus balteatus* (De Geer)

（557）棕腿斑眼蚜蝇 *Eristalinus arvorum* (Fabricius)

（558）长尾管蚜蝇 *Eristalis tenax* (Linnaeus)

（559）羽芒宽盾蚜蝇 *Phytomia zonata* (Fabricius)

食虫虻科 Asilidae

（560）中华食虫虻 *Ommatius chinensis* Fabricius

五、蜻蜓目 Odonata

蜓科 Aeshnidae

（561）碧伟蜓 *Anax parthenope julius* Brauer

箭蜓科 Gomphidae

（562）黄新叶箭蜓 *Ictinogomphus claratus* Fabricius

（563）黄小叶箭蜓 *Ictinogomphus pertinax* Selys

蜻科 Libellulidae

（564）蓝额疏脉蜻 *Brachydiplax chalybea* Brauer

（565）黄翅蜻 *Brachythemis contaminata* (Fabricius)

（566）红蜻 *Crocothemis servilia* (Drury)

（567）华丽宽腹蜻 *Lyriothemis elegantissima* Selys

（568）白尾灰蜻 *Orthetrum albistylum* (Selys)

（560）异色灰蜻 *Orthetrum melania* (Selys)

（570）黄蜻 *Pantala flavescens* (Fabricius)

（571）玉带蜻 *Pseudothemis zonata* Burmeister

（572）黑丽翅蜻 *Rhyothemis fuliginosa* Selys

伪蜻科 Corduliidae

（573）闪蓝丽大蜻 *Epophthalmia elegans* (Brauer)

蟌科 Coenagrionidae

（574）褐尾黄蟌 *Ceriagrion rubiae* Laidlaw

（575）长叶异痣蟌 *Ischnura elegans* (van der Linden)

色蟌科 Calopterygidae

（576）黑暗色蟌 *Atrocalopteryx atrata* (Selys)

（577）黑脊蟌 *Coenagrion calamorum* Ris

扇蟌科 Platycnemididae

（578）蓝斑长腹扇蟌 *Coeliccia loogali* Laidlaw

（579）白扇蟌 *Platycnemis foliacea* Selys

六、脉翅目 Neuroptera

草蛉科 Chrysopidae

（580）丽草蛉 *Chrysopa formosa* Brauer

（581）中华草蛉 *Chrysopa sinica* Tjeder

蚁蛉科 Myrmeleontidae

（582）褐纹树蚁蛉 *Dendroleon pantherius* (Fabricius)

（583）泛蚁蛉 *Myrmeleon formicarious* Linnaeus

七、螳螂目 Mantodea

螳科 Mantidae

（584）广腹螳螂 *Hierodula patellifera* (Serville)

（585）中华大刀螂 *Tenodera sinensis* (Saussure)

中文名称索引

拉丁学名索引